国外计算机科学经典教材

MATLAB 原理与应用
(第 7 版)
工程问题求解与科学计算

[美] 布莱恩·D. 哈恩(Brian D. Hahn)　著
丹尼尔·T. 瓦伦丁(Daniel T. Valentine)

杨海陆　席　亮　译

清华大学出版社

北　京

Essential MATLAB for Engineers and Scientists，Seventh Edition

Brian D. Hahn　　　Daniel T. Valentine

ISBN: 9780081029978

Copyright © 2019 Elsevier Inc. All rights reserved.

Authorized Chinese translation published by Tsinghua University Press Limited.

《MATLAB 原理与应用(第 7 版)　工程问题求解与科学计算》(杨海陆　席亮　译)

ISBN: 9780081029978

北京市版权局著作权合同登记号　图字：01-2020-3288

图书在版编目(CIP)数据

MATLAB 原理与应用：第 7 版：工程问题求解与科学计算 / (美) 布莱恩·D. 哈恩 (Brian D. Hahn)，(美)丹尼尔·T. 瓦伦丁 (Daniel T. Valentine) 著；杨海陆，席亮 译. —北京：清华大学出版社，2020.7
(国外计算机科学经典教材)
书名原文：Essential MATLAB for Engineers and Scientists，Seventh Edition
ISBN 978-7-302-55823-1

Ⅰ.①M… Ⅱ.①布… ②丹… ③杨… ④席… Ⅲ.①Matlab 软件—教材 Ⅳ.①TP317

中国版本图书馆 CIP 数据核字(2020)第 107802 号

责任编辑：王　军
封面设计：孔祥峰
版式设计：思创景点
责任校对：成凤进
责任印制：丛怀宇

出版发行：清华大学出版社
　　　　　网　　址：http://www.tup.com.cn，http://www.wqbook.com
　　　　　地　　址：北京清华大学学研大厦 A 座　　　　　　邮　　编：100084
　　　　　社 总 机：010-62770175　　　　　　　　　　　　邮　　购：010-62786544
　　　　　投稿与读者服务：010-62776969，c-service@tup.tsinghua.edu.cn
　　　　　质 量 反 馈：010-62772015，zhiliang@tup.tsinghua.edu.cn
印 装 者：北京鑫丰华彩印有限公司
经　　销：全国新华书店
开　　本：170mm×240mm　　　印　　张：19　　　字　　数：615 千字
版　　次：2020 年 8 第 1 版　　　印　　次：2020 年 8 月第 1 次印刷
定　　价：79.00 元

产品编号：082787-01

译 者 序

MATLAB 是 matrix 和 laboratory 两个词的组合，意为矩阵工厂(矩阵实验室)，是由美国 MathWorks 公司发布的主要面对科学计算、可视化以及交互式程序设计的高科技计算环境。它将数值分析、矩阵计算、科学数据可视化以及非线性动态系统的建模和仿真等诸多强大功能集成在一个易于使用的视窗环境中，为科学研究、工程设计以及必须进行有效数值计算的众多科学领域提供了一种全面的解决方案，代表了当今国际科学计算软件的先进水平。

MATLAB 的基本数据单位是矩阵，它的指令表达式与数学、工程中常用的形式十分相似，可以进行矩阵运算、绘制函数和数据、实现算法、创建用户界面、连接其他编程语言的程序等，主要应用于工程计算、控制设计、信号处理与通信、图像处理、信号检测、金融建模设计与分析等领域。在数学类科技应用软件中，MATLAB 在数值计算方面首屈一指。

《MATLAB 原理与应用——工程问题求解与科学计算》是一本经典的 MATLAB 入门书籍，目前已经是第 7 版。本书整体风格通俗易懂，系统讲解了 MATLAB 基本环境和操作方法，介绍了最新的 MATLAB 功能，整体内容分为两部分：基础知识和实践应用。

第 I 部分主要介绍 MATLAB 的基本语法和编程规范，并分章阐述了 MATLAB 基础、程序设计与算法开发、MATLAB 函数与数据导入/导出工具、逻辑向量、矩阵和阵列、函数 M 文件、循环、MATLAB 图形、作为阵列的向量以及其他数据结构、错误和陷阱等内容。

第 II 部分通过一些具体问题的求解过程来展示利用 MATLAB 解决科学和工程问题的方法，详细介绍 MATLAB 在动力系统、仿真、数值方法、信号处理、Simulink 工具箱、Symbolic 工具箱的具体使用方法和技巧。基础知识和经典案例相结合，知识掌握更容易，学习更有目的性。

本书非常重视动手能力的培养，提供了大量实例和习题，鼓励读者在实践过程中发现问题和加深理解。阅读本书不需要任何计算机编程经验，但书中的示例(尤其是第 II 部分)需要一些高等数学和统计学知识。本书可作为高校学生系统学习 MATLAB 的书籍，也可作为广大科研和工程技术人员在工作中使用 MATLAB 的参考书。

在这里要感谢清华大学出版社的编辑，他们为本书的翻译投入了巨大的热情并付出了很多心血。没有他们的帮助和鼓励，本书不可能顺利付梓。

对于这本经典之作，译者本着"诚惶诚恐"的态度，在翻译过程中力求"信、达、雅"，但是鉴于译者水平有限，错误和失误在所难免，如有任何意见和建议，请不吝指正。

译 者

作者简介

　　Brian D. Hahn 曾是南非开普敦大学数学和应用数学系的教授。在他的职业生涯中，Brian 撰写了十几本书，为初学者讲授编程语言。

　　Daniel T. Valentine 是名誉教授，曾担任纽约波茨坦克拉克森大学机械和航空工程系的教授和系主任。他还是纽约 NASA 太空拨款联盟克拉克森太空拨款项目的副主任，该项目为本科生和研究生的研究提供支持。他的博士学位是美国天主教大学(CUA)的流体力学。他在美国罗格斯大学获得机械工程学士和硕士学位。

致　　谢

感谢 Mary、Clara、Zoe Rae 和 Zash T 的支持和鼓励，并将《MATLAB 原理与应用(第 7 版)　工程问题求解与科学计算》献给他们。

Daniel T. Valentine

前　言

撰写《MATLAB 原理与应用(第 7 版)　工程问题求解与科学计算》主要是为了跟上 MATLAB 的升级进度(最新版本是 9.5 版 R2018b)。与之前的版本一样，这一版也是将 MATLAB 作为解决问题的工具介绍给没有计算机编程经验的科学家、工程师，以及相关领域的学生。

为了与作者 Brian D. Hahn 在之前版本中的目标保持一致，本书采用一种通俗的指南风格来实现"自学"的学习方法，读者将在使用 MATLAB 做实验的过程中掌握它的工作原理。本书假设读者在解决技术问题时从未使用过该工具。

MATLAB 是 Matrix Laboratory 的缩写，它是基于矩阵的概念实现的。由于读者可能对矩阵并不熟悉，我们将根据上下文的需要逐步介绍矩阵的概念和结构。本书主要面向科学家和工程师，因此书中的示例(尤其是第 II 部分)都需要一些大学一年级的数学知识。但是，这些示例都是独立的，读者可以选择性地阅读，并不会影响读者编程技能的提升。

可以通过两种不同的模式使用 MATLAB。一种是在迫切需要得到即时的结果时，可以在 Command Window 中立即执行语句(或语句组)；另一种是在不那么迫切的情况下，可以利用脚本文件的方式提供传统的编程方式。读者可以通过如下方法对两种模式善加利用：鼓励在前一种模式中使用剪切和粘贴的方式，以充分利用 Windows 操作系统中的交互环境；后者通过结构规划强调编程原则和算法开发。

虽然本书的内容涵盖 MATLAB 的大部分基本(基础)特性，但它既不是一本完备的书籍，也不是一本系统的参考工具书，因为这和它通俗的风格不统一。例如，在开始介绍 for 和 if 结构时，和很多其他书籍不同，本书并不总是使用它们的通用格式，而是在适当的地方自然而然地引入。即便如此，我们仍对 for 和 if 结构进行了透彻而全面的介绍。如果读者想了解，可以在附录中找到实用的语法和函数快速索引。

本书应该和 MATLAB 软件结合使用，因此读者需要先安装 MATLAB 软件，完成书中练习，从而理解 MATLAB 是如何完成任务的。任何工具只能通过动手练习的方法来学习，计算工具尤其如此，因为它们只有在接收到的命令和相应的数据正确且精确时，才能输出正确答案。

目　　录

第 **I** 部分

基 础 知 识

第 Ⅰ 部分主要涉及MATLAB和科技计算中读者所需要掌握的基础知识。因为本书是一本指南，所以作者鼓励大家在阅读本书时，广泛地使用 MATLAB 中的各种功能。

第 1 章

引 言

本章目标：
- 学会在 Command Window(指令窗口)中使用一些简单的 MATLAB 命令
- 介绍 MATLAB 的各种操作桌面和编辑特性
- 学习 MATLAB R2018b Desktop(操作桌面)的一些新特性
- 学会在编辑器中编写并运行脚本
- 学习一些与标签相关联的新特性(特别是 PUBLISH 和 APPS 特性)

MATLAB 是一个处理科学和工程计算问题的强大的科技计算系统。名称 MATLAB 是 Matrix Laboratory (矩阵实验室)的缩写，这是因为设计者的目的是极大地简化矩阵计算。矩阵 A 是按 m 行、n 列排列的数字阵列。下面这个 $m×n=2×3$ 的阵列就是一个例子：

$$A = \begin{pmatrix} 1 & 3 & 5 \\ 2 & 4 & 6 \end{pmatrix}$$

从表示元素位置的行和列的索引号可以摘选出矩阵中的任何元素。本例中的元素可以摘选如下：$A(1,1)=1$、$A(1,2)=3$、$A(1,3)=5$、$A(2,1)=2$、$A(2,2)=4$、$A(2,3)=6$。第一个索引是指从上至下计数的行号，第二个索引是指从左至右计数的列号。这是 MATLAB 中定位阵列信息的习惯用法。计算机擅长快速地进行大量计算，因此对于以阵列或矩阵的形式排列的大型数据集来说，其运算非常有效。

本书假设你是 STEM(科学、技术、工程和数学)领域的工程师、科学家或研究生，STEM 领域的学生和从业人员在走进大学校门之前，就在数学课上学过矩阵。另一方面，本书假定你以前从未使用过 MATLAB 解决工程或科学问题，但对发现这个工具的科学计算能力很有兴趣，你能够熟练操作计算机键盘，并了解所使用的操作系统(如 Windows、UNIX 或 macOS)。你唯一需要已经掌握的和计算机相关的技能就是一些非常基础的文本编辑。

MATLAB 有许多令人喜爱的特性，其中之一就是可以在使用过程中和它交互(这也是它有别于许多其他计算机编程系统的重要特征，如 C++和 Java)。这意味着在 MATLAB 特殊的提示符后输入某些命令，就会立即得到结果。我们既可以用这种方式解决非常简单的问题，比如求平方根，也可以解决非常复杂的问题，比如求解微分方程组。对于许多科学技术问题，只要输入一两个命令——MATLAB 就会完成大部分工作。

要学会应用 MATLAB，有如下三个基本要求：
- 必须掌握编写 MATLAB 语句和使用 MATLAB 工具的准确规则。
- 必须了解与所要解决问题相关的数学知识。
- 必须制定合理的作战计划——算法——来解决特定的问题。

本章主要致力于第一个要求：学习一些基本的 MATLAB 规则。计算机编程就是编写一组指令，在计算机执行这些指令时，就会完成特定的任务。本书将使用 MATLAB 的一些功能进行技术计算，以介绍编程。

随着经验的积累，你将能够设计、开发和实现计算及图形工具来解决相对复杂的科学和工程问题；还能调整 MATLAB 的外观，修改与之交互的方式，开发一个自己的工具箱，帮助解决感兴趣的问题。换句话说，可以根据经验定制 MATLAB 工作环境。

在本章的其余部分，将介绍一些简单的示例。即使你并未完全理解也不用担心，随着后续章节的深入学习，你将逐渐领悟。实践练习对于了解 MATLAB 的运行机制是非常重要的。在领会本章所述的基本规则之后，就可以掌握第 2 章和 MATLAB 提供的帮助文件中的很多其他功能了。这将有助于解决更有趣和更具实质性的问题。本章的最后一节将快速浏览一下 MATLAB 桌面。

1.1 使用 MATLAB

请确认已在计算机上安装了 MATLAB，或者能够访问一个可以使用 MATLAB 的网络。本书基于撰写时的 MATLAB 最新版本(R2018b 版)。

要从 Windows 启动，请双击 Windows 桌面上的 MATLAB 图标。要从 UNIX 启动，请在操作系统的提示符后输入 matlab。要从 macOS 启动，请打开 X11(即打开一个 X-终端窗口)，然后在提示符后输入 matlab。MATLAB 桌面打开后如图 1-1 所示。现在我们看到的桌面上的窗口是 Command Window，特殊的提示符>>出现在其中。此提示符表示 MATLAB 正在等待命令。可以在任何时候以如下方式退出：

- 单击 MATLAB 桌面右上角的×(关闭框)。
- 在 Command Window 中的提示符后输入 quit 或 exit，然后按 Enter 键。

MATLAB 在启动时会自动地在用户的 Document Folder (文档文件夹)中创建一个名为 MATLAB 的文件夹。这个特性非常方便，因为它是默认的工作文件夹。从 Command Window 保存的所有东西都将保存在该文件夹中。现在可在 MATLAB 的 Command Window 中进行试验。如有必要，将光标移到 Command Window 并在窗口范围内的任意位置单击以激活 Command Window。

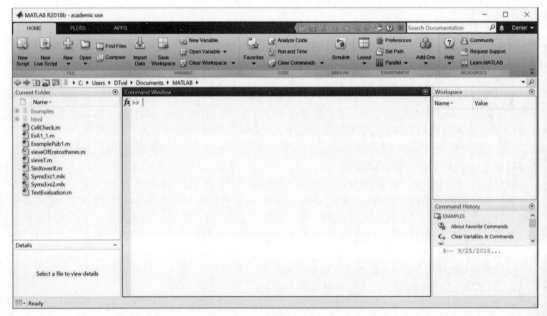

图 1-1　MATLAB 桌面显示 Home 任务栏(2018b 版本)

1.1.1　算术

由于熟悉算术，因此这里就用算术检验 MATLAB 是否能正确地运算。这对于我们获取对使用任何工具的信心来说，是个必需的步骤。

在提示符>>后输入 2+3，然后按 Enter 键，在命令行中显示为<Enter>：

```
>> 2+3 <Enter>
```

命令只有在输入后才会执行。在这种情况下，答案当然是 5。再试试：

```
>> 3-2 <Enter>
>> 2*3 <Enter>
>> 1/2 <Enter>
>> 2³ <Enter>
>> 2\11 <Enter>
```

对于(1)/(2)和(2)^(3)会有怎样的结果？你知道符号*、/和^的意思吗？它们是乘法、除法和乘方。反斜杠表示分母是在符号的左边，分子是在右边；最后一个命令的结果是 5.5。该运算等同于 11/2。

现在输入以下命令：

```
>> 2.*3 <Enter>
>> 1./2 <Enter>
>> 2.^3 <Enter>
```

在*、/和^的前面分别有一个句点，这不会改变运算的结果，因为这里的乘法、除法和乘幂都是针对单一数字进行的(在之后处理数字阵列时将解释为什么需要这些符号)。

下面是创建和编辑命令行的一些提示：

- 包含提示符>>的行称为命令行。
- 在按 Enter 键之前，可以组合使用 Backspace 键、左方向键、右方向键和 Del 键以编辑 MATLAB 命令。这个有用的特性称为命令行编辑。
- 可以通过使用上方向键和下方向键选择(和编辑)输入的命令。记得按 Enter 键执行命令(即运行或执行命令)。
- MATLAB 有一个实用编辑功能，称为智能召回(smart recall)，只需要输入要召回的命令的前几个字符。例如，输入字符 2*，然后按上方向键，就可以召回最近的以 2*开始的命令。

MATLAB 会如何处理 0/1 和 1/0？试试吧。如果坚持在计算中使用∞，当然这也是合理的要求，输入符号 Inf(infinity 的简写)即可。试试 13+ Inf 和 29/Inf。

另一个可能会遇到的特殊值是 NaN，这是 Not-a-Number 的缩写。诸如 0/0 的计算会得到这样的答案。

1.1.2　变量

现在给变量赋值，执行变量的算术运算。首先输入命令(在编程术语中称为语句)$a = 2$。MATLAB 命令行应该如下所示：

```
>> a = 2 <Enter>
```

a 是变量。这条语句将数值 2 赋予变量 a(注意，此值在执行该语句后会立即显示)。现在尝试输入语句 $a = a +7$，然后在新的一行输入 $a = a*10$。你会认同 a 的最终值吗？我们是否认同它就是 90 呢？

现在输入语句：

```
>> b = 3; <Enter>
```

分号(;)将会阻止 b 值的显示。然而，b 仍然被赋予数值 3，可以通过输入不带分号的 b 看到 b 的值：

```
>> b <Enter>
```

将任何数值赋予两个变量 x 和 y。现在看看是否可以在一条语句中将 x 与 y 的和赋予第三个变量 z。实现该赋值操作的一种方式是:

```
>> x = 2; y = 3; <Enter>
>> z = x + y <Enter>
```

请注意上面的命令,除了执行赋值变量的算术运算之外,分号(或逗号)分隔的多个命令还可以放在同一行中。

1.1.3　数学函数

对于能在科学电子计算器上找到的常用数学函数,MATLAB中都有对应的函数,如 sin、cos 和 log(意为自然对数)。更多的示例见附录 C。

- 用命令 sqrt(pi)求解 $\sqrt{\pi}$。答案应该是 1.7725。注意,由于 pi 是 MATLAB 的众多内置函数之一,因此 MATLAB 知道 pi 的值。
- 诸如 sin(x)的三角函数的输入参数 x 为弧度。角度数乘以 $\pi/180$ 可以得到弧度。例如,使用 MATLAB 计算 sin($90°$)。答案应该是 1(sin(90* pi/180))。
- 在 MATLAB 中,用 exp(x)计算指数函数 e^x。请据此求解 e 和 1/e(2.7183 和 0.3679)。

由于 MATLAB 中有大量的像 pi 或 sin 这样的内置函数,请务必注意用户自定义变量的命名。如无很大必要,变量名尽量不要与这些内置函数重复。这个问题可以举例说明如下:

```
>> pi = 4 <Enter>
>> sqrt(pi) <Enter>
>> whos <Enter>
>> clear pi <Enter>
>> whos <Enter>
>> sqrt(pi) <Enter>
>> clear <Enter>
>> whos <Enter>
```

注意,单独执行 clear 命令会清除工作区中的所有局部变量(工作区负责存储在命令行上定义的局部变量;参见默认桌面右边的 Workspace 面板);>>clear pi 只会清除局部变量 pi。换句话说,如果决定重新定义内置函数或命令,它们就会使用新的数值! 执行 whos 命令,可以确定当前工作区中局部变量或命令的清单。执行上面示例中的第一条命令 pi = 4,结果将显示对内置 pi 的重新定义:一个 1×1 的双精度类型的数组。这意味在赋予 pi 数值时,就创建了这种数据类型。

1.1.4　函数和命令

MATLAB 有大量的通用函数。先试试 date 和 calendar 函数。它也有许多命令,如 clc(clear command window 的缩写),help 是一个经常使用的命令(见下文)。函数和命令的不同之处在于,函数通常会返回一个值(如日期),而命令倾向于以某种方式改变环境(如清理屏幕或将语句保存到工作区)。

1.1.5　向量

1.1.2 节中使用的 a 和 b 之类的变量称为标量(scalar),它们是单个数值。MATLAB 还会处理向量(vector,通常称为数组),这是它具有许多强大功能的关键所在。定义一个向量,其中的元素(组件)以相同的数量递增,最简单的方法是使用如下语句:

```
>> x = 0 : 10; <Enter>
```

在 0 和 10 之间有一个冒号(:)。在冒号的两侧留空格只是为了让程序更具可读性。可以看出,x 是一个向量,它是一个由 1 行和 11 列组成的行向量。输入以下命令可以验证它确实如此:

```
>> size(x) <Enter>
```

依照刚才定义的向量 x,还可以定义(或创建)其他向量,这展现出 MATLAB 的强大功能。请尝试:

```
>> y = 2.* x <Enter>
>> w = y./ x <Enter>
```

和

```
>> z= sin(x) <Enter>
```

注意,第一个命令行将因子 2 与 x 的每个元素相乘,产生向量 y。第二个命令行是数组运算,通过将 y 的每一个元素除以 x 中的对应元素,产生向量 w。由于 y 的每个元素是 x 相应元素的两倍,因此向量 w 是一个 11 个元素都等于 2 的行向量。最后,z 是一个以 $\sin(x)$ 为元素的向量。

要绘制出一幅 $\sin(x)$ 函数的漂亮图像,只需要输入以下命令:

```
>> x = 0 : 0.1 : 10; <Enter>
>> y = sin(x); <Enter>
>> plot(x,y), grid <Enter>
```

这幅图像会出现在一个单独的图像窗口中(见图 1-2)。要绘制出如图 1-2 所示 $\sin(x)$ 函数的图像,只需要用如下代码替换前面代码的最后一行:

```
>> plot(x,y,'-rs','LineWidth',2,'MarkerEdgeColor','k','MarkerSize',5),grid<Enter>
>> xlabel(' x '), ylabel(' sin(x) ') <Enter>
>> whitebg('y') <Enter>
```

可以通过单击 Command Window 或图像窗口中的任何地方,对它们进行选择。Windows 下拉菜单在两种窗口中都可以使用。

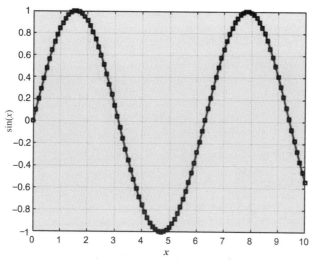

图 1-2 图像窗口

注意,上面的第一个命令行的等号后有 3 个数字。当 3 个数字以这种方式被两个冒号分开时,中间的数字代表递增的增量。选择增量为 0.1,是为了给出一张平滑的图。最后一个命令行的逗号后的

grid 命令，是为了给图形增加网格背景。

修改图 1.2 中的 plot 函数，这个函数有许多可用的选项。这里选择了 4 个选项。变量 y 后跟一个逗号，再后面是'-rs'，表示用红色实线连接正弦曲线上计算出来的点，这些点在图用方块标记出来，线宽增加到 2，标记的边线是黑色(k)，大小为 5。轴标记和背景色用 plot 命令后面的语句来改变(背景色、对象颜色等的其他修改可以用图像属性 Editor 进行，该编辑器可以在图像工具栏的 Edit 下拉菜单中找到。本书中图像的颜色已经用图像编辑工具处理过)。

如果想看到正弦曲线更多的周期，使用命令行编辑，将 sin(x)变成 sin(2*x)即可。

请尝试在同一定义域绘制一幅tan(x)函数的图像。你会发现该图像令人惊讶的方面。为了便于检查此函数，可以使用 axis([0 10 -10 10])命令改进该图形，如下：

```
>> x = 1:0.1:10; <Enter>
>> z = tan(x); <Enter>
>> plot(x,z),axis([0 10 -10 10]) <Enter>
```

使用以下命令是利用图形检查数学函数的另一种方式：

```
>> ezplot('tan(x)') <Enter>
```

在 ezplot 命令中，围绕 tan(x)的单引号非常重要。注意，在 ezplot 中，x 的默认取值范围不是 0～10。

tab 自动补全是 Command Window 中一个有用的编辑特性：输入 MATLAB 名称开头的几个字母，然后按 Tab 键。如果该名称是唯一的，它会自动补全。如果它不是唯一的，第二次按 Tab 键可以看到所有可能的命令。请尝试在命令行中输入 ta，然后按 Tab 键两次。

1.1.6 线性方程组

线性方程组在工程和科学分析中非常重要。下面是一个求解两个联立方程的简单示例：

$$x + 2y = 4$$
$$2x - y = 3$$

这有两种求解方法。
矩阵法。输入以下命令(如实输入)：

```
>> a = [1 2; 2 -1]; <Enter >
>> b = [4; 3]; <Enter >
>> x = a\b <Enter >
```

参考结果是：

```
x =
     2
     1
```

例如，x = 2, y = 1
内置 solve 函数。输入以下命令(如实输入)：

```
>> syms x y; [x,y] = solve(x+2*y-4, 2*x - y-3) <Enter >
>> whos <Enter >
>> x = double(x), y=double(y) <Enter >
>> whos <Enter >
```

double 函数将 x 和 y 从符号对象(MATLAB 中的另一种数据类型)转换为双精度数组(即与赋值数相关联的数值变量数据类型)。

在两种方法执行之后，输入以下命令(如实输入)以检验结果：

```
>> x + 2*y % should give ans = 4 <Enter >
>> 2*x - y % should give ans = 3 <Enter >
```

%符号是一个标记，它指示右边显示的所有信息不是命令的一部分，而是注释(之后当学习开发命令行的编码程序时，我们将说明注释的必要性)。

1.1.7　教程和演示

如果想要 MATLAB 提供的公开演示实例，在命令行中输入 demo 即可。在输入该命令后，帮助文档会在 MATLAB Examples 中打开(见图 1-3)。左击 Getting Started，将看到可供随意使用的 MATLAB 应用程序教程和演示清单。单击任何其他主题，可以学习更多 MATLAB 丰富的功能。你可能希望回顾一些与你正在研究的科学计算需求相关的主题教程。单击 View more MATLAB examples，向下滚动到 Animations 和 Images，学习 MATLAB 生成动画的特性，作为分析各种不稳定问题的一种方式。新特性会连续不断地添加到 MATLAB 中，所有新特性都会在 MATLAB 网站中报告。MathWorks 公司销售 MATLAB 和 SIMULINK，支持对它们的持续开发和改进，它们还为科学、工程、技术和数学团体提供了各种工具箱。

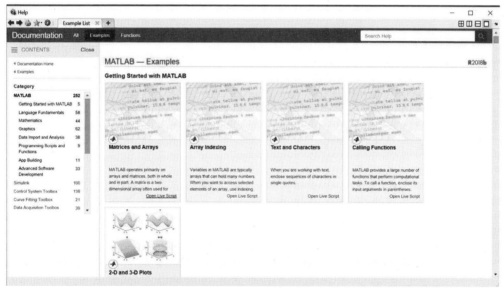

图 1-3　MATLAB 示例的帮助文档

1.2　Desktop

MATLAB R2018a 有个非常有用的特性，当第一次打开它时，它会在 Documents 文件夹中创建名为 MATLAB 的文件夹(如果尚不存在)。在第一次执行时，文件夹中没有条目，所以 Current Folder(当前文件夹)面板是空的。在 Documents 文件夹中，这个新的文件夹是默认的工作文件夹，保存创建的所有文件。Command Window 上面的第一个工具栏里给出了这个文件夹的位置。该位置是 C: \Users\Clara\ Documents\MATLAB。这个位置的格式是通过用鼠标指针指向并单击 Command Window 正上方的这一行来确定的。

让我们自上而下地看一下 Desktop。在顶行的左边是正在运行的 MATLAB 版本名称。这里的版本是 MATLAB R2018a。在顶行的右侧有三个按钮，它们是：下画线按钮，用于将 Desktop 最小化；矩形按钮，用于将 Desktop 最大化；×按钮，用于关闭 MATLAB(见图 1-4)。

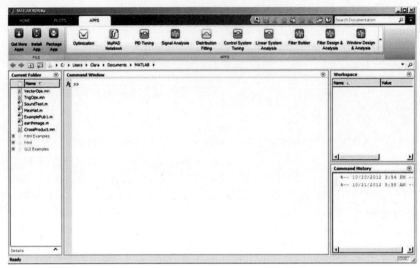

图 1-4 MATLAB 2018a 中全新的桌面工具栏

在 Desktop 下一行的左侧有三个标签。图 1-4 中的第一个标签在最前面，因此桌面显示的是 Home 工具栏(标签和与标签相关的工具栏是该版 MATLAB 的主要新特性)。如果你熟悉以前版本的 MATLAB，就会发现，这些新特性明显提高了 MATLAB 的易用性。此外，所有以前开发的工具的运行方式与早期版本的 MATLAB 一样。另外两个标签是 PLOTS 和 APPS。这些特性可以通过鼠标指针指向并单击以使用 MATLAB 中的工具，因此，它们增强了 MATLAB 中工具和工具箱的易用性。此外，APPS 环境允许用户创建自己的应用程序(或 APPS)。

1.2.1 使用 Editor 和运行脚本

用鼠标指针指向并单击 Home 工具栏最左侧的 New Script (新建脚本)图标。这样做可在 Desktop 的中心打开 Editor，如图 1-5 所示。注意出现了三个新的标签，其中突出显示的标签是与编辑器相关联的 EDITOR 标签。另外两个标签是 PUBLISH 和 VIEW。VIEW 标签在创建与科学计算工作相关的记事本或其他文件时很有用。这些工具的应用将通过后文中的一个示例来说明。

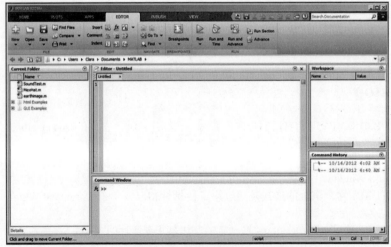

图 1-5 在默认位置打开的 Editor，位于桌面的中央

我们先考虑 Editor 的使用。在 Editor 中输入以下脚本：

```
% Example of one of the matrix inversion methods available in MATLAB
clear;clc
% Let us consider the following arbitrarily selected matrix:
A =magic(3)
% Let us evaluate its inverse as follows:
AI = inv(A)
% Let us check that it is an inverse:
IPredicted = A * AI
% This is the exact unitary matrix:
IM = eye(3)
% The is the difference between the exact and predict unitary
% matrix:
difference = IPredicted - IM
for m = 1:3
    for n = 1:3
        if difference(m,n) < eps;
            IPredicted(m,n) = IM(m,n);
        end
    end
end
IPredicted
IPredicted == IM
```

然后单击位于 View 标签正下方的 Run 按钮。第一次执行该脚本时需要命名该文件。在这个示例中使用的名称是 ExA1_1.m。如果所有行都输入正确(除了以符号%开始的行，因为它们是注释，同脚本中的命令序列没有任何关系，只是帮助读者理解脚本的功能)，Command Window 会显示如下内容：

```
A =
    8 1 6
    3 5 7
    4 9 2
AI =
    0.1472    -0.1444     0.0639
   -0.0611     0.0222     0.1056
   -0.0194     0.1889    -0.1028
IPredicted =
    1.0000          0    -0.0000
   -0.0000     1.0000          0
    0.0000          0     1.0000
IM =
    1 0 0
    0 1 0
    0 0 1
difference =
   1.0e-15 *
         0         0    -0.1110
   -0.0278         0          0
    0.0694         0          0
IPredicted =
    1 0 0
    0 1 0
```

```
      0 0 1
ans =
      1 1 1
      1 1 1

      1 1 1
```

IPredicted 矩阵应该是单位矩阵(Identity Matrix, IM)。IPredicted 矩阵是由矩阵 *A* 的逆 AI 与矩阵 *A* 相乘得到的。最后输出的 IPredicted 矩阵是原矩阵的修正版本；如果预测和实际的 IM 元素的差小于 eps = 2.2204e−16，IPredicted 中的元素就会改为 IM 中的对应元素。因为结果等于单位矩阵，所以该逆计算是正确的(至少在计算环境的计算误差范围内，即 0 < eps)。这个结论基于如下事实：在将经过调整的 IPredicted 矩阵中的所有条目与 IM 矩阵相应条目进行逻辑对比时，上例中的 ans 输出的逻辑结果都是 1(或真)。

练习进行到此时，Desktop 将如图 1-6 所示。该文件的名称是 ExA1_1.m。它出现在 Current Folder 中，同时也出现在 Command History (命令历史记录)中。注意该脚本创建的变量显示在工作区中。

到本节为止，我们完成了本书中大部分练习所需的最重要工具的入门学习。在下一节中，我们会学习一个关于 MATLAB R2018a 中其他新特性的示例。

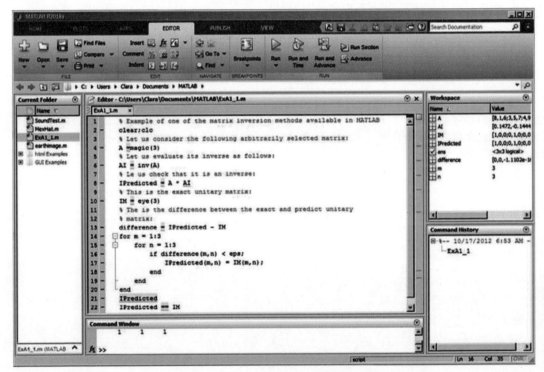

图 1-6 本节第一个示例创建并执行的示例脚本

1.2.2 帮助、发布和视图

发布是一种以 HTML 格式创建记事本或其他文件的简单方法。MATLAB 将输入 M 文件中的信息发布到一个文档中，该文档看起来就像全新的 Help 环境。要打开帮助文件，将鼠标移到 Desktop 顶部的问号上。左键单击问号？，Help 窗口就会打开。左键单击主题 MATLAB，就会打开如图 1-7 所示的窗口。这也展示了 MATLAB R2018a 中可搜索文档的新格式。将这个文档和那种可以自己发布的文档进行对比。通过下面这个简单示例，将看到创建 MATLAB 文档是多么容易。

单击 New Script 按钮，打开 Editor(或在 Command Window 命令提示符后输入 edit，然后按回车键)。此时 EDITOR 标签位于主任务栏上最靠前的位置。将光标置于 PUBLISH 上，单击鼠标左键，这会让 PUBLISH 工具栏在最前面显示。左键单击 Section with Title 按钮。用 PUBLISH example 替换 SECTION TITLE。接下来，将 DESCRIPTIVE TEXT 替换为：

```
%%
% This is an example to illustrate how easy it is to create a document
% in the PUBLISH environment.
%
% (1) This is an illustration of a formula created with a LaTeX command:
%
```

图 1-7　MATLAB 在线文档中的一页

然后，单击位于 Insert Inline Markup 组中的 Σ Inline LaTeX 按钮。这会将式子$x^2 + e^{\pi i}$加入脚本中。在这个方程的后面，添加如下所示的最终脚本文件中的文本，该文本以 clicked:结尾。在这之后是一个空行和一个命令脚本，该命令脚本用于说明如何将 MATLAB 命令合并到发布文档中。

```
%%
% This is an example to illustrate how easy it is to create a document
% in the PUBLISH environment.
%
% (1) This is an illustration of a formula created with a LaTeX command:
%
%%
% $x^2+e^{\pi i}$
%
% (2) This is an illustration of how you can incorporate a MATLAB script
% in the document that is run when the Publish button below and to the
% right of View is clicked:

% Earth picture
```

```
load earth
image(X); colormap(map);
axis image
```

最后一步是左键单击位于 View 右下方的 Publish 按钮。出现的第一个窗口将要求保存 M 文件。在这个示例中使用的名称是 ExamplePub1.m。M 文件在 Current Folder 中出现之后，就说明它被保存了。系统会自动创建一个名为 html 的文件夹，其中包含刚刚创建的 HTML 文件。该文档如图 1-8 所示。

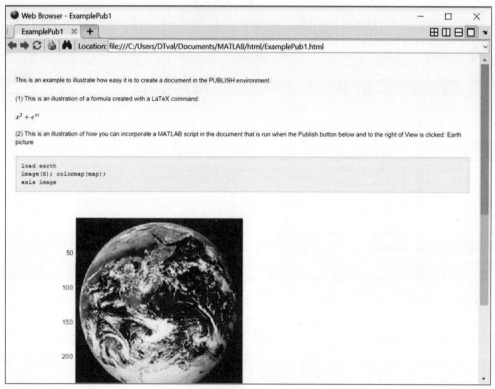

图 1-8　在发布环境中创建的示例文档

最后还有一点，可以使用 VIEW 选项卡的工具栏更改 Editor 窗口的配置。作者认为，还是保持默认的编辑器环境为好，因为这是专门为刚开始使用 MATLAB 进行科学计算的用户设计的。当然，在 MATLAB 中定制工作环境是完全可行的。话说回来，学会如何使用默认的环境将有助于判断哪些更改可以更好地满足自己使用 MATLAB 的要求。

1.2.3　活动脚本中的符号

Symbolic Math Toolbox (符号数学工具箱)是一款非常有用的工具，有助于进行符号数学分析。它很方便，如果在 Live-Script 环境中使用这个工具箱，结果就更容易显示出来。在这类文件中输入代码的部分，实际上与 Work Space 或普通脚本文件中输入的代码一样。但是，其显示比在 Desktop 的 Work Space 窗口中显示的输出赏心悦目得多。本节的示例会证明这一点。

在第一组示例中，展示了如何使用 Symbolic Tools 先对一个函数求导，然后对结果进行积分。首先在 Home 工具栏中的 Home 下方单击 Live Editor 图标，打开一个 Live Editor 文件，Live Editor 就会显示在 Desktop 的中间，如图 1-9 所示。通过所创建文件顶部的灰框，把 MATLAB 脚本输入到这个编辑器中。

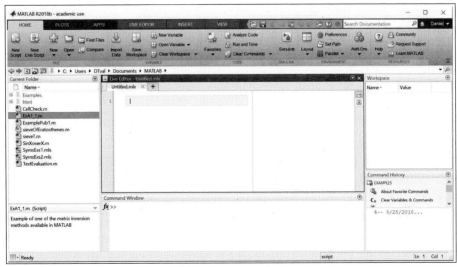

图 1-9 Live Editor 窗口

图 1-10 中的简单示例演示了 Symbolic Tools 进行微积分的应用。图 1-11 中的示例演示了如何利用 MATLAB 中的工具功能研究工作中可能遇到的函数图形。一个是 $\mathrm{sech}^2(x)$ 函数，它在非线性波理论中起到非常重要的作用。另一个是第一类的完全椭圆积分，即

$$K(m) = \int_0^{\pi/2} \frac{1}{\sqrt{1 - m^2 \sin^2 \theta}} \mathrm{d}\theta$$

其中，$m = \pi/4$。此积分在位势论中扮演重要角色。把这个函数选作示例，是因为作者在工作中遇到的第二个函数就是它。展示它的目的是为了说明在工程问题的计算分析中，很容易探索其中相当复杂的函数的一些特性。作为练习，打开帮助文档，找到其他函数、教程和示例。自 MATLAB 首次推出以来的许多年里，帮助文档有了很大改进。

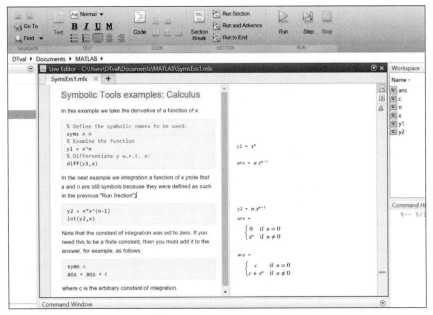

图 1-10 微积分问题的符号分析示例

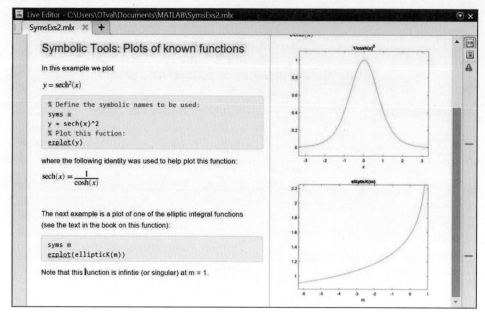

图 1-11　STEM 领域中各种重要函数的符号分析示例

1.2.4　APPS

在 EDITOR 标签左边单击 APPS 标签，就可以看到 MATLAB 工具套件附带的应用程序。在 MathWorks 中还有很多其他 APPS。此外，还可以创建自己的 APPS。因此，在第一次体验 MATLAB 时就会了解到，需要学习的还有很多(甚至是终生学不完)，因为该科学计算环境中融入了非常丰富的技术。可以开发自己的工具箱、APPS，还能定制工作环境(桌面布置、背景颜色、字体、图形用户界面等)，这些特性为用户设计、创建有用的工具和撰写工作文档提供真正的机会和有用的体验。

1.2.5　附加特性

MATLAB 还有其他好用的特性。例如，可以通过执行命令 magic(10)以生成 10 乘 10 的幻方(magic square)，其行、列和对角线元素的和为同一数值。请读者自己尝试一下。一般来说，一个 n 乘 n 的幻方，其一行和一列的总和是 $n(n^2+1)/2$。

甚至可以得到幻方中元素的等高线(contour)图。MATLAB 假设幻方中的各元素是地图上每个点的海拔高度，然后绘制等高线。contour (magic(32))绘制出的图形看起来很有趣。

如果想看看著名的墨西哥帽(见图 1-12)，输入以下 4 行命令即可(小心，不要出现拼写错误)：

```
>> [x y ] = meshgrid(-8 : 0.5 : 8); <Enter>
>> r = sqrt(x.^2 + y.^2) + eps; <Enter>
>> z = sin(r) ./ r; <Enter>
>> mesh(z); <Enter>
```

surf(z)生成曲面(填充)视图。surfc(z)或 meshc(z)则会在曲面下绘制 2D 的等高线图。

```
>> surf(z), shading flat <Enter>
```

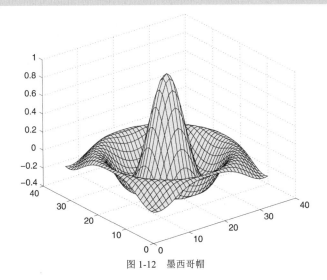

图 1-12　墨西哥帽

上面这条命令删除网格线，生成一幅漂亮的图。

下面的动画是图 1-12 所示墨西哥帽图形的扩展。它使用 for 循环，进行从 $n=-3$ 到 $n=3$，步长为 0.05 的重复计算。它以 for $n = -3{:}0.05{:}3$ 命令开始，以 end 命令结束，这是编程中最重要的结构之一。本例中，for 和 end 之间的命令重复执行 121 次。pause(0.05)命令在 for 循环中引入 0.05s 的延迟，使动画放慢，因此这张图片每隔 0.05s 会变化一次，直到计算结束。

```
>> [x y]=meshgrid(-8:0.5:8); <Enter>
>> r=sqrt( x.^2+y.^2)+eps; <Enter>
>> for n=-3:0.05:3; <Enter>
>> z=sin(r.*n)./r; <Enter>
>> surf(z), view(-37, 38), axis([0,40,0,40,-4,4]); <Enter>
>> pause(0.05) <Enter>
>> end <Enter>
```

可以在 MATLAB 中用多种方式检查声音。一种方式是听信号。如果计算机有扬声器，可以尝试如下命令来听一段 Handel 的哈利路亚合唱：

```
>> load handel <Enter>
>> sound(y,Fs) <Enter>
```

还可以尝试加载 chirp、gong、laughter、splat 和 train 来听不同的声音，为每个声音运行函数 sound(y, Fs)。如果想从太空看地球，试试如下命令：

```
>> load earth <Enter>
>> image(X); colormap(map) <Enter>
>> axis image <Enter>
```

使用以下命令，在 MATLAB 中输入出现在本章开头的矩阵：

```
>> A = [1 3 5; 2 4 6] <Enter>
```

在下一行的命令提示符后，输入 A(2, 3)摘选出第二行、第三列的数字。

在 MATLAB 中有一些搞笑的函数。请读者尝试一下 why(为什么不呢？)。然后再尝试输入 why(2) 两次。输入以下命令，可以看到实现上述操作的 MATLAB 代码：

```
>> edit why <Enter>
```

如果已经看到这个文件，通过下拉菜单，单击 Editor 窗口顶部的 File，再单击 Close Editor，即可关闭该文件。如果不小心输入了一些东西或修改了它，不要保存该文件。

稍后将使用 edit 命令说明如何创建类似 why.m(why 命令所执行的文件的名称)的 M 文件。在浏览过 MATLAB 桌面的基本特性之后，就可以自己创建 M 文件。关于在 MATLAB 环境中创建程序的更多细节，参见第 2 章。

1.3 示例程序

1.1 节列举了一些简单示例，分析了如何通过在 MATLAB 提示符后输入单独的命令或语句以使用 MATLAB。然而，你可能需要求解一些 MATLAB 无法仅用一行命令解决的问题，比如找出二次方程的根(考虑所有特殊情况)。解决这样问题的语句集合就称为程序。在本节中，我们看看两个简短程序的编写和运行流程，而不考虑它们是如何工作的——在第 2 章中将会详细介绍。

1.3.1 剪切和粘贴

假设想绘制函数 $e^{-0.2x}\sin(x)$ 在 0 到 6π 范围内的图像，如图 1-13 所示。Windows 环境下有非常好用且易于掌握的剪切和粘贴编辑操作。操作过程如下：

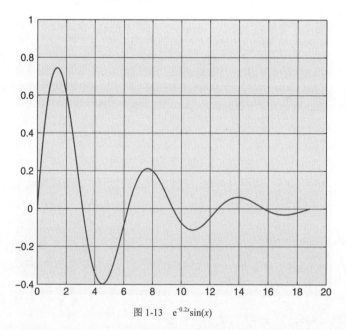

图 1-13 $e^{-0.2x}\sin(x)$

从 MATLAB 桌面选择 File | New | Script，或者单击桌面工具栏的 New File 按钮(还可以在 Command Window 中输入 edit，然后按回车键)。该操作会在 Editor/Debugger 中打开一个 Untitled 窗口。可以暂时认为这是一个可以在其中写程序的"便签"。现在，在 Editor 中准确无误地输入以下两行：

```
x = 0 : pi/20 : 6 * pi;
plot(x, exp(-0.2*x) .* sin(x), 'k'),grid
```

顺便说一句，在第二行的第二个*前面是个句点(句号)，之后会有更详细的解释！plot 函数中附加的参数'k'将绘制黑色图形，以示区别。如果更喜欢红色，可以将'k'改为'r'以生成红色图形。

接下来，将鼠标指针(它现在看起来像非常细的大写字母 I)移到第一行中 x 的左边。按住鼠标左键，将鼠标指针移到第二行的末尾。这个过程称为拖放。此时，这两行程序应该都高亮显示，可能是蓝色，以表明它们都被选中。

选择 Editor 窗口中的 Edit 菜单，然后单击 Copy(或使用快捷键 Ctrl+C)。如果操作系统是 Windows，那么该操作会将高亮的文本复制到 Windows 的剪贴板中。

现在返回到 Command Window。确定光标位置在提示符>>处(如有必要，可以单击那里)。选择 Edit 菜单，然后单击 Paste(或用快捷键 Ctrl + V)。剪贴板中的内容将被复制到命令窗口中。按 Enter 键执行这两行程序。图形应该在图像窗口中显示出来。

在 Editor 中加亮(选择)文本，然后将它们复制到 Command Window 的过程称为"剪切和粘贴"(更准确地说，这里应该叫"复制和粘贴"，因为原始文本是从 Editor 中复制而不是剪切)。该操作值得好好练习直至熟练掌握。

如果需要修改程序，请返回 Editor，单击出错的位置(这一步是将插入点移到合适的位置)，进行修正，并再次剪切和粘贴。也可以通过编辑命令行来改正错误。还有另一种方法，可以从 Command History 窗口粘贴(还可以顺带追溯许多先前的会话)。在单击时长按 Ctrl 键，可以在 Command History 窗口中选择多行。

如果喜欢，可直接在 Command Window 中输入多行命令。在输入完最后一行之前，为了防止程序运行，在每一行的后面使用 Shift+Enter 键来换行。最后按 Enter 键运行所有命令行。

来看另一个示例，假如在银行存了 1000 美元。每年利息复合增长率为 9%。一年后，银行的存款余额将会是多少？如果想写一个 MATLAB 程序以计算存款余额，那么原则上自己必须知道如何求解这个问题。即使一个像这样相对简单的问题，首先写下粗略的结构规划也是非常有帮助的：

- 在 MATLAB 中输入数据(初始余额和利率)
- 计算利息(1000 美元的 9%，即 90 美元)
- 将利息加到余额中(90 美元+1000 美元，即 1090 美元)
- 显示新的余额

返回到 Editor 中，清除以前所有的文本，照例通过拖放操作选择它们(或使用 Ctrl+A 快捷键)，然后按 Del 键。顺便说一下，单击选择区以外的任何地方，都可以取消选择高亮的文本。输入如下程序，然后剪切并粘贴到 Command Window 中：

```
balance = 1000;
rate = 0.09;
interest = rate * balance;
balance = balance + interest;
disp('New balance:' );
disp( balance );
```

当按下 Enter 键运行它，应该能在 Command Window 中获得以下输出结果：

```
New balance:
    1090
```

1.3.2 保存程序：脚本文件

我们已经知道如何在 Editor 和 Command Window 之间剪切和粘贴，以编写和运行 MATLAB 程序。如果想在之后再次使用程序，显然需要保存这个程序。

在 Editor 菜单栏中选择 File | Save，保存 Editor 中的内容。此时会出现 Save file as(另存为)对话框。选择一个文件夹，然后在 File name(文件名)输入框中输入一个文件名，该文件名必须使用.m 扩展名，例如 junk.m。然后单击 Save 按钮。Editor 窗口现在有了标题 junk.m。如果在 Editor 中对 junk.m 进行修改，编辑器顶部名字的旁边将出现一个星号，直到保存这些修改。

在 Editor(或任何其他 ASCII 文本编辑器)中保存的带.m 扩展名的 MATLAB 程序被称为脚本文件，或者简称为脚本(MATLAB 函数文件的扩展名也是.m，因此我们统一把脚本和函数文件称为 M 文件)。

脚本文件的特殊意义在于，如果在命令行提示符处输入脚本文件的名称，MATLAB 会执行脚本文件中的每条语句，就好像这些语句是在提示符处输入的一样。

脚本文件的命名规则和 MATLAB 中变量的命名一样(见第 2 章的 2.1 节)。

举个例子，将上文的复合利率程序保存在名为 compint.m 的脚本文件中。然后在 Command Window 中的提示符处简单地输入这个名字：

```
compint
```

一旦按 Enter 键，compint.m 中的语句将会被准确执行，就像将它们复制到 Command Window 中执行一样。至此，你已经成功地创建了一个新的 MATLAB 命令，即 compint。

使用命令 type，可以将脚本文件的内容在 Command Window 中列出，例如：

```
type compint
```

注意，扩展名.m 可省略。

脚本文件提供了一种管理大型程序的有用方法。没必要每次运行这些大型程序时，都将它们粘贴到 Command Window 中。

1. 当前目录

当运行脚本时，必须确保将 MATLAB 的当前文件夹(显示在 Current Folder 正上方的工具栏里)设置为保存该脚本的文件夹(或目录)。可以通过如下操作改变当前文件夹，在工具栏中输入新的当前文件夹的路径，或者从之前工作文件夹的下拉列表中选择一个文件夹，还可以单击"浏览"按钮(它是显示 Current Folder 路径的区域的左边第一个文件夹，带着绿色箭头)，然后选择一处新位置保存和执行文件(例如，如果要为不同的课程创建文件，可以将工作保存到以正在学习的课程名字或编号命名的文件夹中)。

可以在命令行中用 cd 命令更改当前文件夹，例如：

```
cd \mystuff
```

cd 命令自身会返回当前目录或文件夹的名称(在 MATLAB 的最新版本中亦是如此)。

2. 从当前文件夹浏览器运行脚本

如下是一种简便地运行脚本的方法。在 Current Folder 浏览器中选择一个文件，然后右击。上下文菜单就会出现(上下文菜单是通用的桌面特性)。在上下文菜单中选择 Run，运行结果将出现在 Command Window 中。如果想编辑该脚本，在上下文菜单中选择 Open。

1.3.3 程序实战

现在详细讨论复合利率程序是如何运行的。

MATLAB 系统在技术上称为解析器(与编译器相反)。意思是它将提交给命令行的每一条语句翻译(解析)成计算机能理解的语言，然后立即执行。

MATLAB 中的一个基本概念是如何将数据存储在计算机的随机存取存储器(Random Access Memory，RAM)中。如果一条 MATLAB 语句需要存储一个数字，RAM 会为它预留空间。可以将这部分存储器想象成一堆盒子或内存位置，每一个只能同时容纳一个数字。这些内存位置由 MATLAB 语句中的符号名引用。因此语句：

```
balance = 1000
```

将数字 1000 分配到名为 balance 的内存位置。因为在会话期间 balance 的内容可能会改变，所以它被称为变量。

因此，MATLAB 将程序中的语句解析为：

- 将数字 1000 放入变量 balance 中

- 将数字 0.09 放入变量 rate 中
- 用 rate 的内容乘以 balance 的内容，然后把结果放入 interest 中
- 将 balance 的内容加到 interest 的内容中，然后把结果放入 balance 中
- 显示单引号中的信息(在 Command Window 中)
- 显示 balance 的内容

似乎没必要强调这一点，但这些经过解析的语句是按照从上到下的顺序执行的。在程序运行完毕后，所使用的变量的值如下：

```
balance   : 1090
interest  : 90
rate      : 0.09
```

注意 balance 原来的值(1000)消失了。

请尝试以下练习：

(1) 运行原程序。

(2) 改变程序中的第一条语句，看看结果。

```
balance = 2000;
```

确保程序在运行时你能理解发生了什么。

(3) 略去下面这一行：

```
balance = balance + interest;
```

然后重新运行。你能解释发生了什么吗？

(4) 尝试重新编写程序，让 balance 的原始值不消失。现在你可能会遇到一些问题，比如：

- 可以使用什么名称命名变量？
- 如何表示数字？
- 如果一条语句不适合放在某一行，会发生什么？
- 如何使输出的结果更整洁？

第 2 章会回答这些问题。在编写更完整的程序之前，还需要介绍其他一些基本概念。第 2 章也会介绍这些概念。

1.4　本章小结

- MATLAB 是基于矩阵的计算机系统，用于帮助解决科学和工程问题。
- 可以通过在 Command Window 的命令行中输入命令和语句以使用 MATLAB。MATLAB 将立即执行这些命令和语句。
- 可以使用 quit 或 exit 命令关闭 MATLAB。
- clc 命令可以清空 Command Window。
- help 和 lookfor 命令可以提供帮助。
- plot 命令可以在图像窗口中绘制一幅 x-y 图形。
- grid 可以在图形上绘制网格线。

1.5　本章练习

1.1　在命令行中对变量 *a* 和 *b* 赋值，例如，*a* = 3 和 *b* = 5。编写一些语句来解变量 *a* 和 *b* 的和、差、积和商。

1.2 1.2.5 节中给出一个脚本，用于绘制墨西哥帽子问题的动画。将该脚本输入到编辑器中，保存并执行。在完成调试并成功运行后，尝试修改它。

a) 将 n 的最大值从 3 改为 4，然后执行脚本。

b) 将 pause 函数中的延迟时间从 0.05 改为 0.1。

c) 将命令行 z = sin(r.*n)./r;改为 z = cos(r.*n);，然后执行脚本。

1.3 在命令行中对变量 x 赋值，例如 x = 4*pi ^ 2。x 的平方根是多少？x 的平方根的余弦是多少？

1.4 在命令行中对变量 y 进行如下赋值：y = −1。y 的平方根是多少？答案显示：

```
ans =
      0 + 1.0000i
```

是的，MATLAB 还能处理复数(不仅是实数)。因此不应该将符号 i 用于表示索引或变量名。默认情况下，i 等于−1 的平方根(必要时，MATLAB 也将 j 用于表示 $\sqrt{-1}$)。因此，也不应将 i 用于表示索引或变量名)。请举一个例子加以说明，在截至目前所受的教育中，你是如何在数学和科学研究中使用复数的。很多练习的答案在附录 D 中。

MATLAB 基础

本章目标
- 变量、运算符和表达式
- 阵列(包括向量和矩阵)
- 基本输入和输出
- 循环(for)
- 判决(if)

本章介绍的工具足够解决课程学习和专业工作中可能遇到的很多科学和工程问题。本章的最后部分以及第 3 章将描述如何设计优秀的程序，作为构建你自己的工具箱中工具的基础。

2.1 变量

变量是编程的基础。在某种意义上，编程的艺术就是：

在正确的时间，将正确的值赋给正确的变量。

变量名(如第 1 章中使用的变量 balance)必须遵守如下两条规则：
- 只可包含字母 a~z、数字 0~9 和下画线(_)。
- 必须以字母开头。

名字可以任意长，但是 MATLAB 只会记住开头的 63 个字符(在 MATLAB 桌面的 Command Window 中执行命令 namelengthmax，以检验你所使用的版本中的情况)。例如，r2d2 和 pay_day 是有效的变量名，而 pay-day、2a、name$和_2a 则是无效的变量名(为什么？)。

在命令行或程序中对变量进行赋值即可创建变量。例如，

```
a = 98
```

如果试图引用不存在的变量，将得到错误信息：

```
Undefined function or variable '···'.
```

官方的 MATLAB 文档将所有的变量称为阵列，而不论它们是单值的(标量)还是多值的(向量或矩阵)。换句话说，标量是 1 乘 1 的阵列——单行单列的阵列，当然，也是仅包含单个条目的阵列。

大小写敏感

MATLAB 是大小写敏感的，意思是区分大写和小写字母。因此，balance、BALANCE 和 Balance 是三个不同的变量。如果变量名包含不止一个单词，很多程序员将变量名中的第二个及之后单词的首

字母大写，除此之外都用小写。这种风格称为驼峰式大小写，大写字母看起来像驼峰，例如 camelCaps、millenniumBug、dayOfTheWeek。一些程序员则更喜用下画线分隔单词。

命令和函数名也是大小写敏感的。在运行内置函数和命令时，切忌使用大写。

2.2　工作空间

MATLAB 中的另一个基本概念是工作空间。输入命令 clear，然后重新运行复合利率程序(见 1.3.2 节)。输入命令 who，将看到如下变量清单：

```
Your variables are:

balance interest rate
```

在会话期间创建的所有变量都将保存在工作空间中，直至清除它们。可以在会话的任意阶段使用或改变它们的值。命令 who 列出工作空间中所有变量的名字。函数 ans 返回最后一个未被赋予变量的表达式的计算值。命令 whos 列出每个变量的大小：

```
Name        Size        Bytes  Class

balance     1x1             8   double
interest    1x1             8   double
rate        1x1             8   double
```

此处的每个变量占用 8 个字节的存储空间。字节表示存储字符所需的计算机内存的大小(如果感兴趣的话，记住 1 字节等于 8 比特)。由于这些变量都是标量，而非向量或矩阵(虽然如上所述，MATLAB 将标量都视为 1 乘 1 的阵列)，因此每个变量的大小都是"1 乘 1"。double array 意味着变量中的数值是双精度浮点型(见 2.5 节)。

命令 clear 从工作空间中移除所有的变量，也可以从工作空间中移除某个特定的变量(如 clear rate)，还可以移除多个变量(如 clear rate balance)。用空格而不是逗号分隔变量名。

当运行程序时，程序创建的任何变量都将在程序开始运行之后一直保存在工作空间中。这意味着同名的变量将被覆盖。

桌面上的 Workspace 浏览器以一种便捷的可视化形式展现工作空间的内容。可以利用 Array Editor 查看甚至改变工作空间中变量的值。单击 Workspace 浏览器中的变量或者通过右击来打开更为普遍的上下文菜单，以激活 Array Editor。可以从上下文菜单以多种方式绘制工作空间中变量的图形。

将常用的常量添加到工作空间中

如果经常在 MATLAB 会话中使用相同的物理或数学常量，可以将它们保存在一个 M 文件中，并且在会话开始时运行该文件。例如，如下语句可保存在 myconst.m 中：

```
g = 9.81;              % acceleration due to gravity
avo = 6.023e23;        % Avogadro's number
e = exp(1);            % base of natural log
pi_4 = pi / 4;
log10e = log10( e );
bar_to_kP = 101.325;   % atmospheres to kiloPascals
```

如果在会话开始时运行 myconst，这 6 个变量将成为工作空间的一部分，并且在会话的剩余时间里都是可用的，直至清除它们。使用 MATLAB 的这种方式类似于记事本(是众多方式中的一种)。随着经验的增长，你将发现与 MATLAB 计算和分析环境相关的更多实用工具和功能。

2.3　阵列：向量与矩阵

如第 1 章所述，MATLAB 是 Matrix Laboratory 的缩写，这是因为设计者的目的是为了处理矩阵。矩阵是包含行和列的矩形物体(如表格)。我们将大部分的关于矩阵以及 MATLAB 如何处理它们的细节推迟到第 6 章再做介绍。

向量是一类特殊的矩阵，只有一行或一列。在其他编程语言中，向量被称为列表或数组。如果还没搞清楚向量的意思，别担心——把它们当成一列数字就行了。

MATLAB 用同样的方法处理向量和矩阵，但是由于向量比矩阵更容易理解，我们先介绍向量，这将有助于理解和欣赏 MATLAB 各方面的特性。如上所述，MATLAB 将标量、向量和矩阵统一视为阵列。我们也将统一使用术语阵列，而向量和矩阵分别对应一维和二维的阵列形式。

2.3.1　初始化向量：显式列表

作为开始，请在命令行中尝试附带的简短练习题。这些都是使用显式列表初始化向量的示例(想必读者已经不再需要关于命令提示符>>或<Enter>的提示了，因此它们将不再出现，除非很有必要)。

练习
1. 输入语句：

```
x = [1 3 0 -1 5]
```

是否看到你已经创建了一个包含 5 个元素的向量(列表)？
(请勿使用分号，这样就能看到该列表。同时，别忘了按 Enter 键执行命令)
2. 输入命令 disp(x)，看看 MATLAB 是如何显示向量的。
3. 输入命令 whos(或者观察 Workspace 浏览器)。在标题 Size 的下面，你将看到 x 的大小是 1 乘 5，意思是 1 行和 5 列。你还将看到总的元素数是 5。
4. 如果喜欢，可用逗号代替向量元素之间的空格。试试：

```
a = [5,6,7]
```

5. 不要忘记元素之间的逗号(或空格)；否则，将得到截然不同的结果：

```
x = [130 - 15]
```

你认为这个命令会输出什么？去掉负号和 15 之间的空格，看看 x 的赋值是如何变化的。
6. 可以将一个向量用在另一个向量的赋值列表中。输入下列命令：

```
a = [1 2 3];
b = [4 5];
c = [a -b];
```

在 c 显示出来之前，你能想出它是什么样子吗？
7. 再试试这个：

```
a = [1 3 7];
a = [a 0 -1];
```

8. 输入下列命令：

```
x = [ ]
```

注意 Workspace 浏览器中 x 的大小是 0 乘 0，这是因为 x 是空的。意思是系统已经定义了x，可以将合适的阵列赋给它，不会导致错误；然而，它现在还没有大小或值。将 x 设为空不同于 x = 0(在后一种情况中，x 的大小是 1 乘 1)或 clear x(该操作将 x 从工作空间中移除，导致 x 未定义)。

空的阵列可用于移除阵列中的元素(见 2.3.5 节)。

记住如下重要规则：

- 列表中的元素必须用方括号而不是圆括号括起。
- 列表中的元素必须用空格或逗号隔开。

2.3.2　初始化向量：冒号运算符

如第 1 章所见，还可以用冒号运算符生成(初始化)向量。输入如下语句：

```
x = 1:10
```

其中的元素是整数 1,2,…,10。

```
x = 1:0.5:4
```

其中的元素是 1,1.5,…,4，按 0.5 的增量递增。注意，如果用冒号分隔三个值，则中间值就是增量。

```
x = 10:-1:1
```

其中的元素为整数 10, 9, …, 1，因为增量是负数。

```
x = 1:2:6
```

其中的元素是 1, 3, 5；注意当增量是正数并且不等于 1 时，最后一个元素的值不得大于第二个冒号后的数值。

```
x = 0:-2:-5
```

其中的元素是 0, -2, -4；注意当增量是负数并且不等于-1 时，最后一个元素的值不得小于第二个冒号后的数值。

```
x = 1:0
```

这是一种生成空向量的复杂方法。

2.3.3　linspace 和 logspace 函数

可以使用 linspace 函数初始化具有等间隔元素值的向量：

```
linspace(0, pi/2, 10)
```

该命令创建一个向量，包含 10 个从 0 到 $\pi/2$(含 $\pi/2$)的等间隔的点。

可以使用函数 logspace 生成对数间隔的数据。它是 linspace 的对数等效形式。为了说明 logspace 的应用，请尝试如下命令：

```
y = logspace(0, 2, 10)
```

该命令生成如下从 10^0 到 10^2(含 10^2)之间的 10 个数字：1.0000、1.6681、2.7826、4.6416、7.7426、12.9155、21.5443、35.9381、59.9484 和 100.0000。如果省略函数调用中的最后一个数字，系统默认计算 y 中数值的数量是 50。本例中，数字 1 到 100 之间的间隔是怎样的？可以执行如下命令计算各点之间的距离：

```
dy = diff(y)
yy = y(1:end-1) + dy./2
plot(yy,dy)
```

你将发现一条从点(yy, dy)=(1.3341,0.6681)到点(79.9742,40.0516)的直线。因此，logspace 函数生成一系列的点，这些点之间的间隔随 y 线性增加。引入变量 yy 主要有两个原因。首先是为了生成一个和 dy 长度相等的向量，其次是查看间隔随 y 增长的情况，这里的 y 是通过执行 logspace 函数获得的。

2.3.4 转置向量

目前已经介绍的向量都是行向量。每个向量包含一行和若干列。为了生成数学中经常需要使用的列向量，需要对这些向量进行转置——将它们的行和列互换。该操作可以通过单引号或撇号(')来实现，撇号是和数学中常用于表示转置的角分符号最接近的 MATLAB 符号。

输入 x=1:5，然后输入 x'显示 x 的转置。注意 x 自身仍是行向量。也可以直接创建列向量：

```
y = [1 4 8 0 -1]'
```

2.3.5 下标

可以使用下标引用向量中的特定元素。请尝试如下练习：

(1) 输入 r = rand(1,7)。该命令生成一个包含 7 个随机数的行向量。
(2) 输入 r(3)。该命令显示 r 的第三个元素。数字 3 就是下标。
(3) 输入 r(2:4)。该命令显示第 2、第 3 和第 4 个元素。
(4) 再试试 r(1:2:7)和 r([1 7 2 6])。
(5) 使用空向量移除向量中的元素：

```
r([1 7 2]) = [ ]
```

该命令移除第 1、第 7 和第 2 个元素。

小结：
- 下标由圆括号标识。
- 下标可以是标量或向量。
- MATLAB 中的下标从 1 开始。
- 禁止使用小数下标。

2.3.6 矩阵

矩阵可视为包含若干行和列的表格。除了需要使用分号表示一行的结尾之外，创建矩阵的方法和创建向量是相同的。例如，如下语句：

```
a = [1 2 3; 4 5 6]
```

输出结果为：

```
a =
    1    2    3
    4    5    6
```

矩阵可以转置：原矩阵如上所示，语句 a=a'的输出结果为：

```
a =
    1    4
    2    5
    3    6
```

矩阵可以由长度相等的列向量构造而成。因此，如下语句：

```
x = 0:30:180;
table = [x'sin(x*pi/180)']
```

输出结果为：

```
table =
         0         0
   30.0000    0.5000
   60.0000    0.8660
   90.0000    1.0000
  120.0000    0.8660
  150.0000    0.5000
  180.0000    0.0000
```

2.3.7 捕获输出

如果是出于某种演示的需要，则可以使用剪切和粘贴工具整理 MATLAB 语句的输出结果。请创建上文中包含角度和正弦值的 table 变量。选中 Command Window 中的所有 7 行输出结果，并且复制到 Editor 中。之后就可以对这些输出进行编辑了，例如，在每一列的上方插入文本标题(这比使用 disp 命令将标题排列到各列的上方更容易一些)。可以将编辑过的输出依次粘贴到报告中或者打印出来(File 菜单中有若干打印选项)。

另一种捕获输出的方法是使用 diary 命令：

```
diary filename
```

该命令将随后出现在 Command Window 中的所有内容复制到文本文件 filename 中。接下来就可以使用任意文本编辑器(包括 MATLAB Editor)编辑得到的文件。使用如下命令终止对该会话的记录：

```
diary off
```

注意，diary 命令是将材料附加到已存在的文件中——将新信息添加到文件的结尾。

2.3.8 结构规划

结构规划是使用计算机解决特定问题所需步骤的自顶向下设计。通常使用所谓的伪代码书写——使用英语[①]、数学和 MATLAB 符号来描述解决问题的细节步骤的语句。你不必成为任何一门计算机语言的专家，就可以理解伪代码。结构规划分为若干个层次，随着程序逻辑结构的发展，其复杂度逐层递进。

假如需要写一个脚本将华氏温度(其中水的冰点和沸点分别为 32°F 和 212°F)转换为摄氏温度。第一层的结构规划可能是对问题的简单表述：

(1) 初始化华氏温度。

(2) 计算并显示摄氏温度。

(3) 停止。

第(1)步非常直接。第(2)步需要做进一步阐述，所以第二层的规划可以如下：

(1) 初始化华氏温度(F)。

(2) 按如下方法计算摄氏温度(C)：用 F 减去 32，然后乘以 5/9。

(3) 显示 C 的值。

———————————————

① 译者注：为便于读者阅读，译者已翻译了结构规划中的英文语句。

(4) 停止。

编写结构规划没有固定的规则。重点是培养写程序之前将问题的逻辑理清楚的思维习惯。结构规划的自顶向下方法意味着在深究语法(代码)细节之前，要将程序的整体结构理清楚。这样可以极大地减少错误。

下面是一个示例脚本：

```
% Script file to convert temperatures from F to C
%
F = input(' Temperature in degrees F: ')
      C = (F - 32) * 5 / 9;
disp([' Temperature in degrees C = ',num2str(C)])
% STOP
```

对该工具进行两次检验。对于 F=32，输出为 C=0；而对于 F=212，则输出为 C=100。结果正确，因此这个简单的脚本可以通过验证。

任何结构规划的本质，也是任何计算机语言的本质，可以归纳如下。

- 输入：对输入变量的声明和赋值。
- 运算：求解包含输入变量的表达式。
- 输出：将结果通过图形或表格的方法显示出来。

2.4　重力作用下的垂直运动

如果以初速度 u 向上垂直抛出一块石头，则这块石头在一段时间 t 后的垂直位移 s 表示为公式 $s=ut-gt^2/2$，其中 g 是重力加速度。忽略空气阻力。我们在长为 12.3s 的时段内每隔 0.1s 计算一次 s 的值，并且绘制该时段的距离-时间图，如图 2-1 所示。该问题的结构规划如下：

```
1. % Assign the data (g, u, and t) to MATLAB variables
2. % Calculate the value of s according to the formula
3. % Plot the graph of s against t
4. % Stop
```

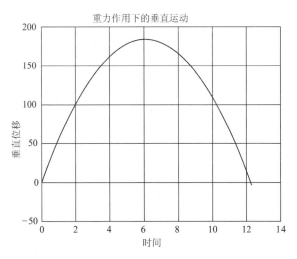

图 2-1　石头垂直上抛的距离-时间图

(1) 对 MATLAB 变量(g、u 和 t)进行赋值。

(2) 根据公式计算 s 的值。

(3) 绘制 s 相对于 t 的图像。

(4) 停止。

这个规划可能看起来很琐碎，写下来简直就是浪费时间。然而，你会惊讶地发现如此之多的初学者径直冲向计算机，从第(2)步开始，而跳过了第(1)步。先对程序进行结构规划是非常值得培养的思维习惯。甚至可以使用剪切和粘贴做如下规划：

(1) 将结构规划输入 Editor 中(每一行以%开头)。

(2) 复制一份规划，并直接粘贴到原规划的下面。

(3) 将复制的内容逐行翻译成 MATLAB 语句(如下面的示例所示，请加入%注释)。

(4) 最后，将翻译的所有 MATLAB 语句粘贴到 Command Window 中并运行(也可以单击 Editor 工具栏上的绿色三角来执行脚本)。

(5) 如有必要，回到 Editor 中对语句进行修正，再将修正过的语句粘贴到 Command Window 中(或者在 Editor 中将程序保存为 M 文件，然后再执行)。

在查看最终版的程序之前，可以试着把上面的过程当成练习做一做。最终版的程序如下：

```
% Vertical motion under gravity
g = 9.81; % acceleration due
% to gravity
u = 60; % initial velocity in
% meters/sec
t = 0 : 0.01 : 12.3; % time in seconds
s = u * t - g / 2 * t .^ 2; % vertical displacement
% in meters
plot(t, s,'k','LineWidth',3)
title( 'Vertical motion under gravity' )
xlabel( 'time' ), ylabel( 'vertical displacement' )
grid
```

输出的图形如图 2-1 所示。

注意以下几点：

- MATLAB 会忽略符号%后的整行内容，将其作为注释(描述)。
- 语句 t = 0 : 0.1 : 12.3 会生成一个向量。
- 针对向量 t 中的每个元素，程序都会对关于 s 的公式做一次计算，生成另一个向量。
- 表达式 t.^2 对 t 中的每个元素进行二次方运算。这称为阵列运算，不同于对向量本身进行二次方运算，后者是矩阵运算，我们将在后文见到。
- 如果语句之间通过逗号进行分隔，那么一行内可输入多条语句。
- 一条或一组语句可以使用包含三个或更多个句点(...)的省略号来换行，之后继续输入。
- 语句 disp([t' s'])先将行向量 t 和 s 转置为两列，然后将它们构造成矩阵，最后将矩阵显示出来。

如果你认为会再次使用这个程序，可以保存该程序，比如保存为throw.m。此时，将结构规划保留为文件的一部分是很有价值的。记得在结构规划的每行前插入%符号。这样一来，当你数月之后再次查看程序时，这些规划将提示你该程序做了什么。注意：可以使用 Editor 中的上下文菜单对选中的文本块进行 Comment/Uncomment(注释/取消注释)操作。在选中文本块之后，右击以打开上下文菜单。向下滚动到 Comment，单击即可。

2.5 运算符、表达式和语句

能够完成某项工作的程序才有价值。从根本上讲，程序的工作就是对表达式进行计算，例如：

```
u*t - g/2*t.^2
```

和执行语句，例如：

```
balance = balance + interest
```

MATLAB 被描述为基于表达式的语言，这是因为它对类型化的表达式进行解析和计算。表达式由多种对象构造而成，例如数字、变量和运算符。首先我们需要看一下数字。

2.5.1　数字

在 MATLAB 中，数字可以用常见的十进制形式(定点)表示，包括一个可选的小数点：

```
1.2345   -123   .0001
```

还可以用科学记数法表示它们。例如，在 MATLAB 中，1.2345×10^9 可以表示为 1.2345e9。这也叫浮点记数法。这个数字包含两部分：尾数，可以包含一个可选的小数点(如本例中的 1.2345)；以及指数(9)，必须为整数(有符号的或无符号的)。尾数和指数必须由字母 e(或 E)分隔。该数字表示尾数乘以 10 的指数次方。

注意下面这个不是科学记数法：1.2345*10^9。它其实是一个涉及两个算术运算(*和^)的表达式，因此会消耗更多的时间。如果数字很小或很大，请使用科学记数法，因为这样会降低犯错误的概率(比如将 0.000000001 表示为 1e-9)。

在使用标准浮点运算的计算机上，数字近似表示为小数点后 16 位有效数字。数字的相对精度由 eps 给出，eps 定义为 1.0 和大于 1.0 的最小浮点数之间的距离。在计算机上输入 eps 来看看它的值是多少。

MATLAB 中数字的粗略范围是从 $\pm 10^{-308}$ 到 $\pm 10^{308}$。MATLAB 函数 realmin 和 realmax 可以返回计算机所能表示的数字范围的精确值。

作为练习，请在命令提示符处用科学记数法输入下列数字(答案在圆括号中)：

$$1.234 \times 10^5, \quad -8.765 \times 10^{-4}, \quad 10^{-15}, \quad -10^{12},$$
$$(1.234e+05, \quad -8.765e-04, \quad 1e-15, \quad -1e+12)$$

2.5.2　数据类型

MATLAB 中有十几种基本数据类型(或类别)。默认的数值数据类型是双精度型；所有 MATLAB 计算都是按双精度型处理的。关于数据类型的更多信息请参见 Help 索引。

通过使用诸如 int8、uint8 和 single 的函数，MATLAB 还支持有符号和无符号整数类型，以及单精度的浮点类型。然而，必须使用 double 函数将这些类型的数据转换为双精度型，才能对它们进行数学运算。

2.5.3　算术运算符

表达式的计算是借助算术运算符实现的。两个标量常数或变量之间的算术运算符如表 2-1 所示。运算符对运算对象(即表 2-1 中的 a 和 b)进行运算。

左除(left division)看起来有点奇怪：用右边的运算对象除以左边的运算对象。对于标量运算对象来说，表达式 1/3 和 3\1 的值是相同的。然而，矩阵的左除有着截然不同的含义，我们在后文中会见到。

表 2-1　两个标量之间的算术运算

运　　算	代 数 形 式	MATLAB
加法	$a+b$	a+b
减法	$a-b$	a−b
乘法	$a×b$	a*b
右除	a/b	a/b
左除	b/a	a\b
指数	a^b	a^b

2.5.4　运算符的优先级

数个运算符可能被组合到一个表达式中，例如 g * t ^ 2。在这种情况下，MATLAB 对于首先进行哪些运算有着严格的优先级规则。表 2-1 中的运算符的优先级规则见表 2-2。注意，圆括号的优先级最高。还需要注意圆括号和方括号的区别。前者用于调整运算符的优先级以及表示下标，而后者则用于创建向量。

当表达式中的运算符的优先级相同时，按照从左到右的顺序执行。因此 a / b * c 按照(a / b) * c 而不是 a / (b * c)来计算。

表 2-2　算术运算的优先级

优 先 级	运 　算 　符
1	圆括号
2	指数，从左到右
3	乘法和除法，从左到右
4	加法和减法，从左到右

练习

1. 请自行计算下列 MATLAB 表达式，然后在 MATLAB 中核对答案。

```
1 + 2 * 3
4 / 2 * 2
1 + 2 / 4
1 + 2 \ 4
2 * 2 ^ 3
2 * 3 \ 3
2 ^ (1 + 2)/3
1/2e-1
```

2. 使用 MATLAB 计算下列表达式(答案在圆括号中)。

(a) $\dfrac{1}{2×3}$ (0.1667)

(b) $2^{2×3}$ (64)

(c) $1.5×10^{-4} + 2.5×10^{-2}$ (0.0252；使用科学记数法或浮点记数法)

2.5.5　冒号运算符

冒号运算符的优先级比加法运算符低，比如：

```
1 + 1:5
```

其中加法首先执行，然后初始化一个包含元素 2, ..., 5 的向量。

下面的示例可能令人惊讶：

```
1+[1:5]
```

是不是？向量 1:5 中的每个元素都加上了 1。这里的加法是阵列运算，因为它作用于向量(阵列)中的每一个元素。后文会对阵列运算进行讨论。

MATLAB 运算符及其优先级的完整列表请参见附录 A。

2.5.6　转置运算符

转置运算符的优先级最高。请尝试：

```
1:5'
```

该表达式先对 5 进行转置(由于 5 是标量，因此转置为自身)，然后形成一个行向量。如果想对整个向量进行转置，请使用方括号：

```
[1:5]'
```

2.5.7　阵列的算术运算

在命令行中输入下列语句：

```
a = [2  4  5];
b = [6  2  2];
a .* b
a ./ b
```

如表 2-3 所示，MATLAB 中有 4 个附加的算术运算符，它们作用于维度相同的阵列中的对应元素。它们有时被称为阵列或逐元素运算，这是因为它们是逐元素执行的。例如，计算 a .* b 可得到如下向量(有时被称为阵列积)：

```
[a(1)*b(1)  a(2)*b(2)  a(3)*b(3)]
```

也就是[12 8 10]。

表 2-3　MATLAB 附加的 4 个算术运算符

运　算　符	描　　　述
.*	乘法
./	右除
.\	左除
.^	指数

你可能已经知道 a ./ b 就是逐元素除。请尝试[2 3 4] .^ [4 3 1]。该运算将第二个向量中的第 i 个元素提升到第一个向量的第 i 个元素的乘方处。对于乘法、除法和指数的阵列运算来说，句点是必要的，因为这些运算对于矩阵有不同的定义；它们被称为矩阵运算(见第 6 章)。用上面定义的 a 和 b，尝试 a + b 和 a - b。对于加法和减法来说，阵列运算和矩阵运算是相同的，所以不必用句点区分它们。

在对两个向量进行阵列运算时，它们的大小必须相同！

阵列运算也适用于标量和非标量之间的运算。请用 3 .* a 和 a .^ 2 验证一下。这个性质被称为标量扩展。句点在标量和非标量之间的乘法和除法运算中是可有可无的(如果 a 是向量，那么 3 .* a 和 3 *

a 是相同的)。

求向量 x 和 y 的内积(也称为点积)是逐元素乘法的常见应用,其定义如下:

$$x \cdot y = \sum_i x_i y_i$$

MATLAB 函数 sum(z)得到向量 z 的元素之和,因此语句 sum(a .* b)将得到 a 和 b 的内积(对于上文定义的 a 和 b,结果是 30)。

练习

使用 MATLAB 阵列运算做下列计算:
1. 对向量[2 3 -1]中的每个元素加 1。
2. 对向量[1 4 8]中的每个元素乘以 3。
3. 求解向量[1 2 3]和[0 -1 1]的阵列积。
(答案:[0 -2 3])
4. 对向量[2 3 1]中的每个元素进行平方运算。

2.5.8 表达式

表达式是包含变量、数字、运算符和函数名的公式。在 MATLAB 提示符处输入表达式时,系统就会对它进行计算。例如,用如下命令计算 2π:

```
2 * pi
```

MATLAB 给出的回答是:

```
ans =
    6.2832
```

注意,MATLAB 使用函数 ans(代表 answer)返回最后一个未被赋予变量的表达式的计算值。如果表达式以分号(;)结尾,虽然 ans 仍会返回它的值,但不会将其显示出来。

2.5.9 语句

MATLAB 语句的形式通常如下:

变量 = 表达式

例如:

```
s = u * t - g / 2 * t. ^ 2;
```

该语句将式子右边的值赋给式子左边的变量,是赋值语句的示例。赋值通常是按照这个方向进行的。注意,式子左边的赋值对象必须是变量。一个常见的错误是将语句颠倒过来,比如:

```
a + b = c
```

基本上,在 Command Window 或程序中输入的并且被 MATLAB 接受的任意一行内容,都是一条语句,因此语句可以是赋值、命令或仅仅一个表达式,例如:

```
x = 29;        % assignment
clear          % command
pi/2           % expression
```

命名规范和大部分编程语言保持一致,用于强调程序中不同类型的语句。然而,MATLAB 文档倾向于将这些统称为"函数"。

如前所述,赋值或表达式语句结尾处的分号禁止显示任何输出结果。这对于禁止显示烦人的中间结果(或大型矩阵)非常有用。

当语句太长而不适合放到一行中时,可以使用包含至少三个句点的省略号另起一行继续书写:

```
x = 3 * 4 - 8 ....
    / 2 ^ 2;
```

同一行中的语句可用逗号(不禁止输出)或分号(禁止输出)分隔:

```
a = 2; b = 3, c = 4;
```

注意,从技术层面看,逗号和分号并非语句的一部分,它们只是分隔符。

语句可以包含阵列运算,这种情况下,语句左边的变量就变成向量或矩阵。

2.5.10　语句、命令和函数

MATLAB 中的语句、命令和函数之间的差异略显模糊,因为它们都可以在命令行中输入。然而,以下方法还是可以帮助我们做大概分类。命令通常是以某种方式改变总体环境,例如 load、save 和 clear。语句所做的就是我们通常所说的编程相关的事情,例如计算表达式和执行赋值、判决(if)和循环(for)。函数则返回计算结果或者对数据进行运算,例如 sin 和 plot。

2.5.11　公式向量化

借助阵列运算,可以轻易地对方程进行反复计算,以处理大量的数据。这是 MATLAB 最有用、最强大的特性之一,应该想办法利用好它。

再来考虑一下复合利率计算的示例。一笔金额为 A 的资金,投资 n 年,年利率为 r,则余额增加到 $A(1+r)^n$。假设我们要计算以下情况的最终余额:金额分别为 750 美元、1000 美元、3000 美元、5000 美元和 11 999 美元,投资 10 年,利率为 9%。如下程序(comp.m)通过对由初始投资金额组成的向量进行阵列运算来完成计算:

```
format bank
A = [750 1000 3000 5000 11999];
r = 0.09;
n = 10;
B = A * (1 + r) ^ n;
disp( [A' B'] )
```

输出为:

```
   750.00       1775.52
  1000.00       2367.36
  3000.00       7102.09
  5000.00      11836.82
 11999.00      28406.00
```

注意以下几点:

● 在语句 B = A * (1 + r)^n 中,先计算表达式(1 + r)^n,因为乘方比乘法的优先级高。
● 然后用向量 A 中的每个元素乘以标量(1 + r)^n(标量表达式)。
● 可以用运算符*代替.*,因为是标量和非标量之间的乘法(但是用.*也不会导致错误,因为标量是阵列的特殊情况)。
● 结果将显示一个表格,其列由 A 和 B 的转置组成。

这个过程被称为方程向量化(vectorization)。上面第 1 点中所述语句的操作是这样的：通过对命令行解析一次，同时对向量 A 中的每个元素进行操作，从而决定 B 中的每个元素。

看你能否通过调整程序 comp.m 来求解一笔金额为 A(1000 美元)的资金在 1、5、10、15 和 20 年之后的余额。

提示：将 n 设为向量[1 5 10 15 20]。

练习

1. 自行计算下列表达式(完成后用 MATLAB 检验结果)。数值答案在圆括号中。

(a) 2 / 2 * 3 (3)

(b) 2 / 3 ^ 2 (2/9)

(c) (2 / 3) ^ 2 (4/9)

(d) 2 + 3 * 4-4 (10)

(e) 2 ^ 2 * 3 / 4 + 3 (6)

(f) 2 ^ (2 * 3) / (4 + 3) (64/7)

(g) 2 * 3 + 4 (10)

(h) 2 ^ 3 ^ 2 (64)

(i) -4 ^ 2 (-16；^比-的优先级高)

2. 使用 MATLAB 计算下列表达式(答案在圆括号中)

(a) $\sqrt{2}$ (1.4142；使用 sqrt 或^0.5)

(b) $\dfrac{3+4}{5+6}$ (0.6364；使用括号)

(c) 求解 5 和 3 的和除以它们的积的结果(0.5333)

(d) 2^{3^2} (512)

(e) 求 2π 的二次方(39.4784；使用 pi)

(f) $2\pi^2$ (19.7392)

(g) $1/\sqrt{2\pi}$ (0.3989)

(h) $\dfrac{1}{2\sqrt{\pi}}$ (0.2821)

(i) 求解 2.3 和 4.5 的积的立方根(2.1793)

(j) $\dfrac{1-\dfrac{2}{3+2}}{1+\dfrac{2}{3-2}}$ (0.2)

(k) $1000(1 + 0.15/12)^{60}$ (2107.2——例如，一笔金额为 1000 美元的资金，以 15%的年利率存 5 年，按月结算复利)

(l) $(0.0000123 + 5.678\times10^{-3})\times0.4567\times10^{-4}$($2.5988\times10^{-7}$；使用科学记数法，例如 1.23e-5…；不要使用^)

3. 不要在表达式中使用不必要的括号。你能找出如下表达式中的错误吗？(使用 MATLAB 检验你改正过的版本)

```
(2(3+4)/(5*(6+1)) ^ 2
```

注意，MATLAB Editor 中有两种处理"不平衡的分隔符"问题的有用方法(如果你一直在使用 Help，就应该已经知道这一点)：

- 当输入结束分隔符，即)、]或}时，与之匹配的起始分隔符将暂时高亮突出显示。因此，如果在输入一个右分隔符时没有看见高亮，就应该立刻知道这个分隔符是多余的。

4. 创建包含元素 1、2、3、4、5 的向量 *n*。对 *n* 使用 MATLAB 阵列运算创建下列向量，每个向量包含 5 个元素：

　(a) 2, 4, 6, 8, 10

　(b) 1/2, 1, 3/2, 2, 5/2

　(c) 1, 1/2, 1/3, 1/4, 1/5

　(d) 1, $1/2^2$, $1/3^2$, $1/4^2$, $1/5^2$

5. 假设向量 *a* 和 *b* 定义如下：

```
a = [2 -1 5 0];
b = [3 2 -1 4];
```

自行计算下列语句中向量 *c* 的值。使用 MATLAB 对答案进行检验。

　(a) c = a – b;

　(b) c = b + a – 3;

　(c) c = 2 * a + a . ^ b;

　(d) c = b ./ a;

　(e) c = b . a;

　(f) c = a . ^ b;

　(g) c = 2. ^ b+a;

　(h) c = 2*b/3.*a;

　(i) c = b*2.*a;

6. 在华氏温度中，水的冰点是 32℉，沸点是 212℉。如果 C 和 F 分别表示摄氏温度和华氏温度，则方程：

```
F = 9C/5 + 32
```

可以在华氏温度和摄氏温度之间换算。使用 MATLAB 命令行将摄氏 37℃(人体正常温度)转换为华氏温度(98.6℉)。

7. 工程师经常需要将一个计量单位转换为另一个，有时比较棘手，因为需要仔细地思考这个过程。例如，将 5 英亩转换为公顷，已知 1 英亩等于 4840 平方码，1 码等于 36 英尺，1 英尺等于 2.54 厘米，而 1 公顷等于 10 000 平方米。最好的方法是推导出将 *x* 英亩转换为公顷的公式。可以参照以下方法进行：

- 1 平方码=$(36×2.54)^2$ 平方厘米
- 所以 1 英亩=4840×$(36×2.54)^2$ 平方厘米
  =$0.4047×10^8$ 平方厘米
  =0.4047 公顷
- 所以 *x* 英亩=0.4047×*x* 公顷

一旦找到这个公式(在这之前不行)，MATLAB 就可以完成剩下的工作：

```
x = 5;             % acres
h = 0.4047 * x; % hectares
disp( h )
```

8. 请推导下列转换公式，并使用 MATLAB 语句求解答案(在圆括号中)。

　(a) 将 22 码(皇家板球场的大小)转换为米(20.117 米)

　(b) 1 磅(重量)=454 克。将 75 千克转换为磅(165.20 磅)

　(c) 将 49 米每秒(下坠的人形物体的终极速度)转换为千米每小时(176.4 千米每小时)

　(d) 1 个大气压强=14.7 psi=101.325 千帕。将 40 psi 转换为千帕(275.71 千帕)

　(e) 1 卡路里 = 4.184 焦耳。将 6.25 千焦耳转换为卡路里(1.494 千卡路里)

2.6 输出

有两种从 MATLAB 获得输出的直接方法：

- 不使用分号，在命令行中输入变量名、赋值语句或表达式。
- 使用 disp 语句(例如 disp(x))。

2.6.1 disp 语句

对于数值变量，disp 语句的一般形式是：

```
disp(variable}
```

当使用 disp 时，系统不会显示变量名，并且不会像不使用分号在命令行中输入变量名时那样，在显示值之前换行。disp 通常提供更加简洁的显示。

还可以使用 disp 显示撇号中间的信息(被称为字符串)。作为信息一部分的撇号则必须使用双撇号表示：

```
disp('Pilate said, "What is truth?"');
```

可以使用如下技巧，将信息和值显示在同一行：

```
x = 2;
disp(['The answer is ', num2str(x)]);
```

输出应该是：

```
The answer is 2
```

我们已经知道，可以用方括号创建向量。如果想要显示一个字符串，需要先创建它；换言之，在撇号之间输入信息。在上例中通过定义字符串'The answer is'，已经完成了字符串的定义。注意，第二个撇号之前的最后一个空格是字符串的一部分。MATLAB 阵列的所有组成部分必须是数字或字符串中的一种[除非使用元胞阵列(cell array)，见第 10 章]，所以使用函数 num2str，将数字 x 转换为字符串表达形式。该函数读作 "number to string" (数字到字符串)。

可以用如下方法在一行中显示多个数字：

```
disp([x y z])
```

方括号创建一个包含三个元素的向量，其元素都显示出来。

命令 more on 可以对输出进行分页。这在显示大型矩阵时很有用，例如 rand(100000,7)(更多细节请参见 help more)。如果在显示大型矩阵之前忘记使用 more，可以使用 Ctrl+C 快捷键停止显示。

随着使用 MATLAB 经验的不断增长，你可能希望了解更多的 MATLAB 输入和输出功能。可以单击桌面顶端的问号打开帮助文档，从而开始信息检索。搜索 fopen，使用这个函数可以打开文件。滚动到帮助手册中关于该主题的页面的底部，并且找到下列函数：fclose、feof、ferror、fprintf、fread、fscanf、fseek、ftell 和 fwrite。单击 fprintf，这是一个在 C 语言中很受欢迎的格式化输出函数。input 函数被用于本书的很多示例中，请在帮助手册中搜索 input，了解关于该函数的更多细节。当然，最简单的数据输入方法是在程序命令中对变量进行赋值。

2.6.2 format 命令

术语 "格式" 是指事物的布局：这里是指 MATLAB 的输出格式。MATLAB 中的默认显示格式遵循以下基本输出规则：

- 尽量显示整数(完整的数)。然而，如果整数太大，就使用科学记数法表示——1234567890 显示为
  1.2346e+009(即 1.2346×10^9)。在命令行中先输入 123456789，再输入 1234567890，以检验该
  规则。
- 带小数部分的数以 4 位有效数字的形式显示。如果 x 的值范围为 0.001<x≤1000，则以定点数
  的形式显示；否则，使用科学(浮点)记数法，其中尾数在 1 到 9.9999 之间(如将 1000.1 显示为
  1.0001e+003)。在命令提示符处输入 0.0011、0.0009、1/3、5/3、2999/3、3001/3 以检验该规则。

可以通过修改 format 命令改变默认的显示格式。如果不论数值的大小，你都想使用科学记数法(浮
点形式)显示它们，则输入命令:

```
format short e
```

直至下一个 format 命令下达之前，接下来所有来自 disp 语句的输出都采用科学记数法表示，包含
5 位有效数字。输入该命令并使用如下数值来检验: 0.0123456、1.23456 和 123.456(都在不同的行中)。

如果想得到更精确的输出,可使用命令 format long e。该命令提供的也是科学记数法这种显示方式,
但是包含 15 位有效数字。用 1/7 检验一下。可利用命令 format long 来使用包含 15 位有效数字的定点
表示法。请尝试 100/7 和 pi。如果对输出数值的数量级不太肯定,可以试试 format short g 或 format long
g。g 代表 "general" (普遍)。MATLAB 根据具体情况决定使用定点还是浮点。

可以使用 format bank 命令进行财务计算；采用的是两位有效数字(为了表示美分)的定点表示。试
试用它显示 10000/7。使用 format compact 命令,可以禁止一些烦人的换行,从而使显示更加紧凑。format
loose 命令则可以将显示恢复到更加宽松的风格。使用 format hex 命令可以得到十六进制的显示结果。

使用 format rat 命令,可以将数字显示为有理数近似(两个整数的比值)。例如,将 pi 显示为 355/113,
这比旧的 22/7 更为精确[①]。注意,355/113 依然是对 pi 的近似！请尝试使用 format rat 命令计算 $\sqrt{2}$ 和
e(exp(1))。

使用 format+命令之后,向量或矩阵中的整数、负数和零分别显示为符号+、-和空格。在某些应用
中,这是一种便捷的矩阵显示方式。format 命令自身可以将输出格式恢复为默认。如果感到困惑,请
使用 help format 命令。

2.6.3   比例因子

输入下列命令(包含 MATLAB 的响应):

```
>> format compact
>> x = [1e3 1 1e-4]
x =
  1.0e+003 *
    1.0000    0.0010    0.0000
```

如果向量中的元素非常大或非常小,又或者相差很多个数量级,则可以使用 format short(默认)和
format long 命令,将一个公共的比例因子应用于整个向量。在本例中,公共比例因子为 1000,所以显
示的元素的值必须乘以比例因子,才能得到它们的真实值——例如,对于第二个元素,1.0e+003 * 0.0010
的结果为 1。从第三个元素 1e-4 中提出比例因子 1000,则结果为 1e-7,由于只显示 4 位有效数字,该
结果表示为 0.0000。

如果不想使用比例因子,试试 format bank 或 format short e 命令:

```
>> x
  x =
    1000.00    1.00      0.00
  >> format short e
```

---

① 译者注: 22/7 和 355/113 分别表示圆周率的疏率和密率,后者更精确。

```
>> x
x =
    1.0000e+003      1.0000e+000      1.0000e-004
```

2.7 for 循环

到目前为止，我们已经了解了如何将数据导入程序[即前文所述的输入(input)]，如何进行运算以及如何获得结果[即前文所述的输出(output)]。在本节中介绍一个新功能：循环。这是由非常强大的 for 结构实现的。我们先看一些示例，后面再给出解释。

如果你是初学者，请将下列各组语句输入到命令行中。首先输入 format compact 命令使输出更加简洁：

```
for i = 1:5, disp(i), end
```

现在稍作修改：

```
for i = 1:3, disp(i), end
```

再试试

```
for i = 1:0, disp(i), end
```

你能看出发生了什么吗？disp 语句分别重复了 5 次、3 次，以及一次都不重复。

2.7.1 用牛顿法计算平方根

任意整数 a 的平方根 x 都可以通过牛顿法，仅使用加减乘除等算术运算来求解。这是一个迭代(重复)的过程，对初始猜测值不断进行完善。

为了以一种基础的方式介绍结构化编程的概念(详见第 3 章)，考虑求解平方根问题的算法的结构规划以及一个针对 $a=2$ 的样值输出程序。

结构规划如下：

(1) 初始化 a

(2) 将 x 初始化为 $a/2$

(3) 将如下过程重复 6 次：

　　用 $(x+a/x)/2$ 代替 x

　　显示 x

(4) 停止

程序如下：

```
a = 2;
x = a/2;
disp(['The approach to sqrt(a) for a = ', num2str(a)])
for i = 1:6
  x = (x + a / x) / 2;
  disp( x )
end

disp( 'Matlab''s value: ' )
disp( sqrt(2) )
```

输出如下(格式选择 format long)：

```
The approach to sqrt(a) for a = 2
    1.50000000000000
    1.41666666666667
    1.41421568627451
    1.41421356237469
    1.41421356237310
    1.41421356237310

  Matlab's value:
    1.41421356237310
```

在本例中，x 的值很快收敛到极限值 $\sqrt{a}$。注意，该值等于 MATLAB 中 sqrt 函数返回的值。大部分计算机和计算器都使用类似方法计算平方根和其他典型数学函数。

牛顿法的一般形式详见第 17 章。

2.7.2 阶乘!

运行如下程序生成 n 和 $n!$(读作 n 的阶乘)的列表，其中：

$$n! = 1 \times 2 \times 3 \times \cdots \times (n - 1) \times n \tag{2.1}$$

```
n = 10;
fact = 1;
for k = 1:n
   fact = k * fact;
   disp( [k fact] )
end
```

我们假设 MATLAB 只能计算 n 的最大阶乘，请通过实验找出 n(最好不要使用 disp 语句！也可以将它从 end 命令的上方移至下方)。

2.7.3 数列的极限

for 循环是计算数列中连续数字的理想方法(如同在牛顿法中)。下例展示了一个在计算极限时会偶尔碰到的问题。考虑数列：

$$x_n = \frac{a^n}{n!}, \quad n = 1, 2, 3, \ldots$$

其中 a 是任意常数，$n!$是上文定义的阶乘函数。问题是：当 n 变为无穷大时，该数列的极限是多少？考虑 $a = 10$ 的情况。如果直接计算 x_n，会遇到麻烦，因为随着 n 的增加，$n!$增长很快，会发生数值溢出。然而，如果发现 x_n 和 x_{n-1} 之间存在如下关系：

$$x_n = \frac{ax_{n-1}}{n}$$

情况就会变得简单明了。现在不存在数值溢出的问题了。

下面的程序针对 $a=10$ 以及递增的 n 计算 x_n。

```
a = 10;
x = 1;
k = 20;            % number of terms

for n = 1:k
  x = a * x / n;
```

```
    disp( [n x] )
end
```

2.7.4 基本 for 结构

一般而言，最常见的 for 循环(这里的 for 用于程序中，而不是命令行中)形式是：

```
for index = j:k
    statements;
end
```

或者：

```
for index = j:m:k
    statements;
end
```

注意下列几点：

- $j:k$ 是一个元素为 $j, j+1, j+2, \ldots, k$ 的向量。
- $j:m:k$ 是一个元素为 $j, j+m, j+2m, \ldots,$ 的向量。如果 $m > 0$，则最后一个元素不大于 k；如果 $m < 0$，则最后一个元素不小于 k。
- index 必须是变量。每次循环过后，它将代表向量 $j:k$ 或 $j:m:k$ 中的下一个元素，并且针对这些数值中的每一个，循环体中的语句(可能是一条或多条语句)都将执行一次。

如果 for 结构的形式为：

```
for k = first:increment:last
```

则循环执行的次数可以通过如下等式计算：

$$\text{floor}\left(\frac{\text{last} - \text{first}}{\text{increment}}\right) + 1$$

其中 MATLAB 函数 floor(x)将 x 向 $-\infty$ 舍入。该值被称为迭代或行程计数。作为示例，我们考虑语句 for i = 1:2:6。其迭代计数为：

$$\text{floor}\left(\frac{6-1}{2}\right) + 1 = \text{floor}\left(\frac{5}{2}\right) + 1 = 3$$

因此 i 的值为 1、3、5。注意，如果迭代计数为负值，则循环不会执行。

- 考虑到 for 循环的完整性，索引包含使用的最后一个值。
- 如果 $j:k$ 或 $j:m:k$ 为空，则语句不会执行，并且程序的控制权转移到 end 后面的语句。
- index 不必在语句中明确出现。它其实是一个计数器。事实上，如果 index 没有在语句中明确出现，for 循环通常可以向量化(更多细节请参见 2.7.7 节)。下面是一个更加高效(快速)的程序示例。本节开头给出的使用 disp 命令的示例程序只是为了方便说明；严格来讲，不使用 for 更加高效。

```
i = 1:5; disp( i')
```

你能看出区别吗？这里，i 被赋值为向量(因此，此改动将原来的问题向量化了)。

- 将 for 循环中的语句缩进是良好的编程风格。注意，通过使用智能缩进功能，Editor 可以自动完成该操作。

2.7.5　单行中的 for 语句

如果坚持在单行中使用 for 语句，如下是通用形式：

```
for index = j:k; statements; end
```

或者：

```
for index = j:m:k; statements; end
```

注意如下几点：
- 不要忘记使用逗号(如果合适的话，分号也可以)。如果忘记使用，你将会收到错误消息。
- 再一次指出，statements 可以是由逗号或分号隔开的一条或多条语句。
- 如果不使用 end，MATLAB 将等待你输入它。这期间什么也不会发生，直到你这么做。

2.7.6　更加一般化的 for 语句

for 语句的一般化形式是：

```
for index = v
```

其中 v 是任意向量。index 沿着向量中的每个元素依次移动，提供了一种处理列表中每个条目的简洁方法。for 循环的其他形式以及 while 循环将在第 8 章中讨论。

2.7.7　通过向量化避免使用 for 循环

有些情况下 for 循环是有必要的，如本节中截至目前的很多示例。然而，考虑到 MATLAB 设计的方式，for 循环在计算时间方面往往效率低下。如果写了一个在其表达式中包含索引的 for 循环，可以通过在必要的地方使用阵列运算，将表达式向量化，如下面的例子所示。

假设要计算：

$$\sum_{n=1}^{100000} n$$

并且不记得求和公式[①]了。如下是使用 for 循环的计算方法(运行该程序，它会对运行过程计时)：

```
t0 = clock;
s = 0;
for n = 1:100000
    s = s + n;
end
etime(clock, t0)
```

MATLAB 函数 clock 返回一个包含 6 个元素的向量，其中包括当前日期以及用年、月、日、时、分、秒的格式表示的时间。因此，t0 记录计算开始的时间。

函数 etime 以秒为单位，返回两个参数之间的时间间隔。如同 clock 返回的值一样，该返回值必须是向量。在 Pentium II 计算机上，返回值约为 3.35s，即为该计算的总耗时(如果你有一台更快的计算机，耗时应该更少)。

现在请尝试将计算过程向量化(先别看答案)。具体方法如下。

---

① 译者注：这里的公式指的是等差数列的求和公式。

```
t0 = clock;
n = 1:100000;
s = sum( n );
etime(clock, t0)
```

该方法在同样的计算机上仅耗时 0.06s——快了 50 多倍!

还有一种更加简洁的方法用来监控解析 MATLAB 语句所耗用的时间:tic 和 toc 函数。假设想要计算:

$$\sum_{n=1}^{100000} \frac{1}{n^2}$$

下面是使用 for 循环的版本:

```
tic
s = 0;
for n = 1:100000
    s = s + 1/n^2;
end
toc
```

在同一台计算机上,耗时大约 6s。再一次,尝试将求和向量化:

```
tic
n = 1:100000;
s = sum( 1./n.^2 );
toc
```

同样的计算机,向量化的程序版本耗时 0.05s——快了一百多倍! 当然,无论采用哪种方法,这些示例中的计算时间都很短。然而,当你掌握良好的编程技巧时,了解如何提升计算的效率来求解更复杂的科学和工程问题是非常有帮助的。本章结尾将介绍问题求解和程序设计实践的更多细节,并在第 3 章中进行更为详细的讨论。

符号交替的序列更具挑战性。如下序列的和等于 ln(2)(2 的自然对数):

$$1 - \frac{1}{2} + \frac{1}{3} - \frac{1}{4} + \frac{1}{5} \cdots$$

如下是用 for 循环求解前 9999 项的和的方法(注意如何处理交替的符号):

```
sign = -1;
s = 0;

for n = 1:9999
sign = -sign;
    s = s + sign / n;
end
```

请自行尝试,结果应是 0.6932。MATLAB 中 log(2)的计算结果为 0.6931。可见上述方法还是不错的。

下面是向量化的版本:

```
n = 1:2:9999;
s = sum( 1./n - 1./(n+1) )
```

如果对这两个版本计时,将再次发现向量化的形式快了很多倍。

MATLAB 中的函数尽可能地使用向量化的方法。例如,利用 prod(1:n)求解 n!要比本节开头的代码快得多(对于 n 值很大的情况来说)。

练习

使用 for 循环和向量化，编写 MATLAB 程序求解如下求和运算，对每个问题中两个版本的程序计时：

- $1^2 + 2^2 + 3^2 + \cdots + 1000^2$ (和为 333 833 500)

- $1 - \dfrac{1}{3} + \dfrac{1}{5} - \dfrac{1}{7} + \dfrac{1}{9} - \cdots - \dfrac{1}{1003}$ (和为 0.7849——慢速收敛至 π/4)

- 计算等式左边序列的和：$\dfrac{1}{1^2 \cdot 3^2} + \dfrac{1}{3^2 \cdot 5^2} + \dfrac{1}{5^2 \cdot 7^2} + \ldots = \dfrac{\pi^2 - 8}{16}$ (前 500 项的和为 0.1169)

2.8　判断

MATLAB 函数 rand 可以生成 0 到 1 之间的随机数。在命令行中输入如下两条语句：

```
r = rand
if r > 0.5 disp( 'greater indeed' ), end
```

MATLAB 只在 r 大于 0.5 的条件下，才会显示信息 greater indeed(将 r 显示出以验证该结果)。将上述程序重复运行数次——从 Command History 窗口剪切和粘贴(确保每次生成一个新的 r)。

作为一个略微不同但是相关的练习，在命令行中输入下面的逻辑表达式：

```
2 > 0
```

现在输入逻辑表达式-1 > 0。MATLAB 对为真的逻辑表达式赋值为 1，而对为假的赋值为 0。

2.8.1　单行 if 语句

在上一个示例中，MATLAB 需要做判决；必须决定 r 是否大于 0.5。if 结构作为所有计算机语言的根本，是做出这种判决的基础。单行中 if 语句的最简单形式是：

```
if condition; statements; end
```

注意下面几点：

- condition 通常是一个逻辑表达式(比如，其中包含一个关系运算符)，其值为真或假。关系运算符见表 2-4。MATLAB 允许在 condition 处使用算术表达式。如果表达式的值为 0，则视其为假；其他值都为真。一般不推荐使用这种方法；原因在于如果 condition 是一个逻辑表达式，则 if 语句更易于理解(对你或代码的阅读者都是如此)。

- 如果 condition 为真，则执行语句。但如果 condition 为假，则不进行任何操作。

- condition 可以是向量或矩阵，这种情况下，只有当所有元素都非零时才为真。向量或矩阵中的任意零元素就会使其为假。

表 2-4　关系运算符

关系运算符	含　义
<	小于
<=	小于或等于
=	等于
~=	不等于
>	大于
>=	大于或等于

这里是一些包含关系运算符的逻辑表达式的示例，它们要表达的意思在圆括号中：

```
b^2 < 4*a*c  (b² < 4ac)
x >= 0  (x ⩾ 0)
a ~= 0  (a ≠ 0)
b^2 == 4*a*c  (b² = 4ac)
```

在测试等式是否成立时，记得使用双等号(==)：

```
if x ==0; disp( 'x equals zero'); end
```

练习

下列语句都将逻辑表达式赋给变量 x。在用 MATLAB 检验答案之前，看你能否正确判断各种情况下 x 的值。

(a) x = 3 > 2

(b) x = 2 > 3

(c) x = −4<=−3

(d) x = 1 < 1

(e) x = 2 ~ = 2

(f) x = 3 == 3

(g) x = 0 < 0.5 < 1

你是否判断对了条目(f)的结果？3 == 3 是一个为真的逻辑表达式，因为毫无疑问，3 等于 3。因此，将值 1(代表真)赋给 x。在执行这些命令之后，输入命令 whos，你将发现变量 x 在逻辑变量类别中。

条目(g)呢？作为数学不等式：

```
0 < 0.5 < 1
```

从非运算的角度来看，毫无疑问是正确的。然而，作为 MATLAB 运算表达式，左手边的<先执行，0 < 0.5 的结果为 1(真)。然后执行右手边的操作，1< 1 结果为 0(假)。不太容易理解，不是吗？

2.8.2 if-else 结构

如果输入下面两行代码：

```
x = 2;
if x < 0 disp( 'neg'), else disp( 'non-neg' ), end
```

得到的结果是消息 non-neg 吗？如果将 x 的值改为-1，并且重新执行 if 语句，这次得到的结果是不是消息 neg 呢？最后，如果试一下：

```
if 79 disp( 'true' ), else disp( 'false' ), end
```

得到的结果是不是 true？再试试其他值，包括 0 和一些负数。

大多数银行提供有差别的利率。假设当储蓄账户中的金额少于 5000 美元时，利率为 9%，否则为 12%。Random Bank 则更进一步，开始时给账户提供随机的金额！运行几次下面的程序：

```
bal = 10000 * rand;

if bal < 5000
  rate = 0.09;
else
  rate = 0.12;
end
```

```
newbal = bal + rate * bal;
disp( 'New balance after interest compounded is:' )
format bank
disp( newbal )
```

每次都将 bal 和 rate 的值在命令行中显示，以检验 MATLAB 是否选择了正确的利率。

在程序文件中使用 if-else 结构的基本形式为：

```
if condition
    statementsA
else
    statementsB
end
```

注意：

- statementsA 和 statementsB 表示一条或多条语句。
- 如果 condition 为真，执行 statementsA；但如果 condition 为假，执行 statementsB。这基本上就是在驱使 MATLAB 在二者之间做出选择。
- else 是可选的。

2.8.3　单行 if-else 语句

在单行中使用 if-else 语句的最简单的通用格式为：

```
if condition; statementA; else; statementB; end
```

注意：
- 各子句之间需要用逗号(或分号)分隔。
- else 是可选的。
- end 必须有。没有的话，MATLAB 将一直等待下去。

2.8.4　elseif

假设 Random Bank 现在对 5000 美元以下的余额提供 9%的利率，为 5000 美元及以上、10 000 美元以下的余额提供 12%的利率，而为 10 000 美元及以上的余额提供 15%的利率。下面的程序按照以上规则，计算客户一年后的新余额：

```
bal = 15000 * rand;

if bal < 5000
  rate = 0.09;
elseif bal < 10000
  rate = 0.12;
else
  rate = 0.15;
end

newbal = bal + rate * bal;
format bank
disp( 'New balance is:' )
disp( newbal )
```

将该程序运行数次，同样，每次都显示 bal 和 rate 的值，以验证 MATLAB 是否选择了正确的利率。一般而言，elseif 子句的使用形式如下：

```
if condition1
    statementsA
elseif condition2
    statementsB
elseif condition3
    statementsC
...
else
    statementsE
end
```

有时，这被称为 elseif 阶梯。工作流程如下：

(1) 对 condition1 进行检验。如果它为真，则执行 statementsA；然后 MATLAB 跳转到 end 后面的下一条语句。

(2) 如果 condition1 为假，MATLAB 对 condition2 进行检验。如果它为真，则执行 statementsB，接着执行 end 后面的语句。

(3) 照此方法，对所有的条件进行检验，直到找到一个为真的条件。一旦找到一个为真的条件，MATLAB 将不再继续检查后续的 elseif，从阶梯上跳下来。

(4) 如果没有为真的条件，则执行 else 后面的 statementsE。

(5) 需要对逻辑进行整理，确保为真的条件数目为 1。

(6) 可以有任意多个 elseif，但是最多有一个 else。

(7) elseif 必须写作一个单词。

(8) 如示例所示，对每组语句进行缩进是一种良好的编程风格。

2.8.5　逻辑运算符

可使用三个逻辑运算符：&(与)、|(或)和~(非)，构造更复杂的逻辑表达式。例如，二次方程：

$$ax^2 + bx + c = 0$$

在 $b^2-4ac = 0$ 和 $a \neq 0$ 的情况下，有两个相同的根 $-b/(2a)$，如图 2-2 所示。上述过程可以翻译为如下 MATLAB 语句。

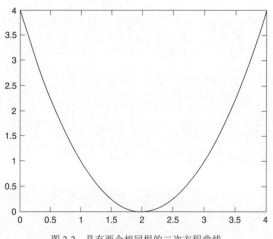

图 2-2　具有两个相同根的二次方程曲线

```
if (b ^ 2 - 4*a*c == 0) & (a ~= 0)
```

```
    x = -b / (2*a);
end
```

当然，在这些语句之前，必须对 a、b 和 c 进行赋值。注意，对等式进行检验时用的是双等号；关于逻辑运算符的更多信息请参见第 5 章。

2.8.6　多个 if 与 elseif 的对比

还可以按照如下方法编写 Random Bank 程序：

```
bal = 15000 * rand;

if bal < 5000
    rate = 0.09;
end
if bal >= 5000 & bal < 10000
    rate = 0.12;
end
if bal >= 10000
    rate = 0.15;
end

newbal = bal + rate * bal;
format bank
disp( 'New balance is' )
disp( newbal )
```

然而，这种方法的效率不高，因为即使第一个条件为真，MATLAB 还是会对三个条件都进行检验。在之前的 elseif 版本中，MATLAB 一旦找到一个为真的条件，就会跳出 elseif 阶梯。如果一个循环中包含很多重复的 if 结构，这种 elseif 阶梯可以节省很多计算时间(并且更易于阅读)。

使用多个 if 结构代替 elseif 阶梯时，还可能犯下如下常见错误：

```
if bal < 5000
    rate = 0.09;
end
if bal < 10000
    rate = 0.12;
end
if bal >= 10000
    rate = 0.15;
end
```

如果 bal 的值为 1000，你知道为什么结果是错的吗(得到的结果是 1120，而不是 1090)？在设计逻辑时，你需要确保在同一时间有且仅有一个条件为真。

另一个常犯的错误是用类似下面的语句代替第二个 if：

```
if 5000 < bal < 10000
    rate = 0.12;
end
```

如你前文中见到的一样，这些语句看上去很有说服力。然而，不论 bal 的值为多少，该条件总是为真。你知道为什么吗？

注意，如果 bal 大于 5000——例如 bal = 20000——第一个检验，即 5000 < bal 的值为真并且数值为 1。由于 1 总是小于 10000，因此，即使 bal=20000，上面的条件也总是为真。

2.8.7 嵌套 if

if 结构中还可以包含更多的 if, if 结构中的 if 亦是如此。这被称为嵌套, 请勿与 elseif 阶梯混淆, 必须小心其中的 else。一般而言, else 属于离它最近的还未结束的 if。因此, 将 end 置于正确的位置非常重要, 下一个示例将说明这一点。

假设你要计算一个二次方程的解。需要检验一下 a 是否等于零, 以防出现除零的情况。程序可以包含如下嵌套 if:

```
...
d = b ^ 2 - 4*a*c;
if a ~= 0
  if d < 0
    disp( 'Complex roots' )
  else
    x1 = (-b + sqrt( d )) / (2*a);
    x2 = (-b - sqrt( d )) / (2*a);
  end      % first end <<<<<<<<<<<<
end
```

else 默认属于第二个 if, 这符合我们的预期。

现在将第一个 end 提前到如下位置:

```
d = b ^ 2 {-} 4*a*c;
if a $^\sim$= 0
  if d < 0
    disp( 'Complex roots' )
  end     \% first end moved up now <<<<<<<<<<<<
  else
    x1 = (-b + sqrt( d )) / (2*a);
    x2 = (-b {-} sqrt( d )) / (2*a);

end
```

被移动的 end 现在处于靠近第二个 if 的位置。结果是 else 现在属于第一个 if, 而不是第二个 if。因此, 非但不能防止, 反而确保除零的情况出现!

2.8.8 是否将 if 向量化

是否可以将包含 if 语句的 for 结构向量化? 借助于逻辑阵列, 答案是肯定的。我们将关于这个有趣话题的讨论推迟到第 5 章。

2.8.9 switch 语句

switch 语句根据变量或表达式的值执行相应的语句。在本例中, 我们用它判断一个随机整数到底是 1、2 还是 3(对于函数 rand 的使用说明, 请参见 5.1.5 节):

```
d = floor(3*rand) + 1
switch d
case 1
   disp( 'That''s a 1!' );
case 2
   disp( 'That''s a 2!' );
```

```
otherwise
    disp( 'Must be 3!' );
end
```

通过将多个表达式放入单元阵列(见第 10 章)中，可以在一个 case 语句中处理多个表达式：

```
d = floor(10*rand);
switch d
case {2, 4, 6, 8}
    disp( 'Even' );
case {1, 3, 5, 7, 9}
    disp( 'Odd' );
otherwise
    disp( 'Zero' );
end
```

2.9　复数

如果对复数不熟悉，可跳过这一节。然而，了解它们是什么还是很有用的，这是因为如果只使用实数的话，负数的平方根就是错误的。

在 MATLAB 中处理复数是很容易的。特殊值 i 和 j 表示 $\sqrt{-1}$。请尝试 sqrt(-1)，看看 MATLAB 是如何表示复数的。

可使用符号 i 将复数值赋给变量，例如：

```
z = 2 + 3*i
```

表示复数 2+3i(实部为 2，虚部为 3)。还可以像下面这样，在输入提示符后输入复数(记住，没有分号)：

```
2 + 3*i
```

在输入复数的虚部时，还可以不带星号，直接输入 3i。

所有的算术运算符(和大部分的函数)都可以用于复数运算，例如 sqrt(2+3*i)和 exp(i*pi)等。有一些函数是专门针对复数的。如果 z 是复数，real(z)、imag(z)、conj(z)和 abs(z)都有显而易见的意义。

可以用极坐标表示复数：

$$z = re^{i\theta}$$

angle(z)返回 θ，其值在-π 到 π 之间；atan2(imag(z), real(z))也有同样的效果。abs(z)返回复数的大小 r。

因为 $e^{i\theta}$ 在极坐标中表示单位圆，所以复数提供了一种绘制圆形的简洁方法。请尝试下面的程序：

```
circle = exp( 2*i*[1:360]*pi/360 );
plot(circle)
axis('equal')
```

注意以下两点：

* 如果 y 是复数，语句 plot(y)等价于：

```
plot(real(y), imag(y))
```

* 为了让绘制的圆形看起来更圆，需要使用语句 axis('equal')；它可以改变显示器的宽高比。axis('normal')提供默认的宽高比。

当使用复数时要小心，勿将 i 或 j 用于表示其他变量；因为新的值会代替它们本来表示的 $\sqrt{-1}$，从而引起一些烦人的问题。

对于复矩阵来说,运算符'和.'是不同的。运算符'表示复共轭转置,意思是交换矩阵的行和列并且改变虚部的符号。而另一方面,运算符.'只做纯粹的转置操作,而不进行复共轭。为了验证这一点,用下面的语句创建复矩阵 a:

```
a = [1+i 2+2i; 3+3i 4+4i]
```

输出结果为:

```
a =
  1.0000 + 1.0000i   2.0000 + 2.0000i
  3.0000 + 3.0000i   4.0000 + 4.0000i
```

如下语句:

```
a'
```

进行复共轭转置操作,结果如下:

```
ans =
  1.0000 - 1.0000i   3.0000 - 3.0000i
  2.0000 - 2.0000i   4.0000 - 4.0000i
```

而语句:

```
a.'
```

的输出结果则是纯粹的转置:

```
ans =
  1.0000 + 1.0000i   3.0000 + 3.0000i
  2.0000 + 2.0000i   4.0000 + 4.0000i
```

2.10 本章小结

- MATLAB 桌面包括一系列工具:Command Window、Workspace 浏览器、Current Directory 浏览器以及 Command History 窗口。
- MATLAB 提供全面的在线 Help 系统。可以通过桌面工具栏上的 Help 按钮或任何工具中的 Help 菜单进入 Help 系统。
- 可以在 Editor 中编写 MATLAB 程序,然后将它剪切并粘贴到 Command Window 中(通过单击 Editor 窗口顶部的工具栏上的绿色右箭头,也可以在编辑器中执行程序)。
- 脚本文件是包含 MATLAB 语句集合的文本文件(可以由 MATLAB Editor 或其他任何文本编辑器创建)。换句话说,它是程序。当在 Command Window 中的命令提示符处输入脚本文件名时,系统会执行文件中的语句。脚本文件名必须使用.m 扩展名。因此,脚本文件也被称为 M 文件。
- 运行脚本的推荐方法是从 Current Directory 浏览器运行。脚本的输出会出现在 Command Window 中。
- 变量名只能包含字母、数字和下画线,并且必须以字母开头。只有前 63 个字符是有效的。默认情况下,MATLAB 是大小写敏感的。会话期间创建的所有变量将保留在工作空间中,直到使用 clear 命令移除它们。命令 who 列出工作空间中的所有变量;whos 则给出它们的大小。
- MATLAB 将所有的变量视为阵列,不管它们是标量(单值的阵列)、向量(一维阵列)还是矩阵(二维阵列)。
- MATLAB 名称是大小写敏感的。

- 桌面上的 Workspace 浏览器将工作空间以一种快捷的可视化方式展示出来。单击其中的变量即可激活 Array Editor，可以用于查看和更改变量的值。
- 向量和矩阵用方括号输入。其中的元素由空格或逗号分隔。各行由分号分隔。冒号运算符用于生成向量，其元素按一定的增量(减量)递增(递减)。在默认情况下，向量都是行向量。使用撇号转置运算符(')可以将行向量转换为列向量。
- 通过圆括号中的下标可以引用向量中的元素。下标自身可以是向量。下标总是从 1 开始。
- diary 命令将接下来出现在 Command Window 中的所有内容复制到指定的文本文件中，直到执行 diary off 命令。
- 同一行中的语句可以通过逗号或分号分隔。
- 一条语句可以使用包含至少三个句点的省略号另起一行。
- 可以用定点的十进制记数法或浮点的科学记数法表示数字。
- MATLAB 中有 14 种数据类型。默认的是双精度型。所有的数学运算都采用双精度型进行。
- 标量的 6 种算术运算符是+、−、*、\、/和^。它们按照优先级规则进行运算。
- 表达式是使用数字、运算符、变量和函数对公式进行计算的规则。表达式后的分号禁止显示它的值。
- 阵列运算在向量之间或标量和向量之间逐元素地进行。阵列运算中的乘法、左除、右除以及乘方分别由.*、./、.\以及.^表示，以同矩阵和向量中的同名运算区分开。还可以使用它们针对向量中的部分或全部元素重复计算某个公式，这被称为公式的向量化。
- 可以使用 disp 命令输出(显示)数字和字符串。在使用 disp 命令将字符串和数字显示在同一行中时，num2str 命令很有用。
- format 命令控制输出显示的格式。
显示向量时，如果元素过大或过小，或者数量级相差很大，可以使用公共的比例因子。
- 可以使用 for 语句以固定的次数重复运行一组语句。如果重复计算的表达式中包含索引，通常可以对该表达式进行向量化，从而节省大量的计算时间。
- tic 和 toc 可以当成计时器使用。
- 逻辑表达式的值为真(1)或假(0)，由关系运算符>、>=、<、<=、= =以及~=构成。任何值为 0 的表达式都为假。任何其他值都为真。通过使用逻辑运算符&(与)、|(或)和~(非)，可以由其他逻辑表达式组成更加复杂的逻辑表达式。
- if-else 结构根据逻辑表达式为真还是为假，执行不同的语句。elseif 阶梯是一种在若干选项中做出选择的好方法，在这些选项中一次只能有一项为真。
- switch 语句可以在变量或表达式的若干个离散值之间做出选择。
- 字符串是撇号之间的一些字符。
- 复数可以用特殊值 i 和 j 表示，代表单位虚数 $\sqrt{-1}$ 。

2.11　本章练习

2.1　判断下列数字中的哪些在 MATLAB 中是不可接受的，并说明理由：
　　(a) 9,87
　　(b) .0
　　(c) 25.82
　　(d) -356231
　　(e) 3.57*e2
　　(f) 3.57e2.1
　　(g) 3.57e+2
　　(h) 3.57e-2

2.2 判断下列变量名中的哪些在 MATLAB 中是不合法的，并说明理由：

(a) a2

(b) a.2

(c) 2a

(d) 'a'one

(e) aone

(f) _x_1

(g) miXedUp

(h) pay day

(i) inf

(j) Pay_Day

(k) min*2

(l) what

2.3 将下列表达式翻译为 MATLAB 语句：

(a) $p + \dfrac{w}{u}$

(b) $p + \dfrac{w}{u+v}$

(c) $\dfrac{p + \dfrac{w}{u+v}}{p + \dfrac{w}{u-v}}$

(d) $x^{1/2}$

(e) y^{y+z}

(f) x^{y^z}

(g) $(x^y)^z$

(h) $x - x^3/3! + x^5/5!$

2.4 将下列计算翻译为 MATLAB 语句：

(a) 对 i 加 1，并将结果保存到 i 中。

(b) 对 i 求三次方，再加上 j，并将结果保存到 i 中。

(c) 令 g 等于 e 和 f 两个变量中较大的一个。

(d) 如果 d 大于 0，令 x 等于-b。

(e) 用 c 和 d 的积去除 a 和 b 的和，并将结果保存在 x 中。

2.5 下列 MATLAB 语句错在哪里？

(a) n + 1 = n;

(b) Fahrenheit temp = 9*C/5 + 32;

(c) 2 = x;

2.6 x 满足：

$$x = \frac{-b + \sqrt{b^2 - 4ac}}{2a}$$

假定 $a = 2$，$b = -10$，$c = 12$。请编写一个程序计算 x(结果为 3.0)。

2.7 一加仑等于 8 品脱，而一升等于 1.76 品脱。水槽的体积是 2 加仑 4 品脱。写一段脚本，以加仑和品脱为单位，输入水槽的体积，并将之转换为升(答案为 11.36)。

2.8 编写一个程序计算耗油量。先对旅行距离(以千米为单位)和使用的油量(以升为单位)进行赋值，然后以千米/升和更常用的升/100 千米为单位，计算油耗。可以写一些有用的标题，使输出如下所示：

```
Distance    Liters used     km/L         L/100km
  528          46.23        11.42          8.76
```

2.9　写一些 MATLAB 语句，交换变量 a 和 b 的内容，只能使用一个额外的变量 t。

2.10　请尝试不使用任何额外变量，完成习题 2.9！

2.11　如果 C 和 F 分别为摄氏温度和华氏温度，将摄氏温度转换为华氏温度的公式为 F=9C/5+32。

(a) 编写一个脚本，要求输入摄氏温度，并显示对应的华氏温度，辅以某种注释，例如：

```
The Fahrenheit temperature is: ...
```

用以下摄氏温度试着运行该程序(答案在圆括号中)：0(32)、100(212)、−40(也是−40！)和37(正常人体温度：98.6)。

(b) 修改脚本，使用向量和阵列运算计算摄氏温度对应的华氏温度，其中摄氏温度的范围从 20℃～30℃，步长为 1℃，并为结果加上标题，显示为如下两列：

```
Celsius           Fahrenheit
20.00               68.00
21.00               69.80
  ...
30.00               86.00
```

2.12　生成一个将角度(第一列)转换为弧度(第二列)的表格。角度的范围为 0°～360°，步长为 10°。已知 π 弧度=180°。

2.13　生成一个矩阵(表格)，第一列包含从 0 到 360、步长为 30 的角度，第二列是正弦值，而第三列是余弦值。现在尝试将正切值添加到第 4 列中。你能看出发生了什么吗？尝试一下 format 命令的不同形式。

2.14　编写一些语句，将从 10 到 20(包括 20)的整数显示在一个列表中，并将每个数的平方根显示在各自的旁边。

2.15　编写一条语句，求解并显示连续的偶数 2,4,…,200 的和(答案 10100)。

2.16　一个班的 10 名学生参加测试。满分 10 分。将所有分数输入到一个 MATLAB 向量 mrks 中，分数如下：

```
5 8 0 10 3 8 5 7 9 4 (答案为 5.9)
```

写一条语句求解并显示平均分。

提示： 使用 mean 函数。

2.17　下列语句执行过后，x 和 a 的值分别为多少？

(a) a = 0;

(b) i = 1;

(c) x = 0;

(d) a = a + i;

(e) x = x + i / a;

(f) a = a + i;

(g) x = x + i / a;

(h) a = a + i;

(i) x = x + i / a;

(j) a = a + i;

(k) x = x + i / a;

2.18 使用 for 循环，以更加简洁的方式重写习题 2.17 中的语句。你能通过向量化代码做进一步的优化吗？

2.19 请计算 n = 4 时下列脚本的输出：

```
n = input( 'Number of terms? ' );
    s = 0;
for k = 1:n
    s = s + 1 / (k ^ 2);
end;
disp(sqrt(6 * s))
```

随着 n 的不断增大，在运行该脚本时，会发现输出的结果达到了一个著名的极限。你知道它是什么吗？现在请使用向量和阵列运算重写该脚本。

2.20 请动手逐步计算下面的脚本。绘制变量 i、j 和 m 的表格，以显示它们在脚本运行过程中是如何改变的。请运行该脚本，以检验你的答案：

```
v = [3 1 5];
 i = 1;

    for j = v
        i = i + 1;
        if i == 3
            i = i + 2;
            m = i + j;
        end
    end
```

2.21 电路中包含串联的一个电阻 R=5、一个电容 C=10 以及一个电感 L=4，其稳态电流 I 表示如下：

$$I = \frac{E}{\sqrt{R^2 + (2\pi\omega L - \frac{1}{2\pi\omega C})^2}}$$

其中 E=2，ω=2，分别为输入电压和角频率。计算 I 的值(答案为 0.0396)。

2.22 在一个小镇上，居民的电力账单按如下方法计算：
- 如果用电量少于或等于 500 度，则每度费用为 2 美分。
- 如果用电量多于 500 度但少于或等于 1000 度，则前 500 度的费用为 10 美元，而超过 500 度的部分每度的费用为 5 美分。
- 如果用电量多于 1000 度，则费用为前 1000 度的 35 美元，再加上超出部分的每度 10 美分。
- 无论用电量为多少，都会收取 5 美元的服务费。

编写一个程序，将如下 5 个耗电量输入到一个向量中，并使用 for 循环计算和显示对应的总费用：200、500、700、1000 和 1500(答案为 9 美元、15 美元、25 美元、40 美元和 90 美元)。

2.23 假设你在一年的时间内每个月向一个银行账户存入 50 美元。每个月存完款之后，银行将 1% 的利息增加到余额中：1 个月之后余额是 50.50 美元，2 个月之后余额是 101.51 美元。编写一个程序，计算并打印一年中每个月的余额。将输出整理成如下形式：

```
MONTH          MONTH-END BALANCE

1                  50.50
2                 101.51
3                 153.02
```

```
...
12                     640.47
```

2.24　如果以 12% 的年利率将 1000 美元投资一年，那么年底的回报是 1120 美元。但如果利息是每个月 1% 的复利(即年利率的 1/12)，你会得到多一点的利息，这是因为它是采用复利计算的。编写一个程序，使用 for 循环计算采用复利的情况下一年之后的余额。答案是 1126.83 美元。单独计算如下公式以检验结果：1000×1.01^{12}。

2.25　一名水管工在 1 月初用 100 000 美元开了一个储蓄账户。他在接下来的 12 个月里每个月末存入 1000 美元(从 1 月末开始)。利息在每个月末结算并添加到账户中(在存入 1000 美元之前)。月利率取决于结算利息时他账户中的金额 A，采用如下方法：

```
    A ≤ 1 10 000:     1%
1 10 000 < A ≤ 1 25 000:  1.5%
    A > 1 25 000:     2%
```

编写程序，在适当的标题下，将 12 个月中每个月末的如下情况显示出来：月份、利率、利息和新的余额(答案：输出的最后一行的值为 12、0.02、2534.58 和 130263.78)。

2.26　研究指出，美国的人口可由如下公式建模：

$$P(t) = \frac{19\,72\,73\,000}{1 + e^{-0.03134(t-1913.25)}}$$

其中，t 是年份。编写一个程序，计算并显示从 1790 到 2000 每 10 年的人口。再试试绘制人口关于时间的曲线。用程序看看人口是否达到了"稳定状态"(即停止变化)。

2.27　某人获得一笔金额为 L 的抵押债券(贷款)，用于买房。利率 r 为 15%。款项在 N 年之内还清，每月固定还款额 P 计算如下：

$$P = \frac{rL(1+r/12)^{12N}}{12[(1+r/12)^{12N} - 1]}$$

(a) 如果 $N = 20$，债券金额为 50 000 美元，写程序计算并打印 P。结果应该是 658.39 美元。

(b) 针对 N 的不同值(使用 input 命令)，运行程序，看看 P 是如何随 N 变化的。你能找到一个值，使还款额少于 625 美元吗？

(c) 回到 $N = 20$ 的情况，看看不同利率带来的影响。你会看到利率每升高 1%(0.01)，月供增加 37 美元。

2.28　在增加或减少 P 的情况下，算出债券的偿还期限如何随之变化是很有用的。计算 N 的公式如下：

$$N = \frac{\ln\left(\dfrac{P}{P - rL/12}\right)}{12\ln(1 + r/12)}$$

(a) 写一个新程序计算该公式。使用内置的函数 log 表示自然对数 ln。如果利率保持在 15%，每个月还 800 美元，那么需要多长时间才能还清总额为 50 000 美元的贷款？(答案为 10.2 年——几乎是每月还 658 美元时的 2 倍)。

(b) 使用该程序，反复试验，找出能够在这辈子还清贷款的最小月供金额。
   提示：由于不能求负数的对数，因此 P 不能小于 $rL/12$。

第 3 章

程序设计与算法开发

本章目标：

- 程序设计
- 用户自定义的 MATLAB 函数

本章是计算机程序设计的入门介绍。该章详细阐述了自顶向下的设计流程，以帮助你想出良好的解决问题的策略，这是因为这些策略和诸如 MATLAB 软件中的程序设计流程紧密相关。我们将考虑设计自己的工具箱，将其包括在所用 MATLAB 版本自带的工具箱中，例如 Simulink、Symbolic Math 和 Controls System。这是 MATLAB 的一大优势(也是同类工具的优势)；它允许定制工作环境，从而满足自己的需求。它不仅是当今的学生、工程师和科学家的"数学手册"，还是十分有用的环境，在其中可以开发超越任何手册的软件工具，帮助解决相对复杂的数学问题。

本章的第一部分讨论设计流程。第二部分介绍结构规划——对要实现的算法的详细描述。我们将考虑相对简单的程序。然而，文中所述的流程旨在更深入地了解到，在今后几年的正规教育、终身学习以及专业继续教育中处理更加复杂的工程、科学和数学问题时，将要面对怎样的问题。第三部分介绍 MATLAB 函数的基本结构，帮助开发更加复杂的程序。

诚然，到目前为止我们介绍的程序在逻辑上都很简单。这是因为我们一直专注于学习编写正确的 MATLAB 语句所需的技术层面的知识。算术运算是更为复杂的程序的基本组成部分，了解 MATLAB 如何进行算术运算是非常重要的。要想设计一款成功的程序，需要将问题理解透彻，然后将它分解为最基本的逻辑阶段。换言之，必须开发系统的流程或算法来解决它。

有很多种方法可以辅助算法的开发。本章学习其中一种——结构规划。对它进行开发是软件(或代码)设计流程的基础部分，因为后续的流程就是将结构规划中的步骤翻译为计算机可以理解的语言，例如翻译成 MATLAB 命令。

3.1 程序设计流程

首要目标是将实用的工具翻译为 MATLAB 语句(可以是连续的命令行或函数，我们将在后文介绍)并作为 M 文件保存在工作目录下(见图 3-1)。MathWorks 中有很多关于各种工程和科学专题的工具箱。一个很好的示例就是 Aerospace Toolbox (航空航天工具箱)，它提供参考标准、环境模型和空气动力学系数，这些可以用于先进的航空航天工程设计中。可以探索 MathWorks 的网站获得更多可用的产品 (http://www.mathworks.com/)。

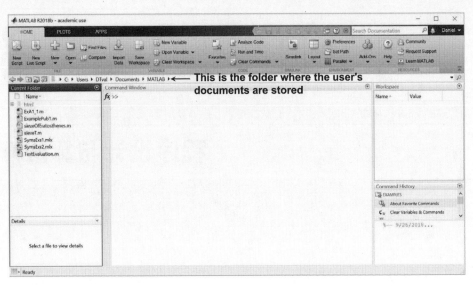

图 3-1　创建工作文件夹：在用户文档文件夹中

在工作目录中(例如，当前所在的文件夹，即\MATLAB)，已经累积了一些使用 MATLAB 时创建的 M 文件。

当然，你肯定想要确保所保存的工具写得很好(即设计得很好)。写得好到底是什么意思呢？

设计软件工具的目标是能工作、易读好懂，从而在需要的时候可以做系统化的修改。工作良好的程序必须满足它所要解决的一个或一类问题的相关需求。必须将程序的具体规格(即详细的目标描述、函数、输入、处理方法、输出以及其他特殊要求)搞清楚，才能设计出高效的算法或计算机程序，算法或程序必须完整正确地工作。也就是说，所有选项都可以在规范的限制之内正确无误地使用(见图 3-2 和图 3-3)。

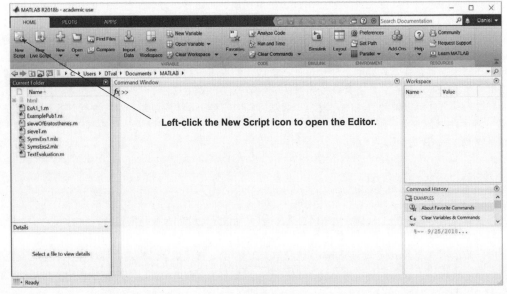

图 3-2　创建工作文件夹

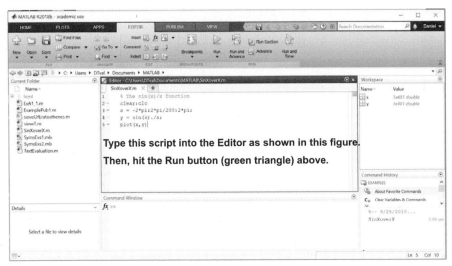

图 3-3　创建工作文件夹：输入、保存并执行 MATLAB 的 M 文件

程序必须是可读的，换言之，必须能够让人清楚地理解。因此，将主要任务(或主程序)分解为执行某一具体部分的子任务(子程序)是非常有用的。子程序更易于阅读，和没有有效地进行子任务划分的大型主程序相比，行数少得多，尤其是在所要解决的问题相对复杂的情况下。在将子任务应用于更大的主体(即在主程序规划中)之前，应该将其设计为可以独立计算的形式。

写得好的代码(前提是必须能够正常工作)，在设计流程的测试阶段更容易评估。如果有必要纠正符号错误之类的错误，在写得好的代码中可以轻松地实现。在添加注释，描述程序的流程时，记住这一点：添加足够多的注释和参考，这样从写这个程序到一年以后，你都清楚它的功能和目的。注意，当输入 help 加文件名(为文件命名也是一种艺术)时，文本文件的开头几行注释将显示在 Command Window 中。

接下来对设计流程[①]进行概述。步骤如下：

第 1 步：问题分析。必须弄清楚所研究问题的背景，以了解计算机程序的设计动机。设计者必须充分认识到需求所在，必须理解所要解决的问题的本质。

第 2 步：问题陈述。对需要用计算机程序解决的数学问题进行详细陈述。

第 3 步：处理方案。定义程序所需要的输入和程序的输出。

第 4 步：算法。自顶向下的流程将整个问题分解为子问题，在流程中设计程序的每一步。通过设计逐条列出的程序步骤列表，对用于解决子问题的子任务进行完善。这个步骤列表就是结构规划，它用伪代码(即英语、数学和 MATLAB 命令的组合)编写而成。我们的目标就是做出易于理解和翻译成计算机语言的规划。

第 5 步：程序算法。将算法翻译或转换为计算机语言(如 MATLAB)，并且对语法错误进行调试，直到可以成功执行。

第 6 步：评估。对所有选项进行测试，并且对程序进行有效性测试。例如，与完成类似任务的程序进行对比，在适当的情况下与实验数据进行对比，以及与在问题相关的理论方法指导下得出的理论预测进行对比。目标是确认子任务和整个程序都是正确并且准确的。这一步中附带的调试操作用于找出并纠正逻辑错误(例如，输入错误的表达式，在本应该是负号的地方输入了正号)，以及在程序成功运行之后出现的运行时错误(例如，偶然出现除零的情况)。

第 7 步：应用。解决程序所要解决的问题。如果程序设计得很好，并且很有用，可以将它保存在

① 关于软件设计技术的更多细节描述，请参见 Nell Dale 所著的 C++ Data Structures(Jones and Bartlett，1998)。

工作目录中(即在用户开发的工具箱中)，以供将来使用。

抛射体问题

第 1 步。让我们考虑物理课程第一学期中介绍的抛射体问题。假设理工科的学生都理解这个问题(如果对这个问题不熟悉，请找一本介绍它的物理课本或到网上检索；第 2 步给出了用到的方程式)。

本例要计算一个以规定速度和规定发射角度发射的抛射体(例如高尔夫球)的飞行情况。我们想要确定飞行路径的轨道和抛射体(或物体)在落地之前飞行的水平距离。我们假设空气阻力为 0，作用于物体的重力是恒定的，且指向与离地面垂直距离相反的方向。发射角度 θ_0 定义为从水平方向(地平面)向垂直方向展开的角度，$0 < \theta_0 \leqslant \pi/2$，其中 $\theta_0 = 0$ 表示从水平方向发射，而 $\theta_0 = \pi/2$ 则表示从垂直方向发射(即与重力相反的方向)。如果将 $g = 9.81 m/s^2$ 定义为重力加速度，则发射速度 V_0 必须以单位 m/s 表示。这样一来，如果时间 $t > 0$ 是从发射时刻 $t = 0$ 开始计算的以秒为单位的时长，那么物体在 x(水平方向)和 y(垂直方向)的飞行距离的单位是米。

我们想要确定抛射体从发射到落地所经过的时间、飞行的距离以及轨迹的形状。此外，我们想要绘制抛射体的速度相对于方向角度的图形。当然，我们需要描述零阻力抛射体问题的解决方法的相关理论(或数学表达式)，以开发相应算法对它进行求解。

第 2 步。本步骤给出用于求解抛射体问题的数学方程。给定发射角度和发射速度，从 $x = y = 0$(即发射器的坐标位置)开始计算，抛射体飞行的水平距离是：

$$x_{max} = 2\frac{V_0^2}{g}\sin\theta_0\cos\theta_0$$

从发射时刻 $t = 0$ 到抛射体到达 x_{max} (即抛射体的射程)所用的时间为：

$$t_{x_{max}} = 2\frac{V_0}{g}\sin\theta_0$$

抛射体在时刻：

$$t_{y_{max}} = \frac{V_0}{g}\sin\theta_0$$

达到最大高度：

$$y_{max} = \frac{V_0^2}{2g}\sin^2\theta_0$$

抛射体达到最大高度时飞行的水平距离为 $x_{y_{max}} = x_{max}/2.0$。

飞行轨道(或飞行轨迹)由从 $t = 0$ 到 $t_{x_{max}}$ 之间的某一给定时刻的如下一对坐标值描述：

$$x = V_0 t\cos\theta_0$$

$$y = V_0 t\sin\theta_0 - \frac{g}{2}t^2$$

我们需要在时间范围 $0 < t \leqslant t_{x_{max}}$ 内，根据规定的发射条件 $V_0 > 0$ 和 $0 < \theta \leqslant \pi/2$ 求解这些方程。然后根据到达时间分别计算高度和射程的最大值。最后，需要绘制 V 相对于 θ 的曲线，其中：

$$V = \sqrt{\left(V_0\cos\theta_0\right)^2 + \left(V_0\sin\theta_0 - gt\right)^2}$$

以及

$$\theta = \tan^{-1}\left(\frac{V_y}{V_x}\right)$$

请记住，在求解这些公式时，我们假设空气阻力忽略不计，且重力加速度恒定。

第 3 步。所需要的输入为 g、V_0、θ_0 以及从 $t = 0$ 到落地时刻之间的有限数量的时间点。输出为飞行的射程和时间，最大高度以及达到最大高度的时刻，还有以图形显示的轨迹形状。

　　第 4 和第 5 步。由于该问题相对直接，并且 MATLAB 程序中给出了该问题求解方法的详细注释(即列出了结构规划的步骤)，因此接下来以 MATLAB 程序的形式给出求解该问题的算法和结构规划。当然，结构规划和 M 文件是在设计流程中尝试了很多方法之后才总结出的结果，所以在总结结果之前，其实丢弃了很多草稿。记住，列举与总体设计流程相关的步骤清单(即解决技术问题)并不难。但是，要实现这些步骤就没那么容易了，这是因为实现非常依赖于解决技术问题的设计经验。因此，我们必须从研究相对简单的程序的设计开始学习，就像本节中描述的程序这样。

　　经过评估和测试的代码如下：

```
% The proctitle problem with zero air resistance
% in a gravitational field with constant g.
% Written by Daniel T. Valentine .. September 2006
% Revised by D. T. Valentine ...... 2012/2016/2018
% An eight-step structure plan applied in MATLAB:
%
% 1. Define the input variables.
%
g = 9.81; % Gravity in m/s/s.
vo = input('What is the launch speed in m/s? ')
tho = input('What is the launch angle in degrees? ')
tho = pi*tho/180; % Conversion of degrees to radians.
%
% 2. Calculate the range and duration of the flight.
%
txmax = (2*vo/g) * sin(tho);
xmax = txmax * vo * cos(tho);
%
% 3. Calculate the sequence of time steps to compute
% trajectory.
%
dt = txmax/100;
t = 0:dt:txmax;
%
% 4. Compute the trajectory.
%
x = (vo * cos(tho)) .* t;
y = (vo * sin(tho)) .* t - (g/2) .* t.^2;
%
% 5. Compute the speed and angular direction of the
% projectile. Note that vx = dx/dt, vy = dy/dt.
%
vx = vo * cos(tho);
vy = vo * sin(tho) - g .* t;
v = sqrt(vx.*vx + vy.*vy); % Speed
th = (180/pi) .* atan2(vy,vx); % Angular direction
%
% 6. Compute the time and horizontal distance at the
% maximum altitude.
%
tymax = (vo/g) * sin(tho);
xymax = xmax/2;
ymax = (vo/2) * tymax * sin(tho);
%
```

```
% 7. Display in the Command Window and on figures the output.
%
disp(['Range in meters = ',num2str(xmax),',' ...
    ' Duration in seconds = ', num2str(txmax)])
disp(' ')
disp(['Maximum altitude in meters = ',num2str(ymax), ...
    ', Arrival at this altitude in seconds = ', num2str(tymax)])
plot(x,y,'k',xmax,y(size(t)),'o',xmax/2,ymax,'o')
title(['Projectile flight path: v_o = ', num2str(vo),' m/s' ...
    ', \theta_o = ', num2str(180*tho/pi),' degrees'])
xlabel('x'), ylabel('y') % Plot of Figure 1.
figure % Creates a new figure.
plot(v,th,'r')
title('Projectile speed vs. angle')
xlabel('V'), ylabel('\theta') % Plot of Figure 2.
%
% 8. Stop.
```

第 6 和第 7 步。利用一些符合规定的发射角度和发射速度的值执行程序,对程序进行评估。笔者的测试表明,对任意发射速度来说,发射角度为 45° 时,射程最大。该测试在零空气阻力和恒定重力加速度条件下的结果众所周知。在 $V_0 = 10m/s$ 和 $\theta_0 = 45°$ 的情况下执行代码,飞行轨迹以及发射方向相对于速度的图形分别如图 3-4 和图 3-5 所示。

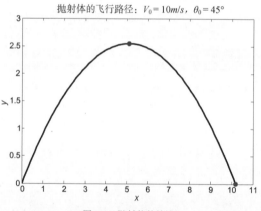

图 3-4 抛射体的轨迹

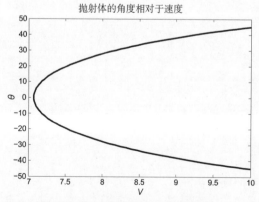

图 3-5 抛射体的角度相对于速度的图形

你是否能找到 MATLAB 程序的其他示例(好的或坏的)，以帮助开发相关工具，从而解决自己的问题呢？我们都知道示例是学习使用工具的好方法。MATLAB 用户持续开发新的工具。如果某个工具更加通用，MathWorks 可能会将其包含到它们的产品中(当然，如果该工具的作者愿意的话)。还有很多放在互联网上的有用脚本，任何感兴趣的人都可以使用。当然，需要对它们进行仔细测试，因为确保结果正确是使用者的责任，而不是作者的责任。这一条适用于工程师和科学家所使用的所有工具。因此，使用者对所使用的工具(就像使用实验室设备一样)进行验证是非常重要的，以确定该工具对于他们要求解的问题确实有效。

为了证明寻找示例脚本是多么容易，笔者在搜索引擎中输入"MATLAB 示例"，搜索后得到如下结果(只是部分结果)：

```
t = 0:.1:2*pi;
subplot(2,2,1)
plot(t,sin(t))
subplot(2,2,2)
plot(t,cos(t))
subplot(2,2,3)
plot(t,exp(t))
subplot(2,2,4)
plot(t,1./(1+t.^2))
```

该脚本说明了如何将 4 幅图放到一个图形窗口中。为了验证它能够正常工作，将每一行输入到 Command Window 中，然后按 Enter 键。注意每幅图的位置；位置由 subplot 函数的参数列表中的三个整数决定。通过问号(?)搜索 Help，获取更多关于 subplot 函数的信息。

3.2　MATLAB 函数编程

MATLAB 允许创建自己的函数 M 文件。函数 M 文件和文本文件类似，也有.m 扩展名。然而，函数 M 文件和文本文件的不同之处在于：只能通过特定的输入和输出参数和 MATLAB 工作空间进行通信。在将问题分解为可管理的逻辑碎片时，函数是不可或缺的工具。

简短的数学函数可以写成单行的内联对象。下面的示例对这一功能进行了说明。接下来介绍 MATLAB 函数创建过程中体现的基本思想(关于编写函数的进一步细节，将在第 10 章中给出)。

3.2.1　内联对象：谐振子

如果将两个耦合谐振子(例如，两个放置在非常光滑桌面上的用弹簧连接的小块)视为单一的系统，则输出作为时间 t 的函数，由如下式子给出：

$$h(t) = \cos(8t) + \cos(9t) \tag{3.1}$$

可以在命令行中创建如下内联对象表示 $h(t)$：

```
h = inline ('cos(8*t) + cos(9*t)' );
```

现在，请在 Command Window 中编写一些 MATLAB 语句，使用函数 h 绘制图 3-6 中的图形，例如：

```
x = 0 : 20/300 : 20;
plot(x, h(x)), grid
```

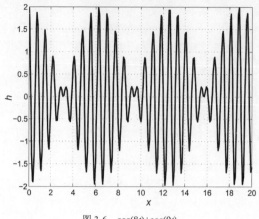

图 3-6   cos(8*t*)+cos(9*t*)

注意：

- 函数 *h* 的内联定义中的变量 *t* 是输入参数。它本质上是一个"哑"变量，只是用来为函数从外部世界提供输入。可以使用任何变量名；没必要和调用(使用)函数时所用的变量名相同。
- 可以通过内联创建包括多个参数的函数。例如：

```
f1 = inline( 'x.^2 + y.^2', 'x', 'y' );
f1(1, 2)
ans =
     5
```

注意，x 和 y 的输入值可以是阵列，因此输出 f1 将是与 x 和 y 大小相同的阵列。例如，执行前面的两个命令行之后，得到 ans = 5，再试试下面的命令：

```
x = [1 2 3; 1 2 3]; y = [4 5 6; 4 5 6];
f1(x,y)
ans =
     17 29 45
     17 29 45
```

答案是逐元素运算，从而对每种阵列元素组合都会求该函数的值。

3.2.2   MATLAB 函数：*y=f(x)*

MATLAB 函数的基本特征体现在下面的示例中。让我们考虑函数 *y*，定义为 *y=f(x)*，即 *y* 是 *x* 的函数。函数文件的构造始于函数命令的声明。接下来是具有你所感兴趣功能的公式，具体来说，你希望将某个特定的 *x* 值代入其中，从而得到相应的 *y* 值。计算特定的代数函数的结构规划如下：

```
1. function y = f(x) % where $x$ is the input and $y$ is the output.
2. y = x.^3 - 0.95*x;
3. end % This is not necessary to include; however, it plays the
   role of STOP.
```

根据这个规划创建的 M 文件如下：

```
function y = f(x) % where $x$ is the input and $y$ is the output.
y = x.^3 - 0.95*x;
end % This is not necessary to include; however, it plays the role
```

```
of STOP.
```

将它保存为 f.m。保存之后，可以在 Command Window 中使用它。请尝试如下示例：

```
>> f(2)
ans =
    6.1000
```

让我们创建一个将二次方程的三个系数作为输入的函数。
$$ax^2 + bx + c = 0$$
我们想要确定此二次方程的两个根，即二次方程的解。一种处理该问题的方法是应用二次方程的已知解。下面给定 a、b 和 c 的值，基于求解二次方程的完整算法的结构规划，创建函数文件。

二次方程的结构规划：

1. 开始
2. 输入数据(a, b, c)
3. If $a=0$ then
        If $b = 0$ then
          If $c = 0$ then
              显示'Solution indeterminate'
          else
              显示'There is no solution'
        else
            $x = -c/b$
            显示 x(仅有一个根：方程是线性的)
    else if $b^2 < 4ac$ then
            显示'Complex roots'
    else if $b^2 = 4ac$ then
          x= $-$ b/(2a)
          显示 x(等根)
        else

$$x1 = (-b + \sqrt{b^2 - 4ac})/(2a)$$
$$x2 = (-b - \sqrt{b^2 - 4ac})/(2a)$$
            显示 $x1, x2$

4. 停止

基于这个规划的函数文件如下：

```
function x = quadratic(a,b,c)
% Equation:
%     a*x^2 + b*x + c = 0
% Input: a,b,c
% Output: x = [x1 x2], the two solutions of
% this equation.
if a==0 & b==0 & c==0
   disp(' ')
   disp('Solution indeterminate')
elseif a==0 & b==0
   disp(' ')
   disp('There is no solution')
elseif a==0
   disp(' ')
   disp('Only one root: equation is linear')
   disp('       x       ')
   x1 = -c/b;
```

```
    x2 = NaN;
elseif b^2 < 4*a*c
    disp(' ')
    disp(' x1, x2 are complex roots ')
    disp('            x1            x2')
    x1 = (-b + sqrt(b^2 - 4*a*c))/(2*a);
    x2 = (-b - sqrt(b^2 - 4*a*c))/(2*a);
elseif b^2 == 4*a*c
    x1 = -b/(2*a);
    x2 = x1;
    disp('equal roots')
    disp(' x1 x2')
else
    x1 = (-b + sqrt(b^2 - 4*a*c))/(2*a);
    x2 = (-b - sqrt(b^2 - 4*a*c))/(2*a);
    disp(' x1 x2')
end
if a==0 & b==0 & c==0
elseif a==0 & b==0
else
    disp([x1 x2]);
end
end
```

以文件名 quadratic.m 保存该函数。

```
>> a = 4; b = 2; c = -2;
>> quadratic(a,b,c)
    x1      x2
    0.5000  -1.0000
>> who
Your variables are:
a    b    c
```

本例中，两个根是实数。对所有可能的情况进行测试是很有用的，可以评估该函数是否能够成功地处理所有系数为常数的二次方程。本例的目的是说明如何构造函数文件。注意，Workspace 中的变量只有系数 a、b 和 c。函数中定义和需要的变量没有包含在 Workspace 中。函数在内部使用仅自己需要的变量执行命令，从而不会使 Workspace 变得混乱。

3.3　本章小结

- 算法是解决问题的系统的逻辑流程。
- 结构规划是用伪代码表示的算法。
- 函数 M 文件是用来完成特定任务的文本文件，该任务可以随时激活(调用)。

3.4　本章练习

请先对这些练习中的问题进行结构规划，然后编写成 MATLAB 程序。

3.1　本例中的结构规划定义了几何作图的过程。

画出该几何作图的草图，并执行结构规划：

(1) 绘制垂直的 x 轴和 y 轴。

(2) 绘制点 $A(10, 0)$ 和 $B(0, 1)$。

　　(3) 在 A 不和原点重合的情况下，重复如下操作：绘制一条连接 A 和 B 的直线。将 A 沿着 x 轴左移一个单位。将 B 沿着 y 轴上移一个单位。

　　(4) 停止。

3.2　考虑如下结构规划，其中的 M 和 N 代表 MATLAB 变量：

　　(1) 设置 $M=44$，$N=28$。

　　(2) 在 M 不等于 N 的情况下，重复如下操作：在 $M>N$ 的情况下，重复用 $M-N$ 的值代替 M 的值；在 $N>M$ 的情况下，重复用 $N-M$ 的值代替 N 的值。

　　(3) 显示 M。

　　(4) 停止。

　　　　(a) 完成该结构规划，在执行的过程中演算 M 和 N 的值。给出输出。

　　　　(b) 对于 $M=14$、$N=24$ 的情况，重复(a)。

　　　　(c) 该算法执行的一般算术流程是什么(有必要的话，尝试更多的 M 和 N 值)？

3.3　编写程序，将华氏温度转换为摄氏温度。用练习 2.11(其中还做了逆转换)中的数据测试。

3.4　编写脚本，输入任意两个数字(可以相等)，并输出较大的那个数字，或者在它们相等的情况下，显示一条信息表明此意。

3.5　编写脚本，求二次方程 $ax^2 + bx + c = 0$ 的一般解。使用 3.2.2 节中的结构规划。脚本要能够处理所有可能的 a、b 和 c 的值。试一试以下数值：

　　(a) 1,1,1(复数根)

　　(b) 2,4,2(相等的根，-1.0)

　　(c) 2,2，-12(根为 2.0 和-3.0)

3.2.2 节中的结构规划是为不能处理复数的编程语言设计的。而 MATLAB 可以处理复数。调整你的脚本，使其也可以求解复数根。利用案例(a)对其进行测试；根为-0.5±0.866i。

3.6　制定结构规划，求解两个联立的线性方程(即两个直线方程)。算法必须能够处理所有可能的情况，即两条线相交、平行或重合。编写程序实现算法，并且在一些已知结果的方程上对程序进行测试，例如：

$$x + y = 3$$
$$2x - y = 3$$

$$(x = 2, y = 1)$$

提示：首先对该方程组的解的算术公式进行推导：

$$ax + by = c$$
$$dx + ey = f$$

程序应该输入系数 a、b、c、d、e 和 f。

我们将在第 6 章中看到，MATLAB 中有一种非常简洁的利用矩阵代数直接求解方程组的方法。然而，在本练习中，使用冗长的方法求解对于提高编程技巧是有好处的。

3.7　我们想研究一下阻尼谐振子的运动。连接到弹簧的单元小块的小振幅振荡由以下公式给出：$y = e^{-(R/2)t} \sin(\omega_1 t)$，其中 $\omega_1^2 = \omega_o^2 - R^2/4$ 是阻尼振荡的固有频率二次方(即有阻力作用于运动)；$\omega_o^2 = k$ 是无阻尼振荡的固有频率的二次方；k 是弹簧常量；而 R 是阻尼系数。考虑 $k=1$，R 以 0.5 的增量从 0 变化到 2。绘制 y 相对于 t 的图形，其中 t 以增量 0.1 从 0 增加到 10。

提示：从头完成问题陈述，制定求解过程。问题陈述完成之后，开始求解过程，首先需要程序员对输入变量进行赋值，然后根据公式求解振幅，最后输出图形。

3.8　我们看一根均匀的电缆挂起后，承受自身重量时的形状，用公式 $y = \cosh(x/c)$ 表示。该形状被称为均匀悬链线。参数 c 是从 $y = 0$(即悬链线的底部所在的位置)开始计算的垂直距离。在 $c = 5$ 的情况下，绘制悬链线在 $x = -10$ 和 $x = 10$ 之间的形状。将结果与在 $c = 4$ 时的结果进行对比。

提示：双曲余弦 cosh 是内置的 MATLAB 函数，使用方法和正弦函数 sin 类似。

第**4**章

MATLAB 函数与数据导入导出工具

本章目标:

- 熟悉一些更加常用的 MATLAB 函数
- 简要介绍一些在 MATLAB 工作空间内部和外部导入和导出数据的方法,包括:
  - load 和 save 命令
  - 导入向导
  - 低级的文件输入/输出函数

此时,你应该能够编写下面这样的 MATLAB 程序:它能够输入数据,能对数据进行简单的算术运算,可能还包括循环和判决,并且能以容易理解的形式将计算结果显示出来。然而,科学和工程中更加有趣的问题还可能包含正弦、余弦、对数之类的特殊数学函数。MATLAB 自带大量的这类函数,我们已经见到了其中的一些。本章介绍 MATLAB 中更加常用的函数。此外,你可能希望导入一些数据,用于作图或对它们进行数学运算,并且导出数据以供今后使用。因此,本章介绍从各种源将数据导入MATLAB 工作空间中的方法。本章还会讨论如何利用 MATLAB 或其他软件工具,将数据导出到工作目录的文件中,以备后用。

4.1 常用函数

MATLAB 函数和命令的汇总表格见附录 C。接下来看一些更加常用的函数和命令的简短列表。在命令行中使用 helpwin 命令,就可以看到各类函数的列表,以及对它们进行描述的链接。或者进入 Help 导航器(Help 浏览器的左面板)的 Contents 列表。逐个展开 MATLAB、Reference、MATLAB Function Reference,在其中选择 Functions by Category 或 Alphabetical List of Functions。

注意,如果函数的参数是阵列,则该函数以逐元素的方式作用于阵列中的所有数值,例如:

```
sqrt([1 2 3 4])
```

返回如下结果:

```
1.0000    1.4142    1.7321    2.0000
```

由于本书是以教程的风格撰写的,作者希望你在 MATLAB 中对下列更加常用的函数进行测试。在某种程度上,作者还希望你已经在以前学的数学和科学课上大体了解了这些函数。一种检查这些函数的方法就是把它们画出来。希望你在使用 MATLAB 研究下列函数时能够获得一些乐趣!例如,按照说明完成下面关于赋值变量 x 的所有函数的练习。

```
x = -1:.1:1; <Enter>
plot(x,abs(x),'o') <Enter>
```

结果应该是像 V 一样的图。

```
abs(x)
```

x 的绝对值

```
acos(x)
```

x 的反余弦，在 0 和 π 之间

```
acosh(x)
```

x 的反双曲余弦，即 $\ln(x + \sqrt{x^2 - 1})$

```
asin(x)
```

x 的反正弦，在 $-\pi/2$ 和 $\pi/2$ 之间

```
asinh(x)
```

x 的反双曲正弦，即 $\ln(x + \sqrt{x^2 + 1})$

```
atan(x)
```

x 的反正切，在 $-\pi/2$ 和 $\pi/2$ 之间

```
atan2(y, x)
```

y/x 的反正切，在 $-\pi$ 和 π 之间

```
atanh(x)
```

x 的反双曲正切，即 $\dfrac{1}{2}\ln\left(\dfrac{1+x}{1-x}\right)$

```
ceil(x)
```

大于 x 的最小整数，即向上舍入到最接近的整数，如 ceil(-3.9)的结果为-3、ceil(3.9)的结果为 4

```
clock
```

用包含 6 个元素的向量表示的时间和日期，例如语句：

```
t = clock;
fprintf( ' %02.0f:%02.0f:%02.0f\n', t(4), t(5), t(6) );
```

输出结果为 14:09:03。注意时、分、秒是如何在必要情况下在左边填充零的。

```
cos(x)
```

x 的余弦

```
cosh(x)
```

x 的双曲余弦，即 $\dfrac{e^x + e^{-x}}{2}$（见图 4-1）。

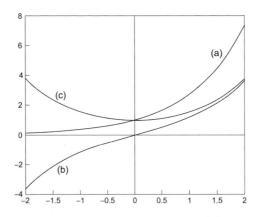

图 4-1　(a)指数函数，(b)双曲正弦函数，(c)双曲余弦函数

cot(x)

x 的余切

csc(x)

x 的余割

cumsum(x)

x 的元素的累加和，比如 cumsum(1:4)的结果为[1 3 6 10]

date

以字符串表示的日期，格式为 dd-mmm-yyyy，如 02-Feb-2001

exp(x)

指数函数 e^x 的值(见图 4-1)

fix(x)

向零舍入为最接近的整数，如 fix(-3.9)的结果为-3、fix(3.9)的结果为 3

floor(x)

不大于 *x* 的最大整数，即向下舍入到最接近的整数，如 floor(-3.9)的结果为-4、floor(3.9)的结果为 3

length(x)

向量 *x* 中的元素数量

log(x)

x 的自然对数

log10(x)

x 的以 10 为底的对数

max(x)

向量 *x* 的最大元素

mean(x)

向量 x 的元素的平均值

```
min(x)
```

向量 x 的最小元素

```
pow2(x)
2ˣ
prod(x)
```

x 的元素的积

```
rand
```

[0, 1]间隔内的伪随机数。该函数提供一个算法，可根据初始的"种子"决定 rand 函数的输出。从这个意义上说，返回值是伪随机的，而不是真正的随机。同样的种子会生成同样的"随机"序列；后文中将看到如何通过观察索引设置 rand 的种子。

```
realmax
```

计算机所能支持的最大正浮点数

```
realmin
```

计算机所能支持的最小正浮点数

```
rem(x, y)
```

x 除以 y 的余数，比如 rem(19, 5)的结果为 4(19 除以 5 的商为 3，余数为 4)。严格来说，rem(x, y)返回的值为 $x - y*n$，其中 n = fix(x/y)是最接近 x/y 的整数。这表明该函数是如何处理负数和/或非整数参数的。

fix 和 rem 在将较小的单位转换为较大的单位时很有用，比如将英寸转换为英尺加英寸的形式(1 英尺=12 英寸)。如下语句按这种方式转换 40 英寸：

```
feet = fix(40/12)
inches = rem(40, 12)
```

接下来看一个示例，希望它可以激励你检验上面列出的所有函数以及 MATLAB 支持的其他函数。考虑一下反余弦、反正弦和反正切函数，即 acos(x)、asin(x)和 atan(x)。如果在-1 到 1 的范围内指定 x 的值，即余弦、正弦和正切，那么输出的角度在圆的哪个象限中？为了找到答案，创建并执行如下 M 文件。对计算结果进行比较的图形见图 4-2。脚本末尾处的 REMARKS(附注)对图形做了解释，也回答了所提出的问题。

```
%
% Script to compare the acos(x), asin(x), and atan(x)
% functions over the range -1 < x < 1. The values are
% converted to angles in degrees. The results are
% compared graphically.
%
% Script prepared by D. T. Valentine - September 2006.
% Comments modified by D.T.V. ... 2008/2012/2016/2018.
%
% The question raised is: What range of angles, i.e.,
% which of the four quadrants of the circle from 0 to
% 2*pi are the angular outputs of each of the functions?
%
% Assign the values of x to be examined:
```

```
%
x = -1:0.001:1;
%
% Compute the arc-functions:
%
y1 = acos(x);
y2 = asin(x);
y3 = atan(x);
%
% Convert the angles from radians to degrees:
%
y1 = 180*y1/pi;
y2 = 180*y2/pi;
y3 = 180*y3/pi;
%
% Plot the results:
%
plot(y1,x,y2,x,y3,x),grid
legend('asin(x)', 'acos(x)', 'atan(x)')
xlabel('\theta in degrees')
ylabel('x, the argument of the function')
%
% REMARKS: Note the following:
%   (1) The acos(x) varies from 0 to 90 to 180 degrees.
%   (2) The asin(x) varies from -90 to 0 to 90 degrees.
%   (3) The atan(x) varies from -90 to 0 to 90 degrees.
%       To check remark (3) try atan(10000000) *180/pi.
%
% Stop
```

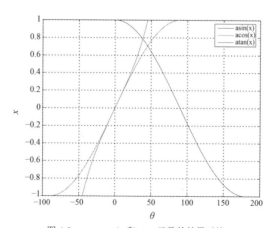

图 4-2　acos、asin 和 atan 函数的结果对比

4.2　导入和导出数据

当进行正式编程时，经常需要将数据存储到磁盘中。在 MATLAB 和磁盘文件之间移动数据的过程被称为(从磁盘文件)导入和导出(到磁盘文件)。数据以如下两种格式存储在磁盘文件中：文本或二进制。如果是文本格式，数据是 ASCII 码，并且可以用任何文本编辑器查看。如果是二进制形式，数据则不是 ASCII 码，也不能用文本编辑器查看。二进制格式在所需的存储空间方面更高效。本章简要总结

MATLAB 中导入和导出数据的主要方法。有关详情请查询 MATLAB Help: Development Environment: Importing and Exporting Data 专题。

4.2.1 load 和 save 命令

如果想在 MATLAB 会话之间保存数据，save 和 load 命令可能是最好的选择。

4.2.2 导出文本(ASCII)数据

如果要以"分隔"的 ASCII 格式导出(保存)如下阵列：

A=
```
    1    2    3
    4    5    6
```

到 myData.txt 文件中，可以使用命令：

```
save myData txt A -ascii
```

如果在文本编辑器中查看 myData.txt 文件(或在 Command Window 中输入文件名)，将显示如下内容：

```
1.0000000e+000    2.0000000e+000    3.0000000e+000
4.0000000e+000    5.0000000e+000    6.0000000e+000
```

分隔符是用于分隔文件中数据的字符——默认是空格。用-tabs 限定词代替-ascii，就可以使用制表符代替空格。如果以这种方式保存字符阵列(字符串)，则会将这些字符的 ASCII 码写入文件中。

4.2.3 导入文本(ASCII)数据

load 命令是 save 的逆操作，除此之外还有些许不同。如果已经把阵列 A 保存在 myData.txt 中，则如下命令：

```
load myData.txt
```

将在工作空间中创建一个变量，该变量和文件同名，只是去掉了扩展名，即 myData。如果不想将文件名用作变量名，则可以使用该命令的函数形式，比如：

```
A = load('myData.txt')
```

以这种方式导入的数据不必由 MATLAB 创建。可以在文本编辑器中创建，或用其他任何将数据导出为 ASCII 格式的程序创建。

4.2.4 导出二进制数据

如下命令：

```
save filename x y z
```

以 MATLAB 专有的二进制格式(即只有 MATLAB 才能使用的 M 文件)将 x、y 和 z 变量保存在 filename.mat 文件中。

注意：
- 如果没有列出变量，就保存整个工作空间。

- 扩展名.mat 是默认的——可以指定不同的扩展名。
- 在帮助文档中可以找到 save 函数的所有选项。

4.2.5　导入二进制数据

如下命令:

```
load filename
```

将 filename.mat 中的所有变量加载到工作空间中; 在帮助文档中可以查看 load 函数的所有选项。

总结:

- 可以使用 MATLAB 进行多种多样的数学、三角以及其他运算。
- 可将数据以文本(ASCII)或二进制的格式存储在磁盘文件中。
- 可以使用 load 和 save 命令导入/导出文本和二进制数据(后者是以 MAT-文件的形式)。

4.3　本章练习

4.1　编写 MATLAB 语句以完成以下任务:

(a) 求直角三角形斜边的长度 C, 已知其他两条边的长度为 A 和 B。

(b) 求三角形的一条边的长度 C, 已知其他两条边的长度为 A 和 B, 它们所夹的角的度数为 θ, 使用下面的规则计算:

$$C^2 = A^2 + B^2 - 2AB \cos(\theta)$$

4.2　将下列公式翻译为 MATLAB 表达式:

(a) $\ln(x + x^2 + a^2)$

(b) $[e^{3t} + t^2 \sin(4t)] \cos^2(3t)$

(c) $4 \tan^{-1}(1)$ (反正切)

(d) $\sec^2(x) + \cot(y)$

(e) $\cot^{-1}(|x/a|)$　(使用 MATLAB 中的反余切)

4.3　1 米等于 39.37 英寸, 1 英尺等于 12 英寸, 而 1 码等于 3 英尺。编写脚本, 输入以米为单位的长度(可以有小数部分)并将它转换为码、英尺和英寸表示形式(检验: 3.51 米等于 3 码 2 英尺 6.19 英寸)。

4.4　质量为 m_1 的球体倾斜地撞击质量为 m_2 的静止球体, 撞击的方向与撞击球体的运动方向成 α 角度。如果恢复系数为 e, 则撞击球体的偏转角度 β 可以表示为:

$$\tan(\beta) = \frac{m_2(1+e)\tan(\alpha)}{m_1 - em_2 + (m_1 + m_2)\tan^2(\alpha)}$$

编写脚本, 输入 m_1、m_2、e 和 α(角度)的值, 并计算以角度为单位的 β。

4.5　2.7.3 节中有一个程序, 可以计算数列 $x_n = a^n/n!$ 中的成员。该程序将计算出的所有成员 x_n 都显示出来。请对它进行调整, 只显示 x_n 中的每 10 个值。

提示: 表达式 rem(n, 10)只有在 n 是 10 的倍数时才为零。将这个特点应用于 if 语句中, 显示 x_n 中的每 10 个值。

4.6　为了将变量 mins 分钟转换为小时和分钟,可以使用 fix(mins/60)求解小时数, 然后用 rem(mins, 60)求解剩余的分钟数。编写脚本, 输入分钟数, 并将之转换为小时加分钟数的表示形式。

然后再编写一个脚本, 将秒转换为小时、分钟和秒。用你的脚本试一下 10 000 秒, 应该转换为 2 小时 46 分 40 秒。

4.7　为一台机器设计算法(即编写结构规划), 对于支付了 100 美元, 而实际花费少于 100 美元的任何消费，该机器必须能够找回正确数额的零钱。该规划必须指明零钱中的所有纸币和硬币的数量及种类，并且在任何情况下都找回尽可能少(张数和枚数)的纸币和硬币(如果对美元和美分不熟悉，请使用自己的货币系统)。

4.8 一根均匀梁自由地悬挂在其两端，$x = 0$ 和 $x = L$，两端处于同一水平面。该梁的每单位长度承受均匀分布的负重 W，并且在 x 轴方向存在拉力 T。该梁上离一端距离为 x 的偏转量 y 表示为：

$$y = \frac{WEI}{T^2}\left[\frac{\cosh[a(L/2 - x)]}{\cosh(aL/2)} - 1\right] + \frac{Wx(L - x)}{2T}$$

其中 $a^2 = T/EI$，E 为梁的杨氏模量，而 I 是梁的截面惯性矩。梁的长度为 10 m，拉力为 1000 N，负重为 100 N/m，而 EI 等于 10^4。

编写脚本，计算并绘制偏转量 y 相对于 x 的图形(MATLAB 提供了 cosh 函数)。

为了让图形看起来更加真实，必须在 plot 语句之后使用如下语句重载 MATLAB 中自动的轴向比率：

```
axis([xmin xmax ymin ymax])
```

要选择适当的 xmin 等变量的值。

第**5**章

逻 辑 向 量

本章目标：

- 更充分地理解逻辑运算符
- 介绍逻辑向量以及如何在应用中有效地使用它们
- 介绍逻辑函数

本章介绍 MATLAB 的一个最强大且简洁的特性，即逻辑向量。这个特性非常有用，也非常重要，所以需要用单独一章介绍。

在命令行中尝试下面这些练习。

(1) 输入下列语句：

```
r = 1;
r <=0.5   % no semi-colon
```

如果在第二条语句之后没有使用分号，则返回值为 0。

现在输入表达式 r>=0.5(还是没有分号)，将返回值 1。注意，如第 2 章所述，MATLAB 中仅包含标量的逻辑表达式，在它为 FALSE 时返回值 0，为 TRUE 时则返回 1。

(2) 输入下列语句：

```
r = 1:5;
r <= 3
```

逻辑表达式 $r<=3$(其中 r 为向量)返回如下向量：

```
1  1  1  0  0
```

你知道如何解释这个结果吗？对于 r 中的每个元素来说，当 $r<=3$ 为真时，返回 1；否则返回 0。现在输入 $r==4$。你知道为什么返回的是 0 0 0 1 0 吗？

当向量包含在逻辑表达式中时，比较是以逐元素的方式进行的(和算术运算中一样)。如果对于向量中的某个元素，比较的结果为真，则结果向量(被称为逻辑向量)中对应位置的数为 1；否则为 0。以上规则同样适用于包含矩阵的逻辑表达式。

还可以在逻辑表达式中进行向量之间的比较。输入下列语句：

```
a = 1:5;
b = [0 2 3 5 6]
a == b   % no semi-colon!
```

逻辑表达式 a==b 返回逻辑向量：

```
0 1 1 0 0
```

因为是以逐元素的方式计算的，即 a(1) 和 b(1) 比较、a(2) 和 b(2) 比较，以此类推。

5.1 示例

5.1.1 不连续图

逻辑向量的一项应用是绘制间断点。如下脚本绘制如图 5-1 所示的图形，该图形在 0 到 3π 的范围内定义为：

$$y(x) = \begin{cases} \sin(x) & (\sin(x) > 0) \\ 0 & (\sin(x) \leqslant 0) \end{cases}$$

```
x = 0 : pi/20 : 3 * pi;
y = sin(x);
y = y .* (y > 0); % set negative values of sin(x) to zero
plot(x, y)
```

表达式 $y > 0$ 返回一个逻辑向量，其中 $\sin(x)$ 为正的地方，元素值为 1，否则为 0。该向量以逐元素的方式乘以 y，即可挑选出 y 中的负元素。

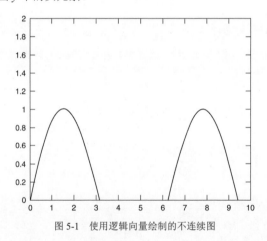

图 5-1　使用逻辑向量绘制的不连续图

5.1.2 避免除零

假设想在 -4π 到 4π 的范围内绘制 $\sin(x)/x$ 的图形。创建 x 坐标向量的最方便方式是：

```
x = -4*pi: pi/20 : 4*pi;
```

但是接下来尝试如下式子：

```
y = sin(x)./x;
```

将得到除零警告，因为 x 中的一个元素确实是 0。一个绕过该问题的简单方法是使用逻辑向量，用 eps 代替零。eps 返回 1.0 和 MATLAB 所能表示的大于 1.0 的最小浮点数之间的差，约为 2.2e-16。使用 eps 的方法是：

```
x = x + (x == 0)*eps;
```

表达式 x == 0 返回只包含一个 1 的逻辑向量，即对应 x 中为零的那个元素，所以只对那个元素加 eps。下面的脚本正确地画出了图形——没有遗漏 x = 0 处的一段(见图 5-2)。

```
x = -4*pi : pi/20 : 4*pi;
x = x + (x == 0)*eps; % adjust x = 0 to x = eps
y = sin(x) ./ x;
plot(x, y)
```

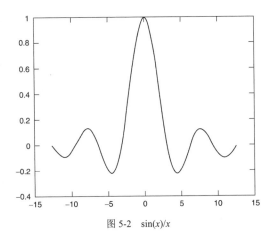

图 5-2　sin(x)/x

当 x 的值为 eps 时，sin(eps)/eps 有正确的极限值 1(请验证)，而不是除零得到的 NaN(Not-a-Number，非数值)。

5.1.3　避免无穷

如下脚本绘制 tan(x) 函数在 $-3\pi/2$ 到 $3\pi/2$ 之间的图形。如果对于绘制整洁的图形不太在行，也许应该在运行脚本之前用纸和笔大致勾画一下图形！

```
x = -3/2*pi : pi/100 : 3/2*pi;
y = tan(x);
plot(x, y)
```

MATLAB 画出的图形——见图 5-3 中左边的图形——应该和草图完全不同。问题在于 tan(x) 在 $\pi/2$ 的奇数倍处趋向于 $\pm\infty$。因此 MATLAB 图形的取值范围非常大(大约 10^{15})，导致无法看到图形其他部分的结构。

如果在 plot 语句之前加入下面的语句：

```
y = y.* (abs(y) < 1e10); % remove the big ones
```

将得到一幅好得多的图，见图 5-3(b)。表达式 abs(y) < 1e10 返回仅渐近线处元素为零的逻辑向量。图形在这些点处穿越零点，顺带画出了几乎垂直的渐近线。x 中的增量越小，这些"渐近线"就越垂直。

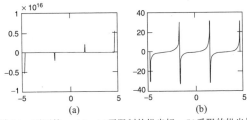

图 5-3　不同的 tan(x)：(a)无限制的纵坐标；(b)受限的纵坐标

5.1.4 对随机数进行计数

函数 rand 返回处于区间[0, 1)内的一个(伪)随机数；rand(1, n)则返回一个包含 n 个这种数的行向量。在命令行中解决如下问题：

(1) 创建包括 7 个随机元素的向量 r(不要使用分号，这样就能看到这些元素了)：

```
r = rand(1,7)      % no semi-colon
```

检验一下，逻辑表达式 $r < 0.5$ 是否给出了正确的逻辑向量。

(2) 对逻辑表达式 $r < 0.5$ 使用函数 sum 可以有效地算出 r 中有多少个小于 0.5 的元素。尝试一下，并根据 r 显示出的值对结果进行检验：

```
sum( r < 0.5 )
```

(3) 现在使用类似的语句算出 r 中有多少个大于等于 0.5 的元素(这两题的答案加起应该等于 7，不是吗？)。

(4) 因为 rand 生成的是均匀分布的随机数，所以随着生成的数越来越多，其中小于 0.5 的随机数的数量越来越接近总数的一半。

生成一个包含数千个随机数的向量(这次使用分号禁止显示)，并使用逻辑向量算出小于 0.5 的有多少个。

重复数次，每次使用新的随机数集合。因为数字是随机的，每次得到的结果应该不会完全相同。

不使用逻辑向量的话，该问题会变得更加复杂。程序如下：

```
tic                % start
a = 0;             % number >= 0.5
b = 0;             % number < 0.5

for n = 1:5000
  r = rand;        % generate one number per loop
  if r >= 0.5
    a = a + 1;
  else
    b = b + 1;
  end;
end;

t = toc;           % finish
disp( ['less than 0.5: ' num2str(a)] )
disp( ['time: ' num2str(t)] )
```

程序运行的时间也会长很多。请在计算机上比较二者的运行时间。

5.1.5 掷骰子

在投掷一颗公平的骰子时，最上面的数字可能是 1 到 6 中的任意一个整数。因此，如果 rand 是在范围[0, 1)内的一个随机数，则 6 * rand 在范围[0, 6)内，而 6 * rand + 1 则在范围[1, 7)内，即 1 和 6.9999 之间。使用 floor 函数将表达式的小数部分舍弃，就能得到要求的范围内的整数。请尝试下面的练习：

(1) 生成包括 20 个随机整数的向量 d，这些整数在范围 1 到 6 内：

```
d = floor(6 * rand(1, 20)) + 1
```

(2) 求逻辑向量 $d == 6$ 的元素之和，从而算出掷出了多少个 6。

(3) 将 **d** 显示出来，以检验计算结果。

(4) 用 6 的数量除以 20，以估计掷出 6 的概率。用这样的随机数模拟基于机会的真实情况的方法被称为仿真。

(5) 用更多的向量 **d** 中的随机数重复试验。重复得越多，6 的比例就越接近理论值 0.1667，即 1/6。

(6) 你知道为什么用 round 代替 floor 后，结果就不对了吗？问题在于 round 是向两个方向舍入，而 floor 只向下舍入。

5.2 逻辑运算符

第 2 章简要介绍过，逻辑表达式不仅可以由 6 个关系运算符构成，还可以由表 5-1 中的三个逻辑运算符构成。表 5-2 给出了这些运算符作用于一般的逻辑表达式 lex1 和 lex2 时的效果。

OR 运算符(|)表示或运算，在两个运算对象中有一个为真或两个都为真时，表达式的值就为真。MATLAB 中还有异或函数 xor(a, b)，只有在 a 和 b 中有一个为 1 但不同时为 1 时，该函数的值才是 1(见表 5-2)。

MATLAB 中还有很多进行逐比特逻辑运算的函数。请参见帮助文档中关于 ops 的部分。

逻辑运算符和其他运算符的计算优先级如表 5-3 所示。照例，可以用括号改变优先级，例如：

```
~0 & 0
```

返回值为 0(假)，而

```
~(0 & 0)
```

的返回值则为 1(真)。更多的示例如下：

```
(b * (b == 4) * a * c) & (a ~= 0)
(final >= 60) & (final < 70)
(a ~= 0) | (b ~= 0) | (c != 0)
~((a == 0) & (b == 0) & (c == 0))
```

用括号理清表达式的逻辑总是没错的，即使在语法上没有必要。顺便提一下，上面的最后两个表达式在逻辑上是等价的，且仅在 a = b = c = 0 时为假。不太容易理解吧？

表 5-1　逻辑运算符

运　算　符	含　义
~	非
&	与
|	或

表 5-2　真值表(T=true；F=false)

lex1	lex2	~lex1	lex1 & lex2	lex1 | lex2	xor (lex1, lex2)
F	F	T	F	F	F
F	T	T	F	T	T
T	F	F	F	T	T
T	T	F	T	T	F

表 5-3 运算符的优先级(参见帮助文档中的 operator precedence 部分)

优 先 级	运 算 符
1	( )
2	^、.^、'、.'(纯粹的转置)
3	+(一元加法)、 −(一元减法)、~(非)
4	*、/、\、.*、./、.\
5	+(加法)、−(减法)
6	:
7	>、<、>=、<=、==、~=
8	&(与)
9	|(或)

5.2.1 运算符的优先级

如果不小心输入了下面的表达式:

```
2 > 1 & 0
```

(试一试),结果会令你大吃一惊,因为 MATLAB 竟然接受了这个表达式,并且返回 0(假)。以上过程令人吃惊,原因是:

- 2>1&0 看上去没有任何意义。学习进行到现在,是时候告诉你一个秘密了。MATLAB 其实基于 C 语言,允许将不同种类的运算符按照这种方式混合在一起(例如,Pascal 语言不允许这样的灵活组合!)。
- 我们本能地认为&的优先级更高。1 & 0 的计算结果为 0,所以 2 > 0 的结果是 1,而不是 0。MATLAB 以一种奇特的、不符合直觉的方式对运算符进行分组。完整的运算符优先级见表 5-3(为了方便引用,在附录 A 中已再次给出)。括号的优先级永远是最高的。

5.2.2 危险

笔者见过不少学生错误地将数学不等式 0 < r < 1 转换为如下 MATLAB 表达式:

```
0 < r < 1
```

再次说明,笔者第一次看到这个表达式时,为 MATLAB 没有报错而感到惊讶。无论如何打乱表达式中的运算符,MATLAB 总是给出答案。它仅按照自己的规则(可能不是你所期望的)解读表达式。

假设 r 的值为 0.5。从数学上看,该不等式为真,因为 r 的值在要求的范围内。但是,表达式 0 < r < 1 的计算结果为 0。这是因为先计算左边的运算(0 < 0.5),结果为 1(真),然后计算 1 < 1,结果为假。

对于这样的不等式,应该这样编写代码:

```
(0 < r) & (r < 1)
```

严格来说,括号没有必要(见表 5-3),但是它们确实有助于理清逻辑。

5.2.3 逻辑运算符和向量

逻辑运算符还可以对向量(大小相同)进行运算,返回逻辑向量,例如:

```
~(~[1 2 0 -4 0])
```

将所有的非零元素替换为 1,而对 0 则不做操作。请尝试一下。

5.1 节中用于避免除零的脚本中有如下关键语句：

```
x = x + (x == 0)*eps;
```

等价于：

```
x = x + ( ~ x)*eps;
```

请尝试运行，并确保你理解了它的工作原理。

练习

算出如下表达式的值，并在命令行中检验它们。

```
a = [-1 0 3];
b = [0 3 1];
~a
a & b
a | b
xor(a, b)
a > 0 & b > 0
a > 0 | b > 0
~ a > 0
a + (~ b)
a > ~ b
~ a > b
~ (a > b)
```

5.3 将逻辑向量作为下标

第 2 章提到，可以用下标引用向量中的元素，而且下标本身也可以是向量，比如：

```
a = [-2 0 1 5 9];
a([5 1 3])
```

返回结果为：

```
9    -2    1
```

即 a 的第 5、第 1 和第 3 个元素。通常来说，如果 x 和 v 是向量，其中 v 中有 n 个元素，则 $x(v)$ 表示：

```
[x(v(1)), x(v(2)), ..., x(v(n))]
```

对于上面定义的 a，看看下面的式子会返回什么：

```
a(logical([0 1 0 1 0]))
```

函数 logical(v)返回一个逻辑向量，其中的元素根据 v 中的元素是非 0 或 0 来决定是 1 或 0。
逻辑向量用作下标的规则总结如下：

● 逻辑向量 v 可以是另一个逻辑向量 x 的下标。
● 只返回 x 中和 v 中的与 1 对应的元素。
● x 和 v 的大小必须相同。
因此，上面的语句返回：

```
0    5
```

即 a 的第 2 个和第 4 个元素，对应 logical([0 1 0 1 0])中的 1。

```
a(logical([1 1 1 0 0]))
```

将返回什么？ a(logical([0 0 0 0 0]))呢？

逻辑向量的下标提供了一种从向量移除某些元素的简洁方法，比如：

```
a = a(a > 0)
```

移除 a 中所有的非正元素，这是因为 a > 0 返回逻辑向量[0 0 1 1 1]。可以顺便核实表达式 a > 0 是逻辑向量，这是因为如下语句：

```
islogical(a > 0)
```

返回结果 1。然而，数值向量[0 0 1 1 1]不是逻辑向量。如下语句：

```
islogical([0 0 1 1 1])
```

返回结果 0。

5.4 逻辑函数

MATLAB 中有很多有用的逻辑函数，这些函数对标量、向量和矩阵进行运算。下面列举了一些示例(除非有说明，否则 x 为向量)。请参见帮助文档中的 logical function 部分(对于矩阵参数，这些函数的定义略有不同——参见第 6 章或帮助文档)。

any(x)：如果 x 中的任意元素非零(真)，就返回标量 1(真)。

all(x)：如果 x 中的所有元素都非零，就返回标量 1。

exist('a')：如果 a 是一个工作空间变量，则返回 1。参见帮助文档以查看其他可能的返回值。注意，必须把 a 放在撇号中。

find(x)：返回由 x 中非零(真)元素的下标组成的向量，例如：

```
a = a( find(a) )
```

移除 a 中所有的零元素！请尝试运行。find 的另一用途是找出向量中最大(或最小)元素的下标，当不止有一个的时候，可以全部找出。输入下面的语句：

```
x = [8 1 -4 8 6];
find(x >= max(x))
```

输出结果为向量[1 4]，即最大元素(8)的下标。这说明该命令是起作用的，这是因为逻辑表达式 x >= max(x)返回一个逻辑向量，该向量中最大元素处的值为 1。

isempty(x)：如果 x 是空的阵列，则返回 1，否则返回 0。空阵列的大小为 0 乘 0。

isinf(x)：对于 x 中等于+Inf 或-Inf 的元素，返回 1，否则返回 0。

isnan(x)：对于 x 中为 NaN 的元素，返回 1，否则返回 0。该函数可用于移除一组数据中的 NaN 值。这种情况可能在收集统计数据的时候出现，用 NaN 临时表示丢失或不可用的值。然而，如果计算中包含 NaN，它们将通过中间计算，进入最终结果。为了避免这种情况的出现，可以用如下语句移除向量中的 NaN：

```
x(isnan(x)) = [ ]
```

MATLAB 中有很多其他的以字母 is 开头的逻辑函数。在帮助文档中搜索 is*，查看完整列表。

使用 any 和 all 函数

因为 any 和 all 函数在输入参数为向量时返回标量值,所以它们在 if 语句中特别有用。例如:

```
if all(a >= 1)
 do something
end
```

意思是 "如果向量 **a** 中的元素都大于等于 1,就执行操作"。

记得在第 2 章中讲过,if 语句中的条件为向量时,只有在向量中的所有元素都非零时,该条件才为真。所以,如果想在两个向量 **a** 和 **b** 相等(即相同)时执行下面的语句,可以使用如下语句:

```
if a == b
 statement
end
```

这是因为 if 只有在所有元素都为 1 的条件下,才认为 a == b 返回的逻辑向量为真。

另一方面,如果想要在向量 **a** 和 **b** 不相等时执行语句,很有可能会这样写:

```
if a ~= b          % wrong wrong wrong!!!
 statement
end
```

然而,这样做是不管用的,这是因为语句只有在 **a** 和 **b** 的对应元素都不相等的情况下才会被执行。这里引入 any:

```
if any(a ~= b)     % right right right!!!
 statement
end
```

这是符合要求的,因为 any(a~=b)在 **a** 中任何元素和 **b** 中对应元素不相等的情况下返回标量 1。

5.5 用逻辑向量代替 elseif 阶梯

我们这些伴随着 20 世纪的传统编程语言长大的人,在解决一般的问题时,很难从使用逻辑向量的角度来思考。编程时总是问一下自己是否可以使用逻辑向量是一项不错的挑战。它们总是比其他方法更快,虽然可读性有所不及。你必须判断什么时候需要使用逻辑向量。但是强迫自己尽可能地使用逻辑向量是很好的编程习惯。下面的示例说明了这一点。首先使用传统方法解决问题,然后再使用逻辑向量的方法。

有人说,生活中有两个令人讨厌和不可避免的事实:死亡和所得税。所得税计算方法的一种简化版本基于表 5-4。

表 5-4 所得税计算的简化版

应纳税收入/美元	应缴税款/美元
10 000 或更低	10%
10 000~20 000	1000+超过 10 000 部分的 20%
20 000 以上	3000+超过 20 000 部分的 50%

例如,对于一笔数额为 30 000 美元的应纳税收入,应缴税款为:

3000+(30 000-20 000)的 50%,即 8000 美元

我们想要计算下列应纳税收入的所得税(以美元为单位):5000、10 000、15 000、30 000 和 50 000。对该问题编程的传统方法是创建一个将应纳税收入作为元素的向量,并且使用包括一个 elseif 阶

梯的循环处理每个元素:

```
% Income tax the old-fashioned way

inc = [5000 10000 15000 30000 50000];

for ti = inc

  if ti < 10000
    tax = 0.1 * ti;
  elseif ti < 20000
    tax = 1000 + 0.2 * (ti - 10000);
  else
    tax = 3000 + 0.5 * (ti - 20000);
  end;

  disp( [ti tax] )
end;
```

经过适当编辑的输出如下(注意,应缴纳税额在不同的税率"级别"之间是不断变化的——每种税率被称为一个级别):

```
Taxable income     Income tax

        5000.00         500.00
       10000.00        1000.00
       15000.00        2000.00
       30000.00        8000.00
       50000.00       18000.00
```

现在给出使用逻辑向量的方法:

```
% Income tax the logical way

inc = [5000 10000 15000 30000 50000];

tax = 0.1 * inc .* (inc <= 10000);
tax = tax + (inc > 10000 & inc <= 20000) ...
                      .* (0.2 * (inc-10000) + 1000);
tax = tax + (inc > 20000) .* (0.5 * (inc-20000) + 3000);

disp( [inc' tax'] );
```

在命令行中输入上述语句,有助于理解工作原理。从输入给定的向量 inc 开始。输入:

```
inc <= 10000
```

输出应为逻辑向量[1 1 0 0 0]。输入:

```
inc .* (inc <= 10000)
```

输出应为向量[5000 10000 0 0 0]。这里成功选出了属于第一级别的收入。然后使用下面的语句计算这些收入的税额:

```
tax = 0.1 * inc .* (inc <= 10000)
```

返回结果为[500 1000 0 0 0]。

现在算第二级别。输入表达式：

```
inc > 10000 & inc <= 20000
```

返回值为逻辑向量[0 0 1 0 0]，这是因为只有一个收入属于该级别。现在输入：

```
0.2 * (inc-10000) + 1000
```

返回值为[0 1000 2000 5000 9000]。只有第三个元素是正确的。用该向量乘以刚才得到的逻辑向量，以清除其他元素，输出[0 0 2000 0 0]。现在可以将该结果安全地加到向量 tax 上，因为它不会影响已经算出来的前两个元素。

逻辑向量解法比传统方法更加有趣！

5.6　本章小结

- 与/或逻辑运算符对向量表达式进行运算时，是以逐元素的方式进行的。计算结果是由 0(FALSE) 和 1(TRUE)组成的逻辑向量。
- 向量可以使用具有相同大小的逻辑向量作为下标。只返回逻辑向量中 1 对应的元素。
- 当使用逻辑运算符(~ & 和|)中的任意一个对单个表达式进行运算时，运算对象中的任何非零值都被视为 TRUE；零则被视为 FALSE。返回的结果是逻辑向量。
- 算术、关系和逻辑运算符可以出现在同一表达式中。在这种情况下，要格外小心，遵守正确的运算符优先级。
- 逻辑表达式中的向量必须大小相同。
- 如果逻辑表达式是向量或矩阵，那么只有在元素全部非零的条件下，才会在 if 语句中被视为真。
- 逻辑函数 any 和 all 的参数为向量，返回值为标量，因此在 if 语句中非常有用。
- 逻辑向量经常被用于代替更加传统的 elseif 阶梯。这样可以使代码更加快速和简洁，但是需要更加巧妙的设计，并且代码的可读性也会差一些。

5.7　本章练习

5.1　在使用 MATLAB 检验答案之前，先自行计算下列表达式的值。你可能需要参考表 5-3：

(a) 1 & -1

(b) 13 & ~ (-6)

(c) 0 < -2|0

(d) ~ [1 0 2] * 3

(e) 0 <= 0.2 <= 0.4

(f) 5 > 4 > 3

(g) 2 > 3 & 1

5.2　已知 a = [1 0 2]和 b = [0 2 2]，计算下列表达式的值。然后用 MATLAB 验算：

(a) a ~= b

(b) a < b

(c) a < b < a

(d) a < b < b

(e) a | (~a)

(f) b & (~ b)

(g) a(~ (~b))

(h) a = b == a (计算 a 的最终值)

5.3 在命令行中编写一些 MATLAB 语句,使用逻辑向量分别计算向量 *x* 中有多少个负元素、零或正元素。检验一下它们是否正确,比如使用下面这个向量:

```
[-4  0  5 -3  0  3 7 -1 6]
```

5.4 税收部门(国税局)决定对 5.5 节中的税率表进行微调,引入一个额外的税率级别并改变第 3 级的税率,如表 5-5 所示。

表 5-5 增加一级税率

应纳税收入/美元	应缴税款/美元
10 000 或更低	10%
10 000~20 000	1000+超过 10 000 部分的 20%
20 000~40 000	3000+超过 20 000 部分的 30%
40 000 以上	9000+超过 40 000 部分的 50%

修改逻辑向量脚本以处理表 5-5,并使用下列收入(以美元为单位)进行测试:5000、10 000、15 000、22 000、30 000、38 000 和 50 000。

5.5 某公司提供 7 种年薪标准(以美元为单位):12 000、15 000、18 000、24 000、35 000、50 000 和 70 000。每种标准对应的员工数分别为:3000、2500、1500、1000、400、100 和 25。在命令行中编写一些语句求解下面的问题:

    (a) 平均工资标准。使用 mean 函数(答案: 32 000)

    (b) 高于和低于平均工资标准的员工数量。使用逻辑向量找出哪些工资标准高于和低于平均标准。将这些逻辑向量和员工向量以逐元素的方式相乘,然后对结果使用 sum 函数(答案: 525 高于,8000 低于)

    (c) 公司员工的平均工资收入(总年薪除以总员工数)(答案: 17 038.12)

5.6 在命令行中编写一些语句,移除向量中最大的元素。用 x = [1 2 5 0 5]检验。结果应该是 x 中剩下[1 2 0]。请使用 find 函数和空向量[ ]。

5.7 一个小山村中居民的电力账户按如下方法计算:

- 如果用电量小于或等于 500 单位,费用是 2 美分每单位。
- 如果用电量大于 500 单位,但是不大于 1000 单位,则前 500 单位的费用是 10 美元,超过 500 的部分 5 美分每单位。
- 如果用电量大于 1000 单位,则前 1000 单位的费用是 35 美元,超过 1000 的部分 10 美分每单位。
- 此外,不管用了多少电,都要收取 5 美元的基本服务费。
- 5 位居民在某月的用电量(单位)为:200、500、700、1000 和 1500。编写程序,使用逻辑向量计算他们必须支付的费用。以两列的形式将结果显示出来:一列是每种情况下的用电量,一列是应付金额(答案:9 美元、15 美元、25 美元、40 美元和 90 美元)。

第 **6** 章

矩阵和阵列

本章目标：
- 介绍创建和操作矩阵的方法
- 介绍矩阵运算
- 介绍字符串及其处理工具
- 举例说明矩阵的用途：
  - 种群动态
  - 马尔可夫过程
  - 线性方程组
- 介绍 MATLAB 中的稀疏矩阵工具

正如我们所见，MATLAB 代表 MATrix LABoratory，这是因为 MATLAB 系统专门为处理以矩阵形式组织的数据而设计。在本章中，单词 matrix 有以下两种不同的含义：

(1) 按行和列的形式排列的数据，如表格。

(2) 数学对象，为之定义了特殊的数学运算，如 matrix 乘法。

本章开头(6.1 节～6.3 节)介绍第一种意义上的矩阵，总结和拓展第 2 章中学到的关于它们的知识。然后继续学习关于矩阵的数学运算。我们还将看到这些运算是如何应用于众多截然不同的领域的，如线性方程组、种群动态和马尔可夫过程。

6.1 矩阵

6.1.1 具体示例

一家混凝土公司有三家工厂(S1、S2 和 S3)，必须供应三处工地(D1、D2 和 D3)。从任意工厂运输 1 个负载的混凝土到任意工地的费用(合适的货币)如下：

	D1	D2	D3
S1	3	12	10
S2	17	18	35
S3	7	10	24

工厂每天分别可以供应 4、12 和 8 个负载，而工地每天分别需要 10、9 和 5 个负载。现实中真正的问题是找出最经济的满足工厂需求的运输方法，但这里我们不考虑这个问题。

假设工厂经理提出如下运输方案(每个条目表示沿那条特定路线运输的混凝土负载数):

	D1	D2	D3
S1	4	0	0
S2	6	6	0
S3	0	3	5

这种方案被称为运输问题的解决方案。费用表(即解决方案)可以用表格 C 和 X 表示,其中 C_{ij} 表示费用表中第 i 行、第 j 列的条目,对 X 也有类似的约定。

为了计算如上解决方案的费用,必须用解决方案表中的每个条目乘以费用表中的对应条目(别把这个操作和后面将要讨论的矩阵乘法搞混淆了)。因此,我们要计算:

$$3×4 + 12×0+\cdots+24×5$$

为了在 MATLAB 中进行此计算,从命令行输入矩阵 c 和 x,每行的结尾加一个分号:

```
c = [3 12 10;  17 18 35; 7 10 24];
x = [4 0 0; 6 6 0; 0 3 5]
```

然后求 c 和 x 的阵列积:

```
total = c .* x
```

结果为:

```
 12      0      0
102    108      0
  0     30    120
```

如下命令:

```
sum(total)
```

返回一个向量,其中每个元素是 total 中每列元素的和:

```
114   138   120
```

将结果依次求和,即 sum(sum(total)),最终答案为 372。

6.1.2 创建矩阵

如上所述,在输入矩阵时使用分号表示一行的结束。更大的矩阵可以由较小的矩阵组合而成,例如以下语句:

```
a = [1 2; 3 4];
x = [5 6];
a = [a; x]
```

结果为:

```
a =
    1    3
    3    4
    5    6
```

可以用换行符代替分号表示一行的结束。

6.1.3　下标

矩阵中的单个元素可以用两个下标引用，第一个下标表示行，第二个下标表示列，比如 a(3,2)表示上面的示例返回矩阵中的 6。

也可以使用单个下标，但是并不常用。在本例中可以将矩阵想象成一列接一列的形式，并没有"卷曲"。这样一来，a(5)在上面的示例中返回 4。

如果引用了一个超出范围的下标，比如在上面的示例中使用 a(3,3)，将会得到一条错误信息。但是，如果对下标超出范围的元素赋值，矩阵会被扩大以容纳新元素，例如如下赋值：

```
a(3,3) = 7
```

将第三列添加到 a 中，其中除了 a(3,3)之外，其他元素都为 0。

6.1.4　转置

如下语句：

```
a = [1:3; 4:6]
b = a'
```

结果为：

```
a =
    1    2    3
    4    5    6
b =
    1    4
    2    5
    3    6
```

转置运算符'(撇号)将行转换为列，反之亦然。

6.1.5　冒号运算符

冒号运算符非常强大，提供了一种处理矩阵的高效方法。例如，如果 *a* 是矩阵：

```
a =
    1    2    3
    4    5    6
    7    8    9
```

如下语句：

```
a(2:3,1:2)
```

返回结果为：

```
4    5
7    8
```

(返回第二行和第三行，以及第一列和第二列)，如下语句：

```
a(3,:)
```

返回结果为：

```
7    8    9
```

(返回第三行)，而如下语句：

```
a(1:2,2:3) = ones(2)
```

返回结果为：

```
a =
    1    1    1
    4    1    1
    7    8    9
```

(将由第 1 行和第 2 行，以及第 2 列和第 3 列组成的 2 乘 2 的子阵用由 1 组成的方阵代替)。

本质上说，上面的示例就是使用冒号运算符创建向量下标。下标处单独的冒号运算符表示对应行或列中的所有元素。所以 a(3,:)表示第 3 行中的所有元素。

例如，可以使用这个特性构造表格。假设想要的表格 trig 满足：其中包括 0° 至 180° 之间以 30° 为步长递增的角度的正弦和余弦值。如下语句实现了这一目标：

```
x = [0:30:180]';
trig(:,1) = x;
trig(:,2) = sin(pi/180*x);
trig(:,3) = cos(pi/180*x);
```

- 可以使用向量下标获得更加复杂的效果，比如：

    ```
    b = ones(3,4)

    a(:,[1 3]) = b(:,[4 2])
    ```

用 b 的第 4 列和第 2 列替换 a 的第 1 列和第 3 列(a 和 b 的行数必须相同)。

- 冒号运算符是处理高斯消元法(一种数值数学技术)中行运算的理想工具。例如，如果 *a* 是矩阵：

```
a =
    1   -1    2
    2    1   -1
    3    0    1
```

则如下语句：

```
a(2,:) = a(2,:) - a(2,1)*a(1,:)
```

将第 1 行乘以第 2 行第 1 个元素的结果从第 2 行中减去，结果为：

```
a =
    1   -1    2
    0    3   -5
    3    0    1
```

(想法是在 a(1,1)的下面获得 0)。

- 关键词 end 指的是阵列的最后一行或列。例如，如果 r 是行向量，如下语句：

```
sum(r(3:end))
```

返回 r 中第 3 个到最后一个元素的和。

- 冒号运算符还可以作为单独的下标使用，在这种情况下，它在赋值表达式的右边或左边时所起的作用是不同的。在赋值表达式的右边时，a(:)将所有的元素按列串起来，给出一个长的列向量。例如，如果：

```
a =
    1    2
    3    4
```

如下语句：

```
b = a(:)
```

结果为：

```
b =
    1
    3
    2
    4
```

　　然而，在赋值表达式的左边时，a(:)是对矩阵进行变形。a 必须已经存在。a(:)表示一个和 a 维数(形状)相同的矩阵，但是其中的内容是新的，从表达式的右边获得。换言之，将右边的矩阵变形为左边的 a 的形状。下面看一下示例，可以帮助理解。如果：

```
b =
    1    2    3
    4    5    6
```

且

```
a =
    0    0
    0    0
    0    0
```

则如下语句：

```
a(:) = b
```

返回结果为：

```
a =
    1    5
    4    3
    2    6
```

(将 b 中的内容串成一个长列，再按列放到 a 中)。再看另一个示例，语句：

```
a(:) = 1:6
```

(a 的定义同上)结果为：

```
a =
    1    4
    2    5
    3    6
```

　　还可以使用 reshape 函数变形。请参见帮助文档。

　　不论冒号运算符出现在赋值表达式的右边还是左边，每边的矩阵或子阵的形状是相同的(下面的特例除外)。

　　● 作为特例，可以使用单独的冒号下标将所有元素替换为标量，如：

```
a(:) = -1
```

6.1.6　复制行和列

有时生成行或列都相同的矩阵是有用的。可以用 repmat 函数实现这一目标。如果 a 是行向量：

```
a =
     1     2     3
```

如下语句：

```
repmat(a, [3 1])
```

结果为：

```
ans =
     1     2     3
     1     2     3
     1     2     3
```

用帮助文档中的独特措辞来说，该语句生成了一块由 3 乘 1 的 a 的副本组成的"瓷砖"。可以把 a 想象成一根由三块瓷砖拼成的"长条"，粘在自粘(self-adhesive)的背面上。上面的语句为地板铺以三行一列这样的长条。

repmat 函数还有另一种语法：

```
repmat(a, 3, 1)
```

此过程的一个有趣示例在本节末尾的贷款还款问题中。

6.1.7　删除行和列

可以使用冒号运算符和空阵列删除整行或整列，例如：

```
a(:,2) = [ ]
```

删除 a 的第二列。

不能删除单个元素，否则矩阵就不再是矩阵了，因此如下语句：

```
a(1,2) = [ ]
```

会引起错误。然而，可以使用单个下标符号，从矩阵中删除一系列的元素，然后将剩下的元素变形为行向量。例如，如果：

```
a =
     1     2     3
     4     5     6
     7     8     9
```

则如下语句：

```
a(2:2:6) = [ ]
```

结果为：

```
a =
     1     7     5     3     6     9
```

理解了吗？(先将 a 按列展开，然后移除第 2、第 4 和第 6 个元素)

可以使用逻辑向量从矩阵中提取选择的行和列。例如，如果 *a* 是上面定义的 3 乘 3 的矩阵，如下语句：

```
a(:, logical([1 0 1]))
```

的结果为：

```
ans =
     1     3
     4     6
     7     9
```

(提取第 1 列和第 3 列)。可以用如下语句实现同样的效果：

```
a(:, [1 3])
```

6.1.8　初等矩阵

MATLAB 有一组函数，用于生成广泛运用于大量应用中的"初等"矩阵。参见 help elmat。

例如，zeros、ones 和 rand 等函数分别生成由全 1、全 0 和随机数组成的矩阵。用参数 n，它们生成 $n \times n$ 的(正方)矩阵。用两个参数 n 和 m，它们生成 $n \times m$ 的矩阵(对于大型矩阵，repmat 通常比 ones 和 zeros 运行速度更快)。

函数 eye(n)生成 $n \times n$ 的单位矩阵，即主"对角线"全为 1，其他地方全为 0 的矩阵。例如，如下语句：

```
eye(3)
```

的结果为：

```
ans =
     1     0     0
     0     1     0
     0     0     1
```

(MATLAB 的原始版本不能用 I 命名单位矩阵，因为不区分大小写，而 i 一般用来表示虚数单位)

可以使用 eye 构造三对角矩阵。如下语句：

```
a = 2 * eye(5);
a(1:4, 2:5) = a(1:4, 2:5) - eye(4);
a(2:5, 1:4) = a(2:5, 1:4) - eye(4)
```

的结果为：

```
a =
     2    -1     0     0     0
    -1     2    -1     0     0
     0    -1     2    -1     0
     0     0    -1     2    -1
     0     0     0    -1     2
```

顺便提一下，如果要处理大型的三对角矩阵，应该通过 help 浏览器查看一下 MATLAB 中的稀疏矩阵工具。

6.1.9　特殊矩阵

当想不到用什么函数生成想要的矩阵时，可以使用以下函数生成任意矩阵，以对矩阵运算进行研究。它们是由数学家发现的特殊矩阵,至于发现它们的动机和关于它们的其他细节,你不必了解。

pascal(*n*)生成 *n* 阶的 Pascal 矩阵。从技术角度说,这是对称正定矩阵,其中的元素由帕斯卡三角组成,比如:

```
pascal(4)
```

的结果为:

```
ans =
    1    1    1    1
    1    2    3    4
    1    3    6   10
    1    4   10   20
```

magic(*n*)生成 *n*×*n* 的幻方。

MATLAB 中有很多其他用于生成特殊矩阵的函数,比如 gallery、hadamard、hankel、hilb、toeplitz、vander 等。请参见 help elmat。

6.1.10　对矩阵使用 MATLAB 函数

当 MATLAB 数学函数或三角函数的参数为矩阵时,这些函数对矩阵的每一个元素进行运算。然而,很多其他 MATLAB 函数对矩阵进行逐列运算。例如。如果:

```
a =
    1    0    1
    1    1    1
    0    0    1
```

如下语句:

```
all(a)
```

的结果为:

```
ans =
     0    0    1
```

对于 a 的每一列,如果其中所有元素为真(非零),则返回 1,否则返回 0。因此 all 在参数为矩阵时,返回一个逻辑向量。想要测试 a 中的所有元素是否都为真,使用 all 两次即可。在本例中,如下语句:

```
all(all(a))
```

返回 0,因为 a 中有些元素为 0。另一方面,如下语句:

```
any(a)
```

返回:

```
ans =
     1    1    1
```

因为 a 的每一列至少有一个非零元素,而且 any(any(a))返回 1,因为 a 本身至少有一个非零元素。如果不确定某个函数是逐列操作还是逐元素操作,可以向帮助文档求助。

6.1.11　操纵矩阵

这里是一些操纵矩阵的函数。更多细节参见帮助文档。

diag 提取或创建对角线

fliplr 从左至右翻转

flipud 从上至下翻转

rot90 旋转

tril 提取下三角部分，例如如下语句：

```
tril(pascal(4))
```

结果为：

```
ans =
    1    0    0    0
    1    2    0    0
    1    3    6    0
    4    4   10   20
```

triu 提取上三角部分。

6.1.12　对矩阵进行阵列运算

第 2 章中讨论的阵列运算可以应用于矩阵和向量。例如，如果 *a* 是矩阵，*a* * 2 对 *a* 中的每个元素乘以 2，并且如果：

```
a =
    1    2    3
    4    5    6
```

如下语句：

```
a .^ 2
```

的结果为：

```
ans =
    1    4    9
   16   25   36
```

6.1.13　矩阵和 for 循环

如果：

```
a =
    1    2    3
    4    5    6
    7    8    9
```

如下语句：

```
for v = a
   disp(v')
end
```

的结果为：

```
1    4    7
2    5    8
3    6    9
```

在这种最常见形式的 for 语句中，索引 v 轮流表示矩阵表达式 a 的每一列的值。这提供了一种处理矩阵中所有元素的简洁方法。如果对 a 进行转置，就可以对各行实现同样的效果。例如，如下语句：

```
for v = a'
   disp(v')
end
```

每次显示 a 的一行。你理解了吗？

6.1.14　矩阵的可视化

在 MATLAB 中可以将矩阵可视化为图形。我们将在第 9 章中对该主题进行简单讨论，并附插图。

6.1.15　将嵌套的 for 循环向量化：贷款偿还表格

如果每年定期定额地 n 次支付金额为 P 的款项，以在 k 年的时间内偿还一笔金额为 A 的贷款，其中名义上的年利率为 r，则 P 表示为：

$$P = \frac{rA(1 + r/n)^{nk}}{n\left[(1 + r/n)^{nk} - 1\right]}$$

我们要生成一笔金额为 1000 美元的贷款的偿还表格，其中偿还年限分别为 15、20 或 25 年，利率以 1%的步长从 10%每年变化到 20%每年。由于在上面的公式中 P 与 A 成正比，任意金额的贷款的定期偿还金额都可以通过简单的比例关系从表中查到。

处理该问题的传统方法是使用"嵌套" for 循环。为了将每种利率的输出结果放在同一行中，需要使用 fprintf 语句(见 MATLAB Help)：

```
A = 1000;  % amount borrowed
n = 12;    % number of payments per year

for r = 0.1 : 0.01 : 0.2
  fprintf( '%4.0f%', 100 * r );
  for k = 15 : 5 : 25
    temp = (1 + r/n) ^ (n*k);
    P = r * A * temp / (n * (temp - 1));
    fprintf( '%10.2f', P );
  end;
  fprintf( '\n' ); % new line
end;
```

一些输出如下(标题是经过笔者编辑后加入的)：

```
rate %    15 yrs   20 yrs   25 yrs

   10     10.75     9.65     9.09
   11     11.37    10.32     9.80
   ...
   19     16.83    16.21    15.98
   20     17.56    16.99    16.78
```

　　然而，如第 2 章所述，可以将 for 循环向量化，节省大量的计算时间(还可以作为智力挑战)。内层循环可以很容易地向量化；如下代码只使用一个 for 循环：

```
...
for r = 0.1 : 0.01 : 0.2
  k = 15 : 5 : 25;
  temp = (1 + r/n) .^ (n*k);
  P = r * A * temp / n ./ (temp - 1);
  disp( [100 * r, P] );
end;
```

　　注意阵列运算符的使用。

　　然而，真正的挑战是将外层循环也向量化。我们需要一个 11 行 3 列的表格。从对 A 和 n 进行赋值开始(从命令行)：

```
A = 1000;
n = 12;
```

　　然后生成一个表示利率的列向量：

```
r = [0.1:0.01:0.2]'
```

　　现在将它转换为包括三列，且每一列都等于 r 的表格：

```
r = repmat(r, [1 3])
```

　　矩阵 *r* 应该是这样的：

```
0.10      0.10      0.10
0.11      0.11      0.11
...
0.19      0.19      0.19
0.20      0.20      0.20
```

　　现在对还款周期 *k* 进行类似处理。生成一个行向量：

```
k = 15:5:25
```

　　并将它扩展成包括 11 行，且每行等于 *k* 的表格：

```
k = repmat(k, [11 1])
```

　　结果应为：

```
15    20    25
15    20    25
...
15    20    25
15    20    25
```

　　关于 P 的公式略显复杂，因此分两步求解：

```
temp = (1 + r/n) .^ (n * k);
P = r * A .* temp / n ./ (temp - 1)
```

　　最终，得到如下关于 P 的结果：

```
10.75     9.65     9.09
11.37     10.32    9.80
```

```
 ...
 16.83    16.21    15.98
 17.56    16.99    16.78
```

这种方法之所以有效，是因为我们按照上面介绍的方法构造了表格 r 和 k，并且 MATLAB 中的阵列运算是按照逐元素的方式进行的。例如，在计算 P 中第 2 行第 1 列的元素的值时，阵列运算挑选出 r 的第 2 行(都是 0.11)和 k 的第 1 列(都是 15)，得出正确的关于 P 的结果(11.37)。

使用嵌套的 for 循环可能更易于编程，但是该方法肯定更有趣(并且执行起来更快)。

6.1.16　多维阵列

MATLAB 阵列可以具有两个以上的维度。例如，假设创建了矩阵：

```
a = [1:2; 3:4]
```

可以使用如下语句在 a 中添加第三个维度：

```
a(:,:,2) = [5:6; 7:8]
```

MATLAB 给出结果：

```
a(:,:,1) =
     1     2
     3     4
a(:,:,2) =
     5     6
     7     8
```

可以将该三维阵列想象成一系列的"书页"，每一页包含一个矩阵。a 的第三个维度对书页进行编号。这类似于一个包括多个表的电子数据表：每个表包含一个表格(矩阵)。

如果喜欢，还可以利用更高的维度进入更高层次的页面。

请参见 help datatypes 命令，以获得特殊的多维阵列函数的列表。

6.2　矩阵运算

阵列运算是以逐元素的形式作用于矩阵的。然而，从数学意义上来说，作为 MATLAB 基础的矩阵运算在特定情况下的定义则完全不同。

矩阵加法和减法的定义方法和阵列运算相同，即逐元素进行。而矩阵乘法则截然不同。

6.2.1　矩阵乘法

矩阵乘法可能是最重要的矩阵运算，广泛应用于各种领域，如网络理论、线性方程组的求解、坐标系统的变换以及种群建模等。如果不了解矩阵乘法的计算法则，可能会觉得有些奇怪，但是后面的应用示例会改变你的想法。

当矩阵 A 和 B 在这层意义上相乘时，它们的积是另一个矩阵 C。该运算写作：

$$C = AB$$

而 C 中的普通元素 c_{ij} 由 A 的第 i 行和 B 的第 j 列的数积构成(向量 x 和 y 的数积等于 $x_1y_1 + x_2y_2 + \ldots$，其中 x_i 和 y_i 是向量中的元素)。因此，只有在 A 的列数和 B 的行数相同时，A 和 B 才能相乘(按此顺序)。

矩阵乘法的一般定义如下：如果 A 是 $n \times m$ 的矩阵，而 B 是 $m \times p$ 的矩阵，它们的积 C 则是 $n \times p$ 的矩阵。C 的普通元素 c_{ij} 由下式给出：

$$c_{ij} = \sum_{k=1}^{m} a_{ik} b_{kj}$$

注意，一般情况下 **AB** 不等于 **BA**(矩阵乘法不满足交换律)。

示例：

$$\begin{bmatrix} 1 & 2 \\ 3 & 4 \end{bmatrix} \times \begin{bmatrix} 5 & 6 \\ 0 & -1 \end{bmatrix} = \begin{bmatrix} 5 & 4 \\ 15 & 14 \end{bmatrix}$$

由于向量是一维矩阵，上面给出的矩阵乘法的定义也适用于向量和适当的矩阵相乘的情况，比如：

$$\begin{bmatrix} 1 & 2 \\ 3 & 4 \end{bmatrix} \times \begin{bmatrix} 2 \\ 3 \end{bmatrix} = \begin{bmatrix} 8 \\ 18 \end{bmatrix}$$

运算符*用于表示矩阵乘法，可能和你猜测的一样。例如，如果：

```
a =
    1    2
    3    4
```

而

```
b =
    5    6
    0   -1
```

则如下语句：

```
c = a * b
```

的结果为：

```
c =
    5    4
   15   14
```

注意阵列运算 a .* b(请手算一下，并用 MATLAB 检验结果)和矩阵运算 a * b 的不同之处。

为了按上述顺序用矩阵 **a** 乘以一个向量，该向量必须是列向量。所以，如果：

```
b = [2 3]'
```

如下语句：

```
c = a * b
```

的结果为：

```
c =
    8
   18
```

6.2.2 矩阵求幂运算

矩阵运算 A^2 的意思是 $A \times A$，其中 A 必须是方阵。运算符^用于表示矩阵求幂运算，例如，如果：

```
a =
    1    2
    3    4
```

如下语句:

```
a ^ 2
```

的结果为:

```
ans =
     7    10
    15    22
```

这和 a * a 的结果相同(请试一试)。

再一次提示,注意阵列运算 a .^ 2(请手算一下,并用 MATLAB 检验结果)和矩阵运算 a^2 的不同之处。

6.3 其他矩阵函数

这里有一些更加高级的 MATLAB 矩阵函数:

det 行列式
eig 特征值分解

expm 矩阵指数运算,即 e^A,其中 A 为矩阵。矩阵指数运算可用于计算常系数线性常微分方程的解

inv 求逆
lu LU 分解(分为下三角矩阵和上三角矩阵)
qr 正交分解
svd 奇异值分解

6.4 种群增长:莱斯利矩阵

矩阵的第一个应用实例是在种群动态中。

假设要对兔子种群的增长进行建模,即在某一时刻给定它们的数量,要估计出未来几年内种群的大小。一种方法是将兔群按龄级分类,每一龄级的所有成员都属于同一时间单位,该时间单位比前一龄级中的所有成员大一个时间单位,这里所说的时间单位可以是便于研究该种群的任何单位(日、月等)。

假设 X_i 为第 i 龄级的种群数量,定义存活因子 P_i 为第 i 龄级存活至第$(i+1)$龄级的比例,也就是"毕业生"比例。定义 F_i 为第 i 龄级的平均生育率,也就是在时间区间开始时第 i 龄级的每个成员在整个时间区间内的平均期望生育数量(由于雄性数量充足,因此在建立生物模型时仅计算雌性数量)。

假设改进后的兔群模型包含 3 个龄级,分别为 X_1、X_2 和 X_3。为了便于说明,将 3 个龄级分别称为幼年、中年和老年。将时间单位选为月,因此 X_1 为当月出生的兔子数量,到月底时长成幼兔。X_2 为月底时中年兔子的数量,X_3 为月底时老年兔子的数量。假设幼兔无法生育,因此 $F_1 = 0$。假设中年兔子的生育率为 9,因此 $F_2 = 9$,而对于老年兔子 $F_3 = 12$。由幼年至中年的存活概率为 1/3,因此 $P_1 = 1/3$,而超过一半的中年兔子可以生存至老年,因此 $P_2 = 0.5$(为了便于说明,假设所有老年兔子在月底全部死亡,而这个假设也易于修改)。基于上述信息,在已知初始种群分类的前提下,可以很容易计算出每月种群结构的变化。

如果 t 表示当前月份,且$(t+1)$表示下一月份,将当月幼兔数量记为 $X_1(t)$,且下个月幼兔数量记为 $X_1(t+1)$,其他两个龄级的表示方法与此相似。种群数量由 t 月到$(t+1)$月的更新方法可以写为:

$$X_1(t+1) = F_2X_2(t) + F_3X_3(t)$$
$$X_2(t+1) = P_1X_1(t)$$
$$X_3(t+1) = P_2X_2(t)$$

定义种群向量 $X(t)$，包含 3 个分量——$X_1(t)$、$X_2(t)$ 和 $X_3(t)$，代表在 t 月份 3 个龄级的兔子种群数量。上面所列的 3 个方程可以改写为：

$$\begin{bmatrix} X_1 \\ X_2 \\ X_3 \end{bmatrix}_{(t+1)} = \begin{bmatrix} 0 & F_2 & F_3 \\ P_1 & 0 & 0 \\ 0 & P_2 & 0 \end{bmatrix} \times \begin{bmatrix} X_1 \\ X_2 \\ X_3 \end{bmatrix}_t$$

其中向量下标表示月份。上式可以改写成更为简明的矩阵方程形式：

$$X(t+1) = LX(t) \tag{6.1}$$

在本例中 L 为矩阵：

$$\begin{bmatrix} 0 & 9 & 12 \\ 1/3 & 0 & 0 \\ 0 & 1/2 & 0 \end{bmatrix}$$

L 称为莱斯利矩阵((Leslie matrix)。如果采用上述龄级、生育率和存活因子的概念，任何种群模型均可采用方程(6.1)描述。

既然已经建立种群模型的矩阵表达式，就很容易利用矩阵乘法以及重复使用方程(6.1)写出一个脚本：

$$X(t+2) = LX(t+1)$$
$$X(t+3) = LX(t+2)$$

假设初始条件是有 1 只老年(雌性)兔子，且没有其他龄级的兔子，因此 $X_1 = X_2 = 0$，且 $X_3 = 1$。脚本如下：

```
% Leslie matrix population model
n = 3;
L = zeros(n);            % all elements set to zero
L(1,2) = 9;
L(1,3) = 12;
L(2,1) = 1/3;
L(3,2) = 0.5;
x = [0 0 1]';           % remember x must be a column vector!

for t = 1:24
  x = L * x;
  disp( [t x' sum(x)] )   % x' is a row
end
```

经过 24 个月后的输出(部分为编辑后的结果)为：

Month	Young	Middle	Old	Total
1	12	0	0	12
2	0	4	0	4
3	36	0	2	38
4	24	12	0	36
5	108	8	6	122
...				
22	11184720	1864164	466020	13514904
23	22369716	3728240	932082	27030038
24	44739144	7456572	1864120	54059836

恰巧在本例中没有"分数"只兔子。如果存在分数的情况，分数应该保留，而不能向最近的整数舍入(更不能截断)。之所以会发生这种情况，是因为生育率和存活概率为平均值。

通过仔细观察输出可以发现，经过几个月后，种群总数会每月翻倍。这个因子被称为增长因子，而这种现象是由特定的莱斯利矩阵特性所致(了解这方面知识的读者知道，这就是矩阵的主特征值)。本例中的增长因子为 2，但如果改变莱斯利矩阵中的数值，长期增长因子也会随之变化(读者可以试试看)。

图 6-1 显示了兔子种群数量在前 15 个月的增长趋势。为了画出该图，可以在脚本中 for 循环的 x = L * x;语句之后插入如下命令行：

```
p(t)  = sum(x);
```

并重新运行程序。向量 *p* 将包含每月末全部种群的数量。随后输入命令：

```
plot(1:15, p(1:15)), xlabel('months'), ylabel('rabbits')
hold, plot(1:15, p(1:15),'o')
```

图 6-1 中显示出指数增长趋势。如果画出全部 24 个月内的种群数量曲线，会发现曲线将变得更加陡峭。这就是指数增长的特性。

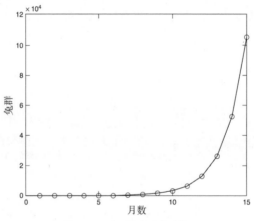

图 6-1　15 个月内兔群的总数

读者可能没有注意到，3 个龄级种群数量的比例趋近于极限比值 24∶4∶1。当运行模型时，如果将这组极限比值作为种群结构的初始值，这种现象会变得愈发明显。这个极限比值称为种群的稳定年龄分布，同样它也是莱斯利矩阵的特征值之一(事实上，该值即矩阵主特征值对应的特征向量)。不同的种群矩阵会导致不同的稳定年龄分布。

有趣的是，不论如何划分初始种群分类，对于给定的莱斯利矩阵，通常最终都会使得种群进入相同的稳定年龄分布，并以相同的增长因子每月递增。例如，采用任意其他初始种群分类运行上面的模型，最终都将以增长因子为 2 的速率进入 24∶4∶1 的稳定年龄分布。

如果读者对利用 MATLAB 计算特征值和特征向量感兴趣，可以参见 help eig。

6.5　马尔可夫过程

通常，需要建模的过程可以利用多种可能的离散(即不连续)状态表示，这些状态描述了过程的结果。以抛硬币猜测硬币的正反面为例，结果用"正"和"反"(没有介于两者之间的状态)两个状态表示就足够了。同抛硬币猜正反面一样，假如过程是随机的，那么在某一指定的时刻，该过程将以特定的概率处于其中任何一种状态，同样，也以特定的概率从一种状态变为另一种状态。如果从一种状态变到另一状态的概率仅与当前状态有关，而与过去状态无关，则称这个过程为马尔可夫链(Markov

Chain)。第 13 章的近视眼水手过程是马尔可夫过程的一个示例。马尔可夫链在生物和经营决策等各种领域得到广泛应用，在此仅列举这两个领域。

随机游走

这个示例是第13章随机游走仿真的变形。一名学生漫无目的地走在一条有 6 个交叉路口的街道上。他的家在路口 1，而他最喜欢的网吧在路口 6。在除了他的家和网吧以外的每个路口，他走向网吧的概率为 2 / 3，而走向家的概率为 1 / 3。换言之，他去网吧的可能性是回家的两倍。而且他从不走小巷。一旦到家中或网吧内之后，他会进入并且消失不见，不会再出现(在马尔可夫术语中，他的消失被称为"他被吸收了")。

我们希望知道：当他站在一个路口(显然除了家或网吧以外)时，回家或进入网吧的概率是多少？考虑到他是随机游走的，因此他会处于 6 种状态中的一种，使用路口序号标记这些状态，其中状态 1 表示家，状态 6 表示网吧。可以利用包含 6 个分量的向量 $X(t)$ 表示他处于这些状态的概率，其中 $X_i(t)$ 为 t 时间他在路口 i 的概率。因为他一定处于这些状态中的某一状态，因此 $X(t)$ 所有分量的和为 1。

可以利用下面的转移概率矩阵 P 表示马尔可夫过程，其中矩阵的行表示未来状态(即路口)，矩阵的列表示当前状态：

	家	2	3	4	5	网吧
家	1	1/3	0	0	0	0
2	0	0	1/3	0	0	0
3	0	2/3	0	1/3	0	0
4	0	0	2/3	0	1/3	0
5	0	0	0	2/3	0	0
网吧	0	0	0	0	2/3	1

家-家和网吧-网吧的条目均为 1，这是因为他肯定会待在那里。

利用概率矩阵 P 可以得到$(t+1)$时刻他在路口 3 的概率表达式为：

$$X_3(t + 1) = 2/3 X_2(t) + 1/3 X_4(t)$$

为了到达路口 3，他之前一定在路口 2 或 4，从这两个地方移动到路口 3 的概率分别为 2 / 3 和 1 / 3。在数学上，这与莱斯利矩阵问题相同。因此可以利用之前的矩阵方程建立新的状态向量：

$$X(t + 1) = P X(t)$$

假设学生从路口 2 出发，则初始概率为(0; 1; 0; 0; 0; 0)。可以通过少量修改莱斯利矩阵的脚本得到未来状态：

```
n = 6;
P = zeros(n);           % all elements set to zero

for i = 3:6
  P(i,i-1) = 2/3;
  P(i-2,i-1) = 1/3;
end

P(1,1) = 1;
P(6,6) = 1;
x = [0 1 0 0 0 0]';   % remember x must be a column vector!

for t = 1:50
  x = P * x;
```

```
     disp( [t x'] )
end
```

经过编辑后的输出为：

Time	Home	2	3	4	5	Cafe
1	0.3333	0	0.6667	0	0	0
2	0.3333	0.2222	0	0.4444	0	0
3	0.4074	0	0.2963	0	0.2963	0
4	0.4074	0.0988	0	0.2963	0	0.1975
5	0.4403	0	0.1646	0	0.1975	0.1975
6	0.4403	0.0549	0	0.1756	0	0.3292
7	0.4586	0	0.0951	0	0.1171	0.3292
8	0.4586	0.0317	0	0.1024	0	0.4073
...						
20	0.4829	0.0012	0	0.0040	0	0.5119
...						
40	0.4839	0.0000	0	0.0000	0	0.5161
...						
50	0.4839	0.0000	0	0.0000	0	0.5161

在程序运行足够长时间以后，可以得到极限概率：他当时回家的概率约为 48%，而去网吧的概率约为 52%。这个结果可能让人觉得有点意外；从转移概率看，我们可能更容易预测他将去网吧。这恰恰说明，在统计学面前，人们不应该相信直觉。

注意，马尔可夫链不是仿真：每次获得的是理论概率(上述过程可以全部用数学途径解决，而不必借助计算机)。

6.6 线性方程

科学应用中经常遇到的问题是线性方程组的求解，比如：

$$3x + 2y - z = 10 \tag{6.2}$$

$$-x + 3y + 2z = 5 \tag{6.3}$$

$$x - y - z = -1 \tag{6.4}$$

MATLAB 可以直接且轻易地解决此类问题。

如果定义系数矩阵 A 为：

$$A = \begin{bmatrix} 3 & 2 & -1 \\ -1 & 3 & 2 \\ 1 & -1 & -1 \end{bmatrix}$$

以及未知数向量 x 以及等式右边的向量 b 为：

$$x = \begin{bmatrix} x \\ y \\ z \end{bmatrix} \quad b = \begin{bmatrix} 10 \\ 5 \\ -1 \end{bmatrix}$$

就可以将由上面的三个方程组成的方程组写成矩阵的形式：

$$\begin{bmatrix} 3 & 2 & -1 \\ -1 & 3 & 2 \\ 1 & -1 & -1 \end{bmatrix} \begin{bmatrix} x \\ y \\ z \end{bmatrix} = \begin{bmatrix} 10 \\ 5 \\ -1 \end{bmatrix}$$

或写成更加简洁的矩阵等式：

$$Ax = b \tag{6.5}$$

可以将解写为：

$$x = A^{-1}b \tag{6.6}$$

其中 A^{-1} 是 A 的逆(即乘以 A 等于单位矩阵 I 的矩阵)。

6.6.1　MATLAB 中的解法

为了了解 MATLAB 如何求解这个方程组，首先回顾一下左除运算符\，它可以用于标量计算。即，如果 a 和 b 是标量，则 a\b 和 b/a 是等价的。然而，为了求解线性方程组，还可以将它用于向量和矩阵运算。在命令行中输入如下语句，求解方程(6.2)～(6.4)：

```
A = [3 2 -1; -1 3 2; 1 -1 -1];
b = [10 5 -1]';
x = A \ b
```

结果应为：

```
x =
   -2.0000
    5.0000
   -6.0000
```

用我们定义的符号，该结果的意思是解为 x=-2，y=5，z=-6。

可以将矩阵运算 A\ b 理解为 "b 除以 A" 或 "A 的逆乘以 b"，即方程(6.6)所要表达的意思。笔者的一位同事将该运算读作 "b 下 A"，这可能有助于你的理解。

你可能更加倾向于用如下方法实现方程(6.6)：

```
x = inv(A) * b
```

这是因为函数 inv 可以直接求函数的逆。然而，A\ b 其实更加准确和高效；请参见 MATLAB Help:Functions—Alphabetical List，单击 inv。

6.6.2　残量

求解线性方程组的数值解时需要知道解的准确程度。首先需要检验的是残量(residual)，定义为：

```
r = A*x - b
```

其中 x 是运算 x=A\ b 的结果。理论上残量 r 应该为零，这是因为根据所要求解的方程(6.5)，表达式 A * x 应该等于 b。在示例中，残量为(请检验一下)：

```
r =
   1.0e-014 *
         0
   -0.3553
         0
```

结果看起来很明确：残量中所有元素的绝对值都小于 10^{-14}。但是，依然存在潜在的问题。但是，还是先看看残量距离零很远的情况。

6.6.3　超定方程组

当方程的数目大于未知数的数目时，方程组被称为超定(over-determined)方程组，比如：

```
x - y = 0
```

```
y = 2
x = 1
```

你可能会感到惊讶，MATLAB 竟然对这样的方程组给出解。如果：

```
A = [1 -1; 0 1; 1 0];
b = [0 2 1]';
```

如下语句：

```
x = A \ b
```

的结果为：

```
x =
    1.3333
    1.6667
```

现在残量 r = A*x − b 为：

```
r =
   -1.3333
   -1.3333
    0.3333
```

这是 MATLAB 给出的最小二乘最佳拟合(least squares best fit)。x 的值使得 r 的大小：

$$\sqrt{r(1)^2 + r(2)^2 + r(3)^3}$$

尽可能小。可以用 sqrt(r' * r)或 sqrt(sum(r .* r))计算这个值(0.5774)。MATLAB Help 中有一个将指数衰减函数拟合为最小二乘数据的优秀示例：请检索 MATLAB Help: Mathematics: Matrices and Liear Algebra: Solving Linear Equations: Overdetermined Systems。

6.6.4 欠定方程组

如果方程的数目小于未知数的数目，方程组就被称为欠定(under-determined)方程组。在这种情况下有无穷多个解；MATLAB 将找出其中一些未知数等于零的解。

这种方程组中的方程就是线性规划问题中的限制条件。

6.6.5 病态

有时方程组的系数是从实验结果中得来的，可能存在错误。在那种情况下需要了解方程的解对实验误差的敏感程度。例如，考虑如下方程组：

$$10x + 7y + 8z + 7w = 32$$
$$7x + 5y + 6z + 5w = 23$$
$$8x + 6y + 10z + 9w = 33$$
$$7x + 5y + 9z + 10w = 31$$

用矩阵左除，得到的解为 $x = y = z = w = 1$。残量恰好等于零(请检验)，一切看起来都很好。

然而，如果将方程组右边的常数改为 32.1、22.9、32.9 和 31.1，则"解"为 $x = 6$、$y = -7.2$、$z = 2.9$、$w = -0.1$。残量也很小。

这样的方程组被称为病态的(ill-conditioned)，意思是系数上的一点小变化会导致解的很大变化。MATLAB 函数 rcond 返回状态估计量，用于对病态进行测试。如果 A 是系数矩阵，当 A 是病态时，rcond(A)

接近于零；当 A 是良态时，则接近于 1。在本例中，状态估计量大约为 2×10^{-4}，非常接近零。

一些作者建议使用经验法则，如果矩阵的行列式比其中的元素都小，则该矩阵是病态的。在本例中，A 的行列式为 1(请使用函数 det 检验)，比其中大部分的元素大约小一个数量级。

6.6.6　矩阵除法

矩阵左除，比如 A\ B，仅在 B 和 A 的行数相同时有定义。虽然不需要计算矩阵的逆，但它和 inv(A)*B 在形式上是对应的。通常说：

```
x = A \ B
```

是方程组 Ax=B 的解。

如果 A 是方阵，矩阵左除需要借助高斯消元法进行。

如果 A 不是方阵，则该超定或欠定方程组由最小二乘法解。结果为 $m \times n$ 的矩阵 X，其中 m 是 A 的列数，而 n 是 B 的列数。

矩阵右除，比如 B /A，依据矩阵左除定义，即 B /A 等价于(A\B′)′。因此，如果 a 和 b 像方程(6.2)～(6.4)中定义的那样，那么：

```
x = (b′/a′)′
```

将给出相同的解，不是吗？请试一试，并确保弄懂原因。

有时使用\和/计算超定或欠定方程组的最小二乘解会带来惊喜，这是因为用一个向量除以另一个向量是合法的。例如，如果：

```
a = [1  2];
b = [3  4];
```

如下语句：

```
a / b
```

的结果为：

```
ans =
    0.4400
```

这是因为 a/b 等价于(b′\a′)′，后者是 b′x′=a′的解。结果为标量，这是因为 a′和 b′都只有一列，为如下方程的最小二乘解：

$$\begin{pmatrix} 3 \\ 4 \end{pmatrix} x = \begin{pmatrix} 1 \\ 2 \end{pmatrix}$$

基于以上说明，你能解释为什么式子：

```
a \ b
```

的结果是

```
ans =
        0        0
   1.5000   2.0000
```

(请试着写出方程的完整形式)？

有关求解齐次线性方程组所采用算法的完整讨论可以在 MATLAB: Reference: MATLAB Function Reference: Alphabetical List of Functions: Arithmetic Operators ＋－＊/\＾ '目录下的在线文档中找到。

6.7 稀疏矩阵

矩阵有时会很大，有成千上万个元素。大型矩阵会占用大量的存储空间，并且对它们进行处理会耗费大量的计算时间。例如，由 n 个齐次线性方程组成的方程组需要 n^2 个矩阵元素来表示，求解它所需的计算时间正比于 n^3。

然而，一些矩阵的非零元素相对较少。这类矩阵被称为稀疏矩阵(sparse matrix)，和全矩阵(full matrix)相反。现代数值线性代数之父，J. H. Wilkinson 曾说过，如果"一个矩阵有足够的零以供使用"，则该矩阵是稀疏的。MATLAB 中有利用稀疏性的工具，可以节约大量的存储空间和处理时间。例如，在 64×64 方形网格中的特定类型偏微分方程(五点拉普拉斯)的矩阵表示是个 4096×4096 的矩阵，其中有 20 224 个非零元素。在 MATLAB 中，该矩阵的稀疏形式仅占用 250KB 的存储空间，而完全形式则占用 128MB，超出大部分桌面计算机的极限。使用稀疏技术求解方程组 Ax = b 比求解其完全形式要快 4000 倍，即只需 10 秒，而不是 12 个小时！

本节将简要介绍在 MATLAB 中创建稀疏矩阵的方法。有关稀疏矩阵技术的完整描述请检索 MATLAB Help: Mathematics: Sparse Matrices。

我们先看一个示例，然后给出解释。6.5 节中的随机漫步问题的转移概率矩阵就是稀疏的优秀示例。36 个元素中只有 10 个为非零。由于非零元素只出现在对角线以及超对角线和次对角线中，因此当表示更多个路口时，矩阵会更加稀疏。例如，同样的问题，用 100×100 的矩阵表示时，仅有 198 个非零元素，比例为 1.98%。

为了表示稀疏矩阵，MATLAB 需要记录非零元素及其行和列的索引号。这些可以利用 sparse 函数来实现。6.5 节中的转移矩阵可以用下列语句创建为稀疏矩阵：

```
n = 6;
P = sparse(1, 1, 1, n, n);
P = P + sparse(n, n, 1, n, n);
P = P + sparse(1:n-2, 2:n-1, 1/3, n, n);
P = P + sparse(3:n, 2:n-1, 2/3, n, n)
```

结果为(使用 format rat)：

```
P =

   (1,1)        1
   (1,2)       1/3
   (3,2)       2/3
   (2,3)       1/3
   (4,3)       2/3
   (3,4)       1/3
   (5,4)       2/3
   (4,5)       1/3
   (6,5)       2/3
   (6,6)        1
```

稀疏矩阵的显示结果的每一行给出的是非零元素及其所在的行和列，例如，位于第 3 行第 2 列的 2/3。为了以完整形式显示稀疏矩阵，可以使用函数：

```
full(P)
```

结果为：

```
ans =
   1    1/3    0     0     0     0
   0     0    1/3    0     0     0
```

```
0    2/3     0   1/3     0    0
0     0    2/3     0   1/3    0
0     0      0   2/3     0    0
0     0      0     0   2/3    1
```

(也是使用 format rat)。

这里使用的 sparse 函数的格式是:

```
sparse(rows, cols, entries, m, n)
```

该函数生成 m×n 的稀疏矩阵,其中非零元素的下标为(rows,cols)(可以是向量),例如,如下语句:

```
sparse(1:n-2, 2:n-1, 1/3, n, n);
```

(n=6)生成 6 乘 6 的稀疏矩阵,其中包括 4 个非零元素,位于第 1～4 行和第 2～5 列(超对角线的大部分)的元素都是 1/3。注意,连续使用 sparse 会生成很多 6×6 矩阵,必须将它们加到一起才能给出最终形式。因此,对稀疏矩阵的运算保留了它的稀疏性。更多关于 sparse 的细节,请参见帮助文档。

可以很容易地对稀疏矩阵的效率进行测试。构造如下(完全)单位矩阵:

```
a = eye(1000);
```

对运算 a^2 进行计时,然后利用 a 的稀疏性执行该运算。它是用稀疏矩阵进行表示的理想示例,这是因为 100 万个元素中只有 1000 个是非零的。用稀疏形式表示如下:

```
s = sparse(1:1000, 1:1000, 1, 1000, 1000);
```

现在再测试一下计算 a^2 所需的时间。请使用 tic 和 toc 看看这样计算到底快了多少。

函数 full(a)返回稀疏矩阵 *a* 的完整形式(不会改变 a 本身的稀疏表示)。相反,sparse(a)则返回完整矩阵 *a* 的稀疏形式。

函数 spy 提供了一种简洁的将稀疏矩阵可视化的方法。请在 P 上尝试一下,然后将 P 扩大为 50×50,再对其使用 spy。

6.8　本章小结

- 矩阵是二维阵列。可以使用两个下标这种传统方法引用其中的元素。或者,也可以使用一个下标,这种情况下矩阵是按列"展开"的。
- 冒号运算符可用于表示矩阵的所有行和列,也可以仅仅是一个下标。
- 关键词 end 表示矩阵的最后一行或一列。
- 使用 repmat 可以复制矩阵的行或列。
- 使用空列[ ]可以删除矩阵的行或列。
- 阵列可以多于两个维度。在三维阵列中,可以将第三个下标想象为书页的编号,其中每一页中包括一个由前两个下标定义的矩阵。
- 乘法和乘方这两种矩阵运算是通过矩阵运算符*和^实现。
- 矩阵左除运算符\可用于直接求解线性方程组。因为矩阵除法运算符\和/有时会使用最小二乘解给出令人吃惊的结果,所以在求解方程组的时候切记计算残量。
- 在处理非零元素相对较少的大型矩阵时,应该考虑使用 MATLAB 中的稀疏矩阵工具。

6.9　本章练习

6.1　创建任意 3×3 矩阵 *a*。编写命令行语句,执行下列对于 *a* 的运算:

(a) 交换第 2 列和第 3 列。

(b) 添加第 4 列(全零)。

(c) 插入全为 1 的一行，作为 *a* 的新的第 2 行(即下移现在的第 2 行和第 3 行)。

(d) 移除第 2 列。

6.2 依次计算 6.5 节中的学生从其他路口出发的极限概率，并确认以下结论是否正确：出发的地点离网吧越近，最终停留在网吧的可能性就越大。直接计算 P^50。你能看出第 1 行的极限概率吗？

6.3 使用左除运算符求解方程组：

$$2x - y + z = 4$$
$$x + y + z = 3$$
$$3x - y - z = 1$$

通过计算残量检验解。再计算行列式(det)和状态估计量(rcond)。你得出什么结论？

6.4 这个问题是由 R. V. Andree 提出的，展示了病态问题(其中系数的微小改变造成解的较大变化)。使用左除运算符计算下面的方程组：

$$x + 5.000y = 17.0$$
$$1.5x + 7.501y = 25.503$$

解为 *x*=2，*y*=3。计算残量。

现在将第二个方程右边的项改为 25.501，大于 1/12000 的变化，然后计算新的解和残量。解变得截然不同。试着将该项变为 25.502、25.504 等。如果系数受到实验误差的影响，则解明显没有意义。使用 rcond 求出状态估计量，并使用 det 计算行列式。这些值是否验证了病态问题？

另一种预测病态的方法是对系数进行灵敏度分析：依次对它们按照相同的很小比例进行改变，并观察对解造成怎样的影响。

6.5 使用 sparse 表示 6.4 节中的莱斯利矩阵。利用 24 个月内的兔群数量验证该表示方法。

6.6 如果熟悉高斯消元法，那么编写直接对增广系数矩阵做行运算的高斯消元法的代码是绝佳的编程练习。请编写函数：

```
x = mygauss(a, b)
```

求解一般的方程组 Ax=b。巧妙地在行运算中运用冒号运算符可以将代码减少至仅有数行。

在随机阵列 A 和 b 上检验该函数，并在 6.6 节和练习 16.4 中的方程组上检测该函数。最后用左除运算检验你的解。

第 7 章

函数 M 文件

本章目标：

● 学会编写自己的函数 M 文件

MATLAB 中有很多的内置(已编译的)函数，例如 sin、sqrt、sum。可以在命令行中输入 type 加上这些函数名，以验证它们是内置的。例如，可以试着输入 type sin。MATLAB 中还有一些函数 M 文件形式的函数，例如 fzero、why。可以用 type 命令查看这些函数的内容，例如输入 type why。

在将问题分解为易于管理的逻辑块时，函数是必不可少的。因此，在 MATLAB 中可以创建自己的函数 M 文件。函数 M 文件与脚本文件类似，也有.m 扩展名。然而，函数 M 文件和脚本文件的不同之处在于前者只通过特定的输入和输出参数和 MATLAB 工作空间进行通信。

本章开头进一步扩展第 3 章 3.2.2 节中介绍的执行函数 M 文件的方法。我们对此举例说明。接下来，介绍编写函数 M 文件的基本规则和各种可用的输入/输出形式。更多相关信息和示例，请在 Command Window 中输入 help function，并单击所显示信息底部的 doc function。

7.1 示例：再看牛顿法

通过如下迭代，牛顿法可用于求解一般的方程 $f(x)=0$：

$$x \text{ 变为 } x - \frac{f(x)}{f'(x)}$$

其中，$f'(x)$(即 df/dx)是 $f(x)$ 的一阶导数。该过程一直持续，直到逐次逼近的结果和 x 的真实值足够接近为止。

假设 $f(x)=x^3+x-3$，即我们要求解方程 $x^3+x-3=0$(另一种表述该问题的方法是找出 $f(x)$ 的零点)。我们必须能够计算 $f(x)$ 的微分。在这里很容易：$f'(x)=3x^2+1$。可以为 $f(x)$ 和 $f'(x)$ 编写内联对象，但是对于本例我们将采用函数 M 文件的方法。

使用 Editor 创建并保存(在当前 MATLAB 目录下)如下函数文件 f.m：

```
function y = f(x)
y = x^3 + x - 3;
```

然后创建并保存另一个函数文件 df.m：

```
function y = df(x)
y = 3*x^2 + 1;
```

现在编写单独的脚本文件 newtgen.m(在相同目录下)，该文件在 x 的相对误差小于 10^{-8} 或运行了 20 步时停止，文件内容如下：

```
% Newton's method in general
% excludes zero roots!
steps = 0;                          % iteration counter
x = input( 'Initial guess: ' );     % estimate of root
re = 1e-8;                           % required relative error
myrel = 1;

while myrel > re & (steps < 20)
  xold = x;
  x = x - f(x)/df(x);
  steps = steps + 1;
  disp( [x f(x)] )
  myrel = abs((x-xold)/x);
end

if myrel <= re
  disp( 'Zero found at' )
  disp( x )
else
  disp( 'Zero NOT found' )
end
```

注意，while 循环只在两种情况下停止：收敛或完成了 20 步。否则该脚本会一直运行下去。如下是一次运行的样本(使用 format long e)，从 $x=1$ 开始：

```
Initial guess: 1
    1.250000000000000e+000     2.031250000000000e-001
    1.214285714285714e+000     4.737609329445558e-003
    1.213412175782825e+000     2.779086666571118e-006
    1.213411662762407e+000     9.583445148564351e-013
    1.213411662762230e+000    -4.440892098500626e-016

Zero found at
    1.213411662762230e+000
```

注意：
函数文件 f.m 和 df.m 中的变量 y 是输出参数。它是虚拟变量，定义了函数如何将输出返回到函数外部。

顺便一提，你一定已经意识到可以在命令行中使用自己的函数了，不是吗？例如：

```
»f(2)
```

按照上面的定义，应该返回 7。

7.2 基本规则

请尝试如下更加一般化的示例，该例返回向量 x 中数值的均值(avg)和标准差(stdev)。虽然有两个 MATLAB 函数可以实现上述效果(mean 和 std)，但是将它们组合到一个函数中还是有用的。编写函数文件 stats.m：

```
function [avg, stdev] = stats( x )          % function definition line
% STATS          Mean and standard deviation          % H1 line
%                Returns mean (avg) and standard       % Help text
%                deviation (stdev) of the data in the
%                vector x, using Matlab functions

avg = mean(x);                                         % function body
stdev = std(x);
```

现在用一些随机数在 Command Window 中测试该函数, 例如:

```
r = rand(100,1);
[a, s] = stats(r);
```

关于函数 M 文件, 一般需要注意以下几点:

● 函数的一般形式

函数 M 文件 name.m 具有如下一般形式:

```
function [ outarg1, outarg2, . . . ] = name( inarg1, inarg2, . . . )
% comments to be displayed with help

...
outarg1 = ... ;
outarg2 =... ;
...
```

● function 关键字

函数文件必须以关键字 function 开头(在函数定义行中)。

● 输入和输出参数

输入和输出参数(inarg1、outarg1 等)是 “虚拟” 变量, 仅用于定义函数与工作空间沟通的方式。因此, 在调用(引用)函数时, 可以在参数的位置使用其他的变量名。

可以将这个过程想象为, 在调用函数时将实际的输入参数复制到虚拟的输入参数中。因此, 当在上例中调用 stats(r)时, 将实际的输入参数 r 复制到函数文件的输入参数 x 中。当函数返回结果时, 将函数文件中的虚拟输出参数 avg 和 stdev 复制到实际输出参数 a 和 s 中。

● 多个输出参数

如果函数有多个输出参数, 那么如上所述, 在函数定义行中, 必须用逗号分隔这些输出参数, 并且放置在方括号中。

然而, 在调用带有多个输出参数的函数时, 实际的输出参数可以由逗号或空格分隔。如果仅有一个输出参数, 那么没必要使用方括号。

● 函数的命名约定

函数名必须遵守 MATLAB 中的变量命名规则。

如果文件名和函数定义行中的名字不同, 那么忽略内部的名字。

● 帮助文本

当输入 help *function_name* 时, MATLAB 将函数定义行和第一个非注释(可执行的代码或空白)行之间的注释行显示出来。

第一个注释行被称为 H1 行。函数 lookfor 只搜索并显示 H1 行。目录下的所有 M 文件的 H1 行显示在 Desktop Current Directory 浏览器的 Description 列的下面。

通过在目录中创建名为 Contents.m 的文件, 可以为整个目录制作帮助文本。该文件只能包含注释行。使用如下命令可以显示 Contents.m 文件的内容:

```
help directory_name
```

如果目录中没有 Contents.m 文件，该命令则显示目录中每个 M 文件的 H1 行。

- 局部变量：作用域

不能从函数外部访问任何定义在函数内部的变量。这种变量被称为局部变量——它们只存在于函数内部，函数有自己的工作空间，和 Command Window 中定义的变量的基本工作空间是分开的。

这意味着如果在函数中将一个变量用作循环索引，该变量并不会和工作空间或其他函数中的同名变量相冲突。

可以将变量的作用域想象为可以访问该变量的行的范围。

- 全局变量

一般不能在函数中访问定义在基本工作空间中的变量，即它们的作用域限制在工作空间内部，除非已经将它们声明为全局变量，比如：

```
global PLINK PLONK
```

如果几个函数，甚至可能包括基本工作空间，都将特定的变量声明为全局变量，则它们共同使用这些变量的单一副本。

MATLAB 建议将全局变量用大写字母表示，以提醒它们是全局变量。

如果 A 是全局变量，则函数 isglobal(A)返回 1，否则返回 0。

命令 who global 给出全局变量的列表。

使用 clear global 将所有变量变为非全局变量，或者使用 clear PLINK 使 PLINK 变为非全局变量。

- 持久变量

可以将函数中的变量声明为持久变量。局部变量一般在函数返回结果时就会消失，但持久变量依然存在于函数调用中。持久变量初始化为空阵列。

在下面的示例中，使用持久变量 count 计算函数 test 被调用的次数：

```
function test
persistent count
if isempty(count)
    count = 1
 else
    count = count + 1
end
```

持久变量一直存在于内存中，直到清除或改变 M 文件，比如：

```
clear test
```

M 文件中的 mlock 函数可以防止 M 文件被清除。用 munlock 可以解锁被锁定的 M 文件。mislocked 函数表示 M 文件是否可以被清除。

- 无返回值的函数

你可能想要编写不返回值的函数(这种函数在 Pascal 和 Fortran 之类的语言中被称为过程或子程序，在 C++和 Java 中被称为 void)。在这种情况下，要将函数定义行中的输出参数和等号省略掉。例如，下面的函数显示 n 个星号：

```
function stars(n)
asteriks = char(abs('*')*ones(1,n));
disp( asteriks )
```

有关该函数工作原理的解释，请参见第 6 章。

编写该函数文件(stars.m)并测试，比如 stars(13)应该生成 13 个星号。

- 向量参数

输入和输出参数可以是向量，这应该并不奇怪。例如，如下函数生成一个向量，记录 n 次随机投

掷骰子的结果:

```
function d = dice( n )
d = floor( 6 * rand(1, n) + 1 );
```

当输出参数是向量时, 每次调用函数都会对其进行初始化, 并清除之前的元素。在任意时刻, 它的大小都由最近的一次函数调用决定。例如, 假设函数 test.m 定义为:

```
function a = test
a(3)=92;
```

如果 b 在基本工作空间中定义为:

```
b =
     1     2     3     4     5     6
```

则如下语句:

```
b = test
```

的结果为:

```
b =
     0     0     92
```

● 函数参数的传递方法

如果函数改变任意输入参数的值, 此修改不会反映到返回工作空间的实际输入参数上(除非使用相同的输入和输出参数调用该函数。从技术角度说, 输入参数是通过值传递的)。

你可能认为将大型矩阵作为输入参数, 并通过值传递浪费内存, 这种想法是对的。不过, MATLAB的设计者意识到了这一点, 因此只有在函数对输入参数进行修改时(即使该修改不会反映到返回的实际输入参数上), 才会将输入参数通过值传递。如果函数不对输入参数做修改, 则通过引用传递。

● 通过引用模拟传递

可以使用相同的实际输入和输出参数调用函数。例如, 函数 prune.m 移除输入参数中的所有零元素:

```
function y = prune(x)
y = x(x ~= 0);
```

(如果不明白其中的原理, 请参见第 5 章的 5.3 节 "将逻辑向量作为下标")。

可以用它移除向量 *x* 中的所有零元素:

```
x = prune(x)
```

● 检查函数的参数数量

可以用全部、部分或不用任何输入参数调用函数。如果不用参数调用函数, 就必须省略圆括号。不能使用多于定义中的参数。

以上内容同样适用于输出参数——在使用函数时, 可以指定全部、部分或不指定任何输出参数。如果不使用输出参数调用函数, 则返回定义中的第一个参数的值。

有时函数可能需要知道在某次调用时有多少个输入/输出参数。在这种情况下, 可以使用函数 nargin和 nargout 确定实际输入和输出参数的数量。例如:

```
function y = foo(a, b, c);
disp( nargin );
...
```

将显示每次调用 foo 时输入参数的数量。

- 传递数量可变的参数

通过函数 varargin 和 varargout，可以用任意数量的输入或输出参数调用函数。由于这个工具包括将参数打包到单元阵列中的操作，我们把对它的讨论推迟到第 11 章。

7.2.1 子函数

函数 M 文件可以包含多个函数的代码。文件中的第一个函数是主函数，并且通过 M 文件名调用。文件中的其他函数被称为子函数，只对主函数和其他子函数可见。

每个子函数都从其函数定义行开始。子函数位于主函数的后面，它们以任意顺序互相跟随。

7.2.2 私有函数

私有函数位于名为 private 的子目录中。私有函数只对父目录中的函数可见。更多细节请参见帮助文档。

7.2.3 P-code 文件

在 MATLAB 会话期间，当第一次调用一个函数时，先将它解析(编译)为伪代码并存储在内存中，以免在当前会话中需要再次对其进行解析。伪代码会一直保留在内存中，直到使用 clear *function_name* 命令清除它们(clear 的所有可能用法请参见帮助文档)。

可以使用 pcode 函数保存 M 文件的解析版本，以供后续 MATLAB 会话使用，或供某些不想让其他人看到其算法的用户使用。例如，如下命令：

```
pcode stats
```

对 stats.m 进行解析并将产生的伪代码保存在名为 stats.p 的文件中。

MATLAB 解析 M 文件的效率很高，因此生成自己的 P-code 文件几乎不会提升程序运行的速度，但大型 GUI 应用程序除外，其中在应用运行之前必须将很多 M 文件解析。

7.2.4 使用分析工具提高 M 文件的性能

使用 MATLAB Profiler 可以找出程序的瓶颈所在，例如，哪些函数消耗了大部分的处理时间。利用这些信息，可以将程序重新设计得更加高效。想要了解更多有关这个工具的信息，请通过桌面顶部的? 打开 MATLAB Help 文档，在搜索栏中输入 Profiler，就会打开文档 The Profiler Utility。

7.3 函数句柄

7.1 节中的脚本文件 newtgen.m 求解方程 $f(x)=0$，其中 $f(x)$ 在名为 f.m 的函数文件中定义。这种做法有局限性，因为在求解不同的方程时，必须先对 f.m 进行编辑。为了让 newtgen 更加通用，可以将其重写为函数 M 文件，将 f.m 的句柄作为输入参数。该过程可以用内置函数 feval 和函数句柄的概念实现，现在我们介绍它们。

请在命令行中尝试如下命令：

```
fhandle = @sqrt;
feval(fhandle, 9)
feval(fhandle, 25)
```

你是否发现 feval(fhanble, x) 和 sqrt(x) 的结果相同？如下语句：

```
fhandle = @sqrt
```

创建函数 sqrt 的句柄。该句柄提供了一种引用函数的方法。例如，作为另一个函数的输入参数之一。MATLAB 中的函数句柄类似于 C++中的指针，但更加通用。

如果有定义 $f(x)=x^3+x-3$ 的函数文件 f.m，请验证如下命令：

```
feval(@f, 2)
```

的返回值和 f(2)相同。

通常说，feval 的第一个参数是某个函数的句柄，feval 使用随后的参数计算该函数。

如你所见，可以使用函数中的 feval 命令计算另一个函数，该函数的句柄以参数的形式传递。作为示例，将 newtgen 脚本重写为函数 newtfun，调用方式如下：

```
[x f conv] = newtfun( fh, dfh, x0 )
```

其中 fh 和 dfh 分别是包含 $f(x)$和 $f'(x)$的 M 文件，x0 是初始值。输出依次为零、函数在零处的值以及表示过程是否已经收敛的参数 conv。完整的 M 文件 newtfun.m 如下：

```
function [x, f, conv] = newtfun(fh, dfh, x0)
% NEWTON      Uses Newton's method to solve f(x) = 0.
%             fh is handle to f(x), dfh is handle to f'(x).
%             Initial guess is x0.
%             Returns final value of x, f(x), and
%             conv (1 = convergence, 0 = divergence)

steps = 0;            % iteration counter
x = x0;
re = 1e-8;            % required relative error
myrel = 1;

while myrel > re & (steps < 20)
    xold = x;
    x = x - feval(fh, x)/feval(dfh, x);
    steps = steps + 1;
    disp( [x feval(fh, x)] )
    myrel = abs((x-xold)/x);
end;

if myrel <= re
    conv = 1;
else
    conv = 0;
end;

f = feval(fh, x);
```

请尝试运行。验证可以用少于三个输出变量调用 newtfun。再验证一下 help newton。

函数句柄可以给出函数的多个引用。打开帮助文档并检索 function handles 以获取更多关于这个主题的信息。

诸如 feval、fplot 和 newtfun 的以函数句柄作为参数的函数，在 MATLAB 中被称为函数的函数，对应以数值阵列作为参数的函数。

使用函数句柄计算函数代替了之前使用 feval 命令的方法，后者将包含函数名的字符串作为参数传递。

7.4 命令/函数对偶性

在最早版本的 MATLAB 中，类似下面的命令：

```
clear
save junk x y z
whos
```

和类似下面的函数：

```
sin(x)
plot(x, y)
```

之间有明显的区别。只要命令中有任意参数，就必须将它们用空格分隔，并且不必使用方括号。命令改变运行环境，但是不返回结果。不能用 M 文件创建新命令。

从第 4 版开始，命令和函数变成"对偶的"，可以将命令视为以字符串为参数的函数，所以：

```
axis off
```

等同于：

```
axis('off')
```

其他示例包括：

```
disp Error!
hold('on')
```

对偶性使得利用字符串操作生成命令参数，以及利用 M 文件创建新命令成为可能。

7.5 函数名解析

工作空间中的变量可以"隐藏"同名的内置函数，而内置函数可以隐藏 M 文件。

具体说，当 MATLAB 遇到名称时，按照以下步骤解析：

(1) 检查该名称是否是一个变量。

(2) 检查该名称是否是调用函数的子函数。

(3) 检查该名称是否是私有函数。

(4) 检查该名称是否在 MATLAB 搜索路径指示的目录中。

因此，MATLAB 总是试着先将名称用作变量，然后才用作脚本或函数。

7.6 调试 M 文件

出现在函数 M 文件中的运行时错误(与语法错误相对)通常难以修复，这是因为错误会迫使程序返回到基础工作空间中，而此时函数工作空间会丢失。利用 Editor/Debugger，可以在函数运行时进入其中，找出错误。

7.6.1 调试脚本文件

为了学习如何用交互方式调试，我们先试一试 7.1 节中的脚本 newtgen.m。执行下面的步骤：

(1) 用 MATLAB Editor/Debugger 打开 newtgen.m。顺便一提，你是否知道可以在命令行中直接运行 Editor，例如使用命令 edit newtgen？

你可能注意到了，Editor 窗口中的各行都有编号。可以使用 dbtype 命令在命令行中生成这些用于参考的行编号：

```
dbtype   newtgen

1        % Newton's method in general
2        % exclude zero roots!
3
4        steps = 0;                          % iteration counter
5        x = input( 'Initial guess: ' );     % estimate of root
6        re = 1e-8;                          % required relative error
7        myrel = 1;
8
9        while myrel > re & (steps < 20)
         xold = x;
11         x = x - f(x)/df(x);
12         steps = steps + 1;
13         disp( [x f(x)] )
14         myrel = abs((x-xold)/x);
15        end;
16
17        if myrel <= re
18          disp( 'Zero found at' )
19          disp( x )
20        else
21          disp( 'Zero NOT found' )
22        end;
```

(2) 为了进入 Debug(调试)模式，需要在你认为有问题的地方的前面设置断点。或者，如果只是想逐行地"逐步完成"脚本文件，在第一条可执行的语句处设置断点即可。行号右边的列被称为断点栏。只能在可执行的语句处——由断点栏中的破折号指示的语句那里——设置断点。

单击断点栏，在第 4 行(steps=0;)设置断点。可以通过单击断点图标移除断点，或者使用 Editor 中的 Breakpoint 菜单(该菜单允许指定停止条件)。还可以使用工具栏中的设置/清除断点按钮设置/清除当前行中的断点。

(3) 设置完断点之后，通过单击工具栏中的运行按钮运行 Editor 中的脚本文件，或者使用 Debug | Run (F5 键)。

还可以从命令行运行脚本。

(4) 当该脚本开始运行时，有两件事需要特别注意：
 · 首先，符号 K 出现在命令行提示符的左边，以提示 MATLAB 正处于调试模式。
 · 其次，一个绿色箭头出现在 Editor 中断点的右边。该箭头表示下一条即将执行的语句。

(5) 现在使用 Debug | Step(F10 键)逐步执行该脚本。注意，当运行第 5 行时，需要在命令行中输入 x 的值。

(6) 当使用这种方法运行到第 11 行(x=x-f(x)/df(x);)时，使用 Debug | Step In(F11 键)可以进入函数 f.m 和 df.m。

(7) 使用 F10 键继续运行。注意，执行每条 disp 命令时，输出会出现在 Command Window 中。

(8) 调试模式中有很多种检查变量值的方法：
 · 将光标放置在 Editor 中变量的左边。它的当前值出现在一个盒子中——这被称为数据提示。
 · 在 Command Window 中输入变量名。
 · 使用 Array Editor：打开 Workspace 浏览器并双击某个变量。如果认真布置窗口，在逐步执行一个程序时，就可以在 Array Editor 中观察到变量值发生的变化。

注意，只能查看当前工作空间中的变量。Editor 的工具栏右边有一个Stack 框，可以在其中选择工作空间。例如，如果进入 f.m，则当前工作空间显示为 f。此时可以通过在 Stack 框中选择 newtgen 来查看 newtgen 中的变量。

可以使用 Array Editor 或命令行改变变量值。之后，可以继续观察使用新的变量值时脚本的运行情况。

(9) 另一项有用的调试功能是 Debug | Go Until Cursor。这项功能允许持续运行脚本至放置光标的那一行。

(10) 为了退出调试模式，单击 Editor | Debugger 工具栏中的退出调试模式按钮，或者选择 Debug | Exit Debug Mode。

如果忘了退出调试功能，就不能清除命令行中的 K。

7.6.2　调试函数

不能在 Editor/Debugger 中直接运行函数——必须在函数中设置断点，并且从命令行运行它。让我们用 newtfun.m 作为示例。

- 在 Editor/Debugger 中打开 newtfun.m。
- 在第 8 行(steps=0;)设置断点。
- 在 Command Window 中创建 f 和 df 的函数句柄，并且调用 newtfun：

```
fhand = @f;
dfhand = @df;
[x f conv] = newtfun(fhand, dfhand, 10)
```

- 注意，MATLAB 进入调试模式，并且运行到 newtfun 中的断点处。现在可以用前文所述的方法继续进行调试。

还可以从命令行使用调试函数来进行调试。参见 help debug。

7.7　递归

很多(数学)函数都用递归方式定义，即调用函数自身的更简单形式定义更为复杂的问题。例如，只要将 1!定义为 1，阶乘函数就可以用递归方式定义如下：

$$n! = n \times (n-1)!$$

MATLAB 允许函数调用自身，该过程被称为递归。可以用递归方式将阶乘函数写入 M 文件 fact.m 中：

```
function y = fact(n)
% FACT        Recursive definition of n!

if n > 1
  y = n * fact(n-1);
else
  y = 1;
end;
```

通常用这种方法编写递归函数：if 语句处理一般的递归定义；else 部分处理特殊情况($n=1$)。

虽然递归看起来很简单，但是正如下面的实验所示，它其实是个进阶话题。将语句 disp(n)插入到 fact 的定义中，紧邻 if 语句之上，并且从命令行运行 fact(5)。预期的效果应该是：整数 5 到 1 按照降序排列。现在将 disp(n)移到 if 语句之下，看看发生了什么。令人惊讶的是，结果是整数 1 到 5 按照升序排列。

在第一种情况下，每次调用 fact 都会显示 n 的值，显然输出就如上文所述。然而，调用和执行递归函数之间有着巨大的差异。在第二种情况下，只有在 if 语句运行完毕之后才会执行 disp 语句。究竟是什么时候呢？当第一次调用 fact 时，n 的值为 5，所以开始运行 if 中的第一条语句。然而，在这个阶段我们并不知道 fact(4) 的值，因此，系统生成一份副本，该副本包含函数中那些一旦知道 fact(4) 的值就需要被执行的语句。fact(4) 的引用使得 fact 调用其自身，这次 n 的值为 4。再次运行 if 中的第一条语句，这一次 MATLAB 发现它不知道 fact(3) 的值。因此，一旦知道 fact(3) 的值，就必须执行由所有语句组成的另一份(不同的)副本。所以，每次调用 fact 时，都会生成所有要被执行语句构成的独立副本。最终，MATLAB 欣喜地发现了 n 的值(1)，利用它可以获得 fact 函数的值，所以最终可以开始执行(以相反的顺序)堵塞在内存中的语句。

以上讨论表明，应该区别对待递归函数。虽然在此使用完美地实现了示例的目的，但会消耗大量的计算机内存和时间。

7.8 本章小结

- 良好的结构化编程需要将解决问题的程序分解为函数 M 文件。
- 函数定义行中的函数名应该和保存它的 M 文件的名称相同。M 文件必须有扩展名 .m。
- 函数可以有输入和输出参数，它们通常是函数与工作空间交流的唯一方法。输入/输出参数是虚拟变量(占位符)。
- 当对函数使用 help 命令时，将显示函数中从注释行直到第一个非注释行的内容。
- 函数内定义的变量是局部变量，并且在函数外部不能访问。
- 不能在函数中访问工作空间中的变量，除非它们被声明为 global。
- 函数不必有任何输出参数。
- 输入参数看起来是通过值传递到函数中的。这意味着当函数返回时，在函数内部对输入参数所做的改变不会反映到实际输入参数中。
- 可以使用部分输入/输出参数调用函数。
- 函数 nargin 和 nargout 表示某次特定的函数调用中所使用的输入和输出参数的数量。
- 函数中声明为 persistent 的变量在函数的多次调用之间保持它们的值不变。
- M 文件中的子函数只对主函数和同一 M 文件中的其他子函数可见。
- 私有函数保存在名为 private 的子目录下，并且只对父目录中的函数可见。
- 可以使用 pcode 函数解析(编译)函数。结果代码有扩展名 .p 并被称为 P-code 文件。
- Profiler 允许找出程序中耗费时间最多的部分。
- 函数的句柄用 @ 创建。
- 函数可由句柄表示。特别地，句柄可以作为参数传递给另一个函数。
- 将某个函数的句柄作为参数传递给 feval，可以计算该函数的值。
- MATLAB 首先尝试将名字用作变量，然后用作内置函数，最终用作众多种函数中的一个。
- 命令/函数对偶性意味着可以用函数 M 文件创建新命令，并且可以用字符串操作生成命令参数。
- Editor | Debugger 允许利用调试模式逐行地运行函数或脚本，在此过程中检查变化的变量。
- 函数可以调用自身，这个特性被称为递归。

7.9 本章练习

7.1 将 7.2 节中的函数 stars 修改为函数 pretty，可以画出一行任意指定字符。要使用的字符必须以附加输入(字符串)参数的形式传递，例如 pretty(6,'\$') 应该画出 6 个美元符号。

7.2 编写脚本 newquot.m，使用牛顿商 $[f(x+h)-f(x)]/h$ 估计 $f(x)=x^3$ 在 $x=1$ 处的一阶导数，使用连续缩小的 h 值：1、10^{-1}、10^{-2}，以此类推。用函数 M 文件表示 $f(x)$。

将 newquot 重写为函数 M 文件，可以将 $f(x)$ 的句柄作为输入参数。

7.3 编写并测试函数 double(x)，它可以将输入参数加倍，即语句 x=double(x) 应该将 x 的值加倍。

7.4 编写并测试函数 swop(x, y)，它可以交换两个输入参数的值。

7.5 编写自己的 MATLAB 函数，从泰勒级数直接计算指数函数：

$$e^x = 1 + x + \frac{x^2}{2!} + \frac{x^3}{3!} + \cdots$$

当最后一项小于 10^{-6} 时，级数终止。对比内置函数 exp，检验你编写的函数，但是请小心，不要将 x 设置得太大——这可能导致舍入错误。

7.6 如果随机变量 X 服从零均值和单位标准差的正态分布，则 $0 \leqslant X \leqslant x$ 的概率由标准正态函数 $\Phi(x)$ 给出。该函数通常用查表来计算，还可以用如下方法来近似：

$$\Phi(x) = 0.5 - r(at + bt^2 + ct^3)$$

其中：

$$a = 0.4361836, b = -0.1201676, c = 0.937298$$

$$r = \exp\left(-0.5x^2\right) / \sqrt{2\pi}, \quad t = 1 / (1 + 0.3326x)$$

编写函数计算 $\Phi(x)$，并且在程序中用它写出 $\Phi(x)$ 在 $0 \leqslant x \leqslant 4$ 区间内以 0.1 为步长的值。请检验：$\Phi(1) = 0.3413$。

7.7 编写如下函数：

```
function [x1, x2, flag] = quad(a, b, c)
```

计算二次方程 $ax^2 + bx + c = 0$ 的根。输入参数 a、b 和 c(可为任意值)是二次方程的系数，而 x_1、x_2 是两个根(如果它们存在的话)，可以相等。结构规划请参见第 3 章的图 3-3。

根据根的数量和类型，输出参数 flag 必须返回如下值：

0：无解($a=b=0$，$c \neq 0$)

1：一个实根($a=0$，$b \neq 0$，所以根为$-c/b$)

2：两个实根或复根(如果它们是实数，它们可以相等)

99：任意的 x 都是解($a=b=c=0$)

用练习 3.5 中的数据测试函数。

7.8 斐波那契(Fibonacci)数列由如下序列生成：

```
1, 1, 2, 3, 5, 8, 13, . . .
```

你知道下一项是什么吗？编写递归函数 $f(n)$ 来计算斐波那契数列，从 F_0 到 F_{20}，使用如下关系：

$$F_n = F_{n-1} + F_{n-2}$$

已知 $F_0 = F_1 = 1$。

7.9 前三个勒让德多项式(Legendre polynomial)是 $P_0(x)=1$、$P_1(x)=x$ 和 $P_2(x)=(3x^2-1)/2$。对于勒让德多项式有个通用的递归公式，通过它可以用递归方式定义这些多项式：

$$(n + 1)P_{n+1}(x) - (2n + 1)xP_n(x) + nP_{n-1}(x) = 0$$

定义递归函数 $p(n, x)$ 以生成勒让德多项式，给定 P_0 和 P_1 的形式。使用你写的函数为一些 x 的值计算 $p(2,x)$，并将结果和使用上面给出的解析形式的 $P_2(x)$ 算出的结果进行对比。

第 8 章

循 环

本章目标：
- 使用 for 编程(或编码)实现确定循环
- 使用 while 编程(或编码)实现不确定循环

第 2 章介绍了强大的 for 语句，用于以固定的次数重复执行语句块。这种必须事先确定重复次数的结构有时被称为确定循环。然而，经常有一些循环的结束条件只有在循环自身的执行过程中才能得到满足，这种结构被称为不确定循环。我们先讨论确定循环。

8.1 使用连续 for 语句的确定循环

8.1.1 二项式系数

二项式系数被广泛应用于数学和统计学中。定义为在不考虑顺序的条件下，从 n 个目标中选出 r 个对象的选择方法数，表达形式如下：

$$\binom{n}{r} = \frac{n!}{r!(n-r)!} \tag{8.1}$$

如果使用这种形式，阶乘会变得很大，导致溢出。但是稍加思索即可发现，可以对等式(8.1)做如下简化：

$$\binom{n}{r} = \frac{n(n-1)(n-2)\cdots(n-r+1)}{r!} \tag{8.2}$$

例如：

$$\binom{10}{3} = \frac{10!}{3! \times 7!} = \frac{10 \times 9 \times 8}{1 \times 2 \times 3}$$

使用等式(8.2)进行计算的效率要高很多：

```
ncr = 1;
n = ...
r = ...
```

```
for k = 1:r
  ncr = ncr * (n - k + 1) / k;
end

disp( ncr )
```

二项式系数有时读作 n-see-r。使用一些样本值对程序进行手算。

8.1.2 更新过程

很多科学和工程问题都需要对如下过程进行建模，在该过程中，程序在一段时间内对主变量反复进行更新。这里就有一个这种更新过程的示例。

将一罐温度为 25℃ 的橙汁放到冰箱中，室温 F 为 10℃。我们要找出橙汁的温度在一段时间内是如何变化的。解决此类问题的典型方法是将时间段分为很多个阶段，每个阶段的长度为 dt。如果 T_i 是第 i 个阶段开始时的温度，就可以使用如下模型从 T_i 得到 T_{i+1}：

$$T_{i+1} = T_i - K \, \mathrm{d}t(T_i - F) \tag{8.3}$$

其中 K 是取决于罐子的绝缘性能和橙汁的热性能的常量。假定我们选择计量单位，使时间以分钟为单位。

如下脚本实现了这个方案。为了使解法更加通用，将开始时间设为 a，将结束时间设为 b。如果 dt 很小，则不方便在每一步结束时都将结果输出，因此该脚本还会要求给出输出间隔 opint。这是连续的输出行之间间隔的时间(单位为分钟)。程序会检验该间隔是否为 dt 的整数倍。使用一些样值试一试该脚本，例如 dt=0.2min 和 opint=5min(这些值的计算结果是如下程序的输出结果)。

```
K = 0.05;
F = 10;
a = 0;                  % start time
b = 100;                % end time
time = a;               % initialize time
T = 25;                 % initialize temperature
load train              % prepare to blow the whistle
dt = input( 'dt: ' );
opint = input( 'output interval (minutes): ' );
if opint/dt ~= fix(opint/dt)
sound(y, Fs)            % blow the whistle!
disp( 'output interval is not a multiple of dt!' );
end

clc
format bank
disp( '       Time       Temperature' );
disp( [time T] )        % display initial values

for time = a+dt : dt : b
  T = T - K * dt * (T - F);
  if abs(rem(time, opint)) < 1e-6     % practically zero!
    disp( [time T] )
  end
end
```

输出如下：

```
Time            Temperature
   0            25.00
5.00            21.67
...
95.00           10.13
100.00          10.10
```

注意:

(1) 函数 rem 用于每隔 opint 分钟将结果显示出来: 当 time 是 opint 的整数倍时, 它的余数应该为零。然而, 由于存在舍入误差, 余数并非总是为零。因此, 最好检测一下余数的绝对值是否小于某个很小的值(第 9 章将讨论舍入误差)。

(2) 虽然这可能是编写脚本的最显而易见的方法, 但是使用这种方法并不能容易地画出温度相对时间的曲线图, 这是因为 time 和 T 是反复更新的标量。要画图, 它们必须是向量(见第 11 章)。

(3) 请注意声音是如何实现的。MATLAB 提供的更多有趣声音, 请参见 help audio。

(4) 如果想知道笔者如何将标题放置在正确位置, 我将告诉大家这个秘密。先运行脚本, 不带标题, 但是带需要的数值输出。然后将带标题的 disp 语句粘贴到 Command Window 中, 并对它进行编辑直到标题位于正确的位置。将最终版本的 disp 语句粘贴到脚本中。

(5) 注意, 如果用户给出错误的输入, 请使用 break 提前终止脚本。关于 break 的更一般用法请参见下文。

8.1.3 嵌套 for 语句

如第 6 章所述, for 循环可以彼此嵌套。需要注意的要点是内层 for 循环的索引变化更快。

8.2 使用连续 while 语句的不确定循环

确定循环都有个共同点, 就是在循环开始之前就能确定准确的重复次数。而在下一个示例中, 原则上是没有办法算出重复次数的, 所以需要不同的程序结构。

8.2.1 猜谜游戏

这个问题很容易表述。MATLAB "想出" 1 到 10 之间的一个整数(即随机生成一个)。你必须猜这个数是什么。如果你猜得太高或太低, 脚本必须如实告诉你。如果你猜对了, 则必须显示祝贺信息。

这里需要思考的更多, 所以结构规划就能派上用场了:

(1) 生成随机整数

(2) 让用户猜

(3) 当猜错时:

    如果猜低了

        告诉她太低了

    否则

        告诉她太高了

(4) 礼貌性的祝贺语

(5) 停止

脚本如下:

```
matnum = floor(10 * rand + 1);
guess = input( 'Your guess please: ' );
```

```
load splat

while guess ~= matnum
sound(y, Fs)

  if guess > matnum
    disp( 'Too high' )
  else
    disp( 'Too low' )
  end;

  guess = input( 'Your next guess please: ' );
end

disp( 'At last!' )
load handel
sound(y, Fs)              % hallelujah!
```

请尝试运行数次。注意，只要 matnum 不等于 guess，while 循环就会一直重复下去。原则上讲，没有办法知道在用户猜对之前需要多少次循环。该问题确实不确定。

注意，必须在两处输入 guess 的值：首先是使 while 循环开始运行，其次是在 while 循环的执行过程中。

8.2.2　while 语句

一般来说，while 语句具有下面的形式：

```
while condition
  statements
end
```

while 结构在条件为真时重复执行语句。因此，*condition* 是再次重复运行的条件。每次重复运行语句之前，都要对条件进行检测。由于条件的计算是在执行语句之前进行的，因此在某些情况下，可以对程序进行设置，使得语句根本不被执行。显然，条件必须在某种程度上取决于语句，否则循环永远不会停止。

回想一下，只有在向量的所有元素都是非零的情况下，向量条件才为真。

while 语句的命令行形式为：

```
while condition statements , end
```

8.2.3　投资翻倍的时间

假设我们存了一笔钱，每年的利息为 10%，以复利的形式计算。我们想知道投资翻倍需要多长时间。更加具体地说，我们需要每年的账单，直到余额翻倍为止。该问题的表述强烈地提示需要使用不确定循环，该循环的结构规划如下：

(1) 初始化余额、年份和利率

(2) 显示标题

(3) 重复

　　　　根据利率更新余额

　　　　　显示年份和余额

　　　直到余额超过初始余额的两倍

(4) 停止

实现该规划的程序如下：

```
a = 1000;
r = 0.1;
bal = a;
year = 0;
disp( 'Year    Balance' )

while bal < 2 * a
  bal = bal + r * bal;
  year = year + 1;
  disp( [year bal] )
end
```

注意，结构规划中更为自然的语句"直到余额超过初始余额的两倍"必须编码为：

```
while bal < 2 * a ...
```

每次在另一个循环开始之前，都会检测该条件。只有条件为真时，才会重复执行。这里是一些输出结果(初始余额为$1000)：

```
Year        Balance


  1          1100.00
  2          1210.00
  3          1331.00
  4          1464.10
  5          1610.51
  6          1771.56
  7          1948.72
  8          2143.59
```

注意，当完成最后一次循环时，重复的条件第一次变为假，这是因为新的余额($2143.59)大于$2000。还需要注意，这里不能使用确定 for 循环，因为在脚本运行之前我们不知道需要多少次循环(尽管在这个特例中也许可以预先算出需要多少次循环)。

如果想仅在余额小于$2000 时才将余额显示出来，只需要移动如下语句：

```
disp( [year bal] )
```

至 while 循环的第一条语句。注意，现在会将初始余额$1000 显示出来。

8.2.4 质数

很多人痴迷于质数，大多数有关编程的书籍都包含检测给定的数是否为质数的算法。所以，这里笔者也给出自己的算法。

如果一个数字除了本身和 1 之外，不是任何其他数字的倍数，即除了本身和 1 之外没有其他因数，则该数为质数。该问题最简单的解决方法如下：假设 P 是要测试的数字，看看是否能找到任意数字 N，使得 P 除以 N 没有余数。如果没有这样的数字，则 P 为质数。应该尝试哪些数字 N 呢？可以通过将 P 限制为奇数来提升速度，这样一来，就只需要尝试奇数除数 N。那么什么时候停止测试呢？是当 $N=P$ 时吗？不是，我们可以提前很多就停止。事实上，一旦 N 等于 $\sqrt{P}$，就可以停止，这是因为，如果有一个因数大于 $\sqrt{P}$，则必须有个对应的因数小于 $\sqrt{P}$，而应该已经找到了。从哪里开始呢？因为 $N=1$ 是任意 P 的因数，所以应该从 $N=3$ 开始。结构规划如下：

(1) 输入 P

(2) 将 N 初始化为 3

(3) 找到 P 除以 N 的余数 R

(4) 当 $R \neq 0$ 并且 $N < \sqrt{P}$ 时，重复：

　　将 N 加 2

　　找到 P 除以 N 的余数 R

(5) 如果 $R \neq 0$

　　　则 P 是质数

　　否则

　　　P 不是质数

(6) 停止

注意，循环可能不会执行——R 在第一次循环时可能就是零。还需要注意，这里有两个控制循环停止的条件。因此，在循环结束之后需要使用 if 语句确定是哪个条件停止循环。

看看是否可以编写一个脚本，然后利用如下数字测试该脚本：4 058 879(不是质数)、193 707 721(质数)和 2 147 483 647(质数)。如果对这些感兴趣，可以了解一下，在撰写本书时，已知的最大质数是 $2^{6972593}-1$(发现于 1999 年 6 月)。它有 2 098 960 位数字，如果将它印在报纸上，会占满 70 页。显然我们的算法无法测试这么大的数字，因为它比 MATLAB 能够表示的最大数字还要大得多。D. E. Knuth 的 *The Art of Computer Programming. Volume 2: Seminumerical Algorithms* (Addison-Wesley, 1981)一书中重点描述了测试如此之大的数字的方法。这个庞然大物是由 GIMPS(Great Internet Mersenne Prime Search)发现的。更多有关已知最大质数的信息请参见 http://www.utm.edu/research/primes/largest.html。

8.2.5　抛射体轨迹

在第 3 章，在给定常用运动方程的情况下(假设没有空气阻力)，我们考虑了抛射体的飞行问题。现在我们想要知道它将于何时何地落地。虽然这个问题可以用确定循环来解决(如果你了解足够多的应用数学知识的话)，但是看看如何用不确定 while 循环求解也是很有趣的。思路是当垂直位移(y)为正时，重复计算轨迹随着时间的增加而变化的值。以下是脚本：

```
dt = 0.1;
g = 9.8;
u = 60;
ang = input( 'Launch angle in degrees: ' );
ang = ang * pi / 180;        % convert to radians
x = 0; y = 0; t = 0;         % for starters
more(15)

while y >= 0
  disp( [t x y] );
  t = t + dt;
  y = u * sin(ang) * t - g * t^2 / 2;
  x = u * cos(ang) * t;
end
```

命令 more(n)显示程序的 n 行输出，然后暂停，这被称为分页。为了得到另一行输出，请按 Enter 键。为了得到下一页的 n 行输出，请按空格键。为了退出脚本，请按 q 键。

用不同的发射角度试验该脚本。你能找出水平射程(x)的最大发射角度吗？什么发射角度可以让它在空中停留的时间最长？

注意，当循环最终停止时，y 的值为负(显示 y 以检验这一点)。然而，disp 语句所处的位置确保了只显示 y 中的正值。如果出于某种原因而需要记录 t 的最后一个值，即在 y 变为负值之前，在 while 循环中需要一个 if 语句，例如：

```
if y >= 0
  tmax = t;
end
```

修改脚本，使之在 while 循环结束之后显示 y 为负值的最后时间(tmax)。

现在假设要绘制如图 8-1 所示的轨迹。特别要注意轨迹是如何终止于 x 轴上方的。现在需要用到向量。以下是脚本：

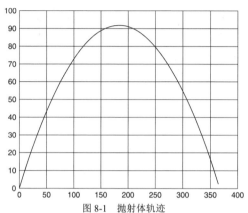

图 8-1 抛射体轨迹

```
dt = 0.1;
g = 9.8;
u = 60;
ang = input( 'Launch angle in degrees: ' );
ang = ang * pi / 180;          % convert to radians
xp = zeros(1); yp = zeros(1);  % initialize
y = 0; t = 0;
i = 1;                         % initial vector subscript

while y >= 0
  t = t + dt;
  i = i + 1;
  y = u * sin(ang) * t - g * t^2 / 2;
  if y >= 0
    xp(i) = u * cos(ang) * t;
    yp(i) = y;
  end
end

plot(xp, yp),grid
```

注意，函数 zeros 用于初始化向量。还可以清除上一次运行时停留在工作空间中的任意同名向量。还要注意，在 while 循环中使用了一个 if 语句，以确保只将地面以上的点的坐标加入到向量 xp 和 yp 中。

如果想让地面上的最后一个点离地面更近，请试着使用更小的 dt 值，例如 0.01。

8.2.6　break 和 continue 语句

如本章示例所示，你在科学编程中可能碰到的任何循环结构都可以用"纯粹的" for 或 while 循环编码实现。然而，作为向智力懒惰的妥协，笔者觉得有必要在此顺带提一下 break 和 continue 语句。

如果有很多不同的条件使 while 循环停止，你很可能会使用 for 语句，根据一些可以接受的终止值设置好循环次数，但是包含一些 if 语句，用于当满足各种条件时跳出 for 循环。为什么这不是最好的编程风格呢？原因很简单，因为当你数月之后阅读代码时，必须通读整个循环找出所有终止循环的条件，而不是在 while 语句的循环开头就能看到所有条件。

如果坚持使用 break 语句，请自行参阅帮助文档中的信息。

continue 语句的危害性比 break 稍小一些。

8.2.7 菜单

下面的程序生成如图 8-2 所示的菜单窗口，请试一试：

```
k = 0;

while k ~= 3
  k = menu( 'Click on your option', 'Do this', ...
            'Do that', 'Quit' );
  if k == 1
    disp( 'Do this ... press any key to continue ...' )
    pause
  elseif k == 2
    disp( 'Do that ... press any key to continue ...' )
    pause
  end
end
```

注意：

1) menu 函数允许创建供用户使用的选择菜单。

2) menu 只使用字符串参数。第一个字符串是菜单的标题，第二个和接下来的字符串是用户可选的选项。

3) menu 返回的值(这里是 k)表示用户可选的选项数量。

4) 由于不知道用户会做多少次选择，因此 menu 适用于不确定的 while 循环。循环持续显示菜单，直到用户选择最后一个选项(本例中便是如此)。

5) 可以在 MATLAB GUIDE (Graphical User Interface Development Environment,图形用户界面开发环境)的指引下,设计更加复杂的菜单驱动应用。

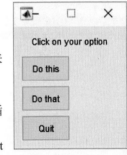

图 8-2　菜单窗口

8.3 本章小结

- 应该使用 for 语句编程实现确定循环，在循环执行之前(原则上)就知道重复的次数。如下的通用结构规划表明了这种情况的特点：

  重复 *N* 次：
  　　重复执行的语句块

在循环第一次执行之前就已知或可以算出 *N* 的值，并且语句块不会改变 *N* 的值。

- 应该使用 while 语句编程实现不确定循环，其中不能预先知道重复的次数。另一种说法是当重复执行的条件的真值在循环体中变化时需要使用这些语句。如下的结构规划表明了这种情况的特点：

  当 *condition* 为真时，重复：
  　　重复执行的语句(重新设置 *condition* 的值)

注意，*condition* 是重复的条件。

- while 结构中的语句有时永远不会执行。
- 循环可以执行任何深度嵌套。
- while 循环中的 menu 语句可用于向用户展示选择菜单。

8.4　本章练习

8.1　某人将\$1000 存入银行。按月计算复利，每月的利率为 1%。编写程序计算每月的余额，但是只将 10 年中每年的余额显示出来(请使用嵌套 for 循环，外层循环用于计算 10 年的余额，内层循环则用于计算 12 个月的余额)。注意，10 年后的余额为\$3300.39，如果以 12%的利率按年计算复利，余额为\$3105.85。看看你是否能将以上解法向量化。

8.2　有很多计算 π(圆的周长和直径的比值)的公式。最简单的一个公式是：

$$\frac{\pi}{4} = 1 - 1/3 + 1/5 - 1/7 + 1/9 - \cdots \tag{8.4}$$

它是通过将 x=1 代入如下级数得来的：

$$\arctan x = x - \frac{x^3}{3} + \frac{x^5}{5} - \frac{x^7}{7} + \frac{x^9}{9} - \cdots \tag{8.5}$$

(a) 请编写程序，使用方程(8.4)计算 π。在计算机允许的范围内，使用级数中尽可能多的项(开始时可以谨慎一点，从 100 项开始，然后每次重新运行时使用更多的项)。级数收敛的速度很慢，即需要很多项才能足够逼近 π。

(b) 重新组织一下级数，加快收敛速度：

$$\frac{\pi}{8} = \frac{1}{1 \times 3} + \frac{1}{5 \times 7} + \frac{1}{9 \times 11} + \cdots$$

编写程序，利用这个级数计算 π。你将发现只需要更少的项，就可达到和(a)中相同的精确度。

(c) 用于计算 π 的收敛速度最快的数列是：

$$\frac{\pi}{4} = 6 \arctan \frac{1}{8} + 2 \arctan \frac{1}{57} + \arctan \frac{1}{239}$$

请使用这个公式计算 π。请勿使用 MATLAB 函数 atan 计算正切值，因为那是作弊。请使用方程(8.5)。

(d) 你能将以上任意一个程序向量化吗(如果你没有这么做的话)？

8.3　下面是一种由阿基米德提出的计算 π 的方法：

(1) 令 A=1，N=6

(2) 重复 10 次：

　　用 2N 代替 N

　　用 $\left[2 - \sqrt{4 - A^2}\right]^{1/2}$ 代替 A

　　令 L=NA/2

　　令 $U = L / \sqrt{1 - A^2/2}$

　　令 P=(U+L)/2(π 的估计值)

　　令 E=(U−L)/2(π 的估计误差)

　　打印 N、P、E

(3) 停止

编写程序实现该算法。

8.4 编写程序，在[-1, 1]闭区间计算如下函数：

$$f(x) = x \sin\left[\frac{\pi(1+20x)}{2}\right]$$

得到函数值的表格，其中分别设置增量 x 为(a)0.2，(b)0.1，(c)0.01。

使用该表格绘制三种情况下 $f(x)$ 的图形，可以观察到根据(a)和(b)的表格画出的 $f(x)$ 的图形是完全错误的。

用程序绘制三种情况下 $f(x)$ 的图形，重叠在一张图中。

8.5 超越数 e(2.71828182845904…)可用如下式子的极限表示：

$$(1 + x)^{1/x}$$

其中 x 趋向于零。编写程序，展示随着 x 越来越趋近于零，这个式子收敛于 e。

8.6 周期为 T 的方波可以用如下函数定义：

$$f(t) = \begin{cases} 1 & (0 < t < T) \\ -1 & (-T < t < 0) \end{cases}$$

$f(t)$ 的傅里叶级数表示如下：

$$F(t) = \frac{4}{\pi} \sum_{k=0}^{\infty} \frac{1}{2k+1} \sin\left[\frac{(2k+1)\pi t}{T}\right]$$

我们对于需要多少项才能很好地近似表示这个无限多项的和感兴趣。令 $T=1$，编写程序计算并绘制 n 项级数的和，其中 t 以 0.01 的步长从-1.1 增加到 1.1。对于不同的 n 值运行程序，例如 1、3、6 等。对于一些 n 值，将 $F(t)$ 相对于 t 的图形重叠绘制在一幅图中。

在间断点的两侧，傅里叶级数都表现出奇怪的振荡，这种现象称为吉伯斯(Gibbs)现象。图 8-3 清楚地显示了上述级数中 $n=20$(增量 t 为 0.01)时的吉伯斯现象。当 $n=200$、增量 t 为 0.001 时，这种现象更加剧烈。

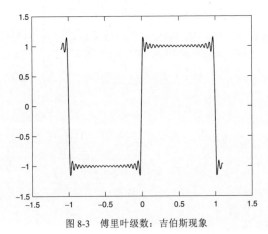

图 8-3 傅里叶级数：吉伯斯现象

8.7 如果将一笔金额为 A 的钱投资 k 年，名义上的年利率为 r(用十进制的小数表示)，k 年后的投资额 V 为：

$$V = A(1 + r/n)^{nk}$$

其中 n 是每年的复利周期数。编写程序计算随着 n 逐渐增大时 V 的值，即随着复利周期变得越来越频繁，例如每月、每天、每小时等。令 $A=1000$、$r=4\%$、$k=10$。输出结果逐渐达到极限。提示：

用 for 循环，每次将 n 翻倍，从 $n=1$ 开始。

再对相同的 A、r 和 k 的值计算公式 Ae^{rk} 的值(使用 MATLAB 函数 exp)，并将该值与上面算出的 V 值进行对比。能得出什么结论？

8.8　编写程序计算级数 $1^2+2^2+3^2\ldots$ 的和，使得这个和尽可能大，但是不超过 1000。该程序应该显示计算该和使用了多少项。

8.9　8.2 节中的程序表明，当年利率为 10%时，金额为$1000 的资金将在 8 年内翻倍。使用相同的利率，分别使用初始金额$500、$2000 和$10 000 运行程序，看一看需要多长时间才能翻倍。结果可能让你大吃一惊。

8.10　编写程序实现练习 3.2 中的结构规划。

8.11　使用泰勒(Taylor)级数：

$$\cos x = 1 - \frac{x^2}{2!} + \frac{x^4}{4!} - \frac{x^6}{6!} + \cdots$$

编写程序计算 $\cos x$，精确到小数点后 4 位(x 的单位是弧度)。看看需要多少项才能使结果的小数点后 4 位与 MATLAB 函数 cos 相同？不要将 x 设得过大；那会导致舍入误差。

8.12　一名学生借了$10 000买了一辆二手车。当未清余额超过$5000时，贷款利率为 2%，每月计算复利，否则为 1%。她每个月偿还$300，最后一个月除外，届时的还款额必须少于$300。她在每个月末，复利已经加到余额中之后偿还。第一次偿还是在贷款 1 个月之后。编写程序，显示每个月的余额(在每个月偿还之后)，最后一个月的还款额，以及最后一次还款的月份。

8.13　从 O 点以 60 m/s 的初速度和与水平面成 $50°$ 的角度发射抛射体，运动方程在第 4 章中已给出。编写程序计算并显示抛射体在空中的时间，以及每隔 0.5s 从 O 点计算的水平和垂直位移，只要抛射体还在过 O 点的水平面之上。

8.14　当电阻(R)、电容(C)和电池(V)串联时，电容中累积的电荷可由如下公式表示：

$$Q(t) = CV(1 - e^{-t/RC})$$

假设在 $t=0$ 时电容中没有电荷。问题是每隔 0.1s 监测电容中的电荷，以便在电荷达到 8 个单位的水平时能够检测到，给定 $V=9$、$R=4$、$C=1$。编写程序每隔 0.1s 显示时间和电荷，直到电荷超过 8 个单位(即最后一次显示的电荷必须超过 8)。完成之后，重写该程序，只在电荷严格小于 8 个单位时显示。

8.15　调整 8.2 节中判断质数的程序，使之能够找出给定数字(偶数或奇数)的所有质数因子。

第 9 章

MATLAB 图形

本章目标:

- MATLAB 的高级二维和三维绘图工具
- 句柄图形
- 编辑绘图
- 动画
- 保存和导出图形
- 颜色、光照和镜头

"一图胜万言"。MATLAB 中有强大的用于表现和可视化数据的图形系统，该系统非常易用(本书中的大部分图都是用 MATLAB 生成的)。

本章介绍 MATLAB 中的高级二维和三维绘图工具。诸如句柄图形(Handle Graphics)之类的低级特性将在本章的后面部分介绍。

需要强调的是本章对图形的介绍比较简略，主要是想让读者初步了解 MATLAB 图形工具的丰富和强大。至于详细介绍，读者可以参考本章提到的函数的 help 命令中的说明，还可以通过单击？并在搜索工具中输入图形工具名称，参阅帮助文档中有关图形函数的详细列表。

9.1 基本二维图形

图形(二维)是由 plot 语句绘制的。该语句的最简单形式以单个向量作为参数，如 plot(y)。在这种情况下，绘制的是 y 中的元素相对于它们的索引的图形，例如 plot(rand(1, 20))绘制 20 个随机数相对于整数 1～20 的图形，并用直线连接这些连续的点，如图 9-1 所示。如果 **y** 是矩阵，则绘制每列元素相对于其索引的图形。

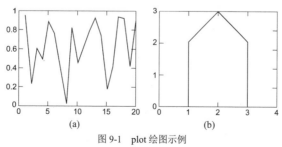

图 9-1　plot 绘图示例

MATLAB 会自动给坐标轴加上刻度，并且包含最小和最大数据点。

plot 语句的最常用形式可能是 plot(x, y)，其中 x 和 y 是长度相同的向量，例如:

```
x = 0:pi/40:4*pi;
plot(x, sin(x))
```

在这种情况下，第 i 个点的坐标是 x_i 和 y_i。plot 命令的这种形式已经广泛应用于前面的章节中。

通过在两个向量中给出两个端点的 x 和 y 坐标，可以画出直线图形。例如，使用如下语句绘制笛卡儿坐标为(0,1)和(4,3)的点之间的直线：

```
plot([0 4], [1 3])
```

即[0 4]包含两个点的 x 坐标，[1 3]则包含它们的 y 坐标。

MATLAB 中有一系列"易用"的绘图命令，它们都以 ez 开头。plot 语句的易用形式是 ezplot，例如：

```
ezplot('tan(x)')
```

练习

1. 请绘制连接如下各点的线：(0,1)、(4,3)、(2,0)和(5,−2)。
2. 看你是否能画出一座类似于图 9-1 的"房子"。

9.1.1　标签

可以使用下面的语句为图形添加标签：

```
gtext('text')
```

该语句在图形窗口中显示字符串'text'。gtext 将一个十字线放置在图形窗口中，并等待用户按下鼠标键或键盘按键。可以使用鼠标或箭头键放置十字线。例如：

```
gtext('X marks the spot' )
```

继续——尝试一下！

还可以用图形窗口中的菜单 Tools | Edit Plot 在图形中放置文字。

grid 命令可以在当前图形中添加或移除网格线。网格的状态可以切换。

text(x, y, 'text')命令可以在图形窗口中在由 x 和 y 指定的点处写入文本。如果 x 和 y 是向量，则在各点处写入文本。如果文本是带索引的列表，则使用文本中对应的行为连续的各点加上标签。

title('text')命令在图形的顶部添加文本，作为标题。

xlabel('horizontal')命令为 x 轴添加标签。

ylabel('vertical')命令为 y 轴添加标签。

9.1.2　在相同的坐标轴上绘制多个图形

MATLAB 中至少有三种方法可将多个图形绘制在相同的坐标轴上(然而，如果新的数据超出之前的数据范围，则会重新设置坐标轴的刻度)。

1) 最简单的方法是使用 hold 命令将现有的图形保持在坐标轴上。后续的所有图都添加到坐标轴上，直到释放了 hold。hold off 或 hold 会切换 hold 状态。

2) 第二种方法是使用带多个参数的 plot 命令，例如：

```
plot(x1, y1, x2, y2, x3, y3, ... )
```

绘制(向量)对(x1, y1)、(x2, y2)等的图形。这种方法的优势在于向量对的长度可以不同。MATLAB自动为每一对挑选不同的颜色。

如果需要在相同的坐标轴上绘制两个图形，plotty 命令非常有用—允许在左边和右边使用独立的 y 轴标签，例如：

```
plotyy(x,sin(x), x, 10*cos(x))
```

(恰当地定义 x)

3) 第三种方法是使用如下形式：

```
plot(x, y)
```

其中 x 和 y 可以都是矩阵；或者一个是向量，另一个是矩阵。

如果 x 和 y 中的一个是矩阵，而另一个是向量，则绘制矩阵的行或列相对于向量的图形，对每行或每列使用不同的颜色。行或列的选择取决于它们中的哪个元素数量和向量相同。如果矩阵是方阵，则使用列。

如果 x 和 y 都是大小相同的矩阵，则绘制 x 的列相对于 y 的列的图形。

如果没有指定 x，如 plot(y)，其中 y 为矩阵，则绘制 y 的列相对于行索引的图形。

9.1.3　线型、标记和颜色

可以用 plot 命令中的字符串参数为图形选择线型、标记和颜色，例如：

```
plot(x, y, '--')
```

用虚线连接绘制的各点，而：

```
plot(x, y, 'o')
```

则在数据点处画圈，但是不用线连接它们。可以指定所有三个参数，例如：

```
plot(x,sin(x), x, cos(x), 'om--')
```

使用默认的线型和颜色绘制sin(x)，而使用圆圈绘制cos(x)，并用品红的虚线连接。MATLAB 中使用符号 c、m、y、k、r、g、b 和 w 表示可用颜色。想一想它们分别表示什么颜色，可以使用 help plot 查看可用符号的完整列表。

9.1.4　坐标轴限制

当用 MATLAB 绘图时，系统会自动给坐标轴加上刻度限制以适应数据。可以用如下语句覆盖默认设置：

```
axis( [xmin, xmax, ymin, ymax] )
```

该命令在当前图形上设置坐标的缩放比例，即先绘图，然后重新设置坐标轴限制。

如果想指定最大或最小坐标轴限制中的某个，而让 MATLAB 自动指定另一个，可以对自动设置的刻度限制使用 Inf 或-Inf。

可以用如下命令返回到默认的自动坐标缩放比例：

```
axis auto
```

如下语句：

```
v = axis
```

返回向量 v 中的当前坐标缩放比例。

可以使用如下命令将缩放比例锁定在当前限制中：

```
axis manual
```

从而，如果 hold 处于开启状态，则接下来的图形都使用相同的坐标轴限制。

如果在绘制圆，例如，使用如下语句：

```
x = 0:pi/40:2*pi;
plot(sin(x), cos(x))
```

则画出的圆形可能看起来并不圆，尤其是当重新设置图形窗口的大小时。如下命令：

```
axis equal
```

使 x 轴和 y 轴的单位增量在显示器上的物理长度相同，从而圆形看起来始终是圆的。可以使用命令 axis normal 取消这个效果。

可以使用 axis off 取消坐标轴的标签和刻度，使用 axis on 恢复。

axes 和 axis 的含义

我们可能都认为 axes 是 axis 的复数，这在日常英语中也确实是正确的。但是，在 MATLAB 中 axes 表示特定的图形对象，不仅包括 x 轴、y 轴和它们的刻度和标签，还包括绘制在那些坐标轴上的所有东西：图形和其中的任何文本。本章的后面部分将会讨论坐标(Axes)对象的更多细节。

9.1.5 在一幅图中绘制多个图形：subplot

可以使用 subplot 函数在同一图形窗口中展示多个图形。该方法一开始看起来有些奇怪，但还是很容易掌握窍门。如下语句：

```
subplot(m,n,p)
```

将图形窗口分为 $m×n$ 的小型坐标集合，并选择第 p 个集合作为当前图形(按行编号，从顶行的左侧开始计算)的位置。例如，如下语句生成图 9-2 中的 4 个图形(关于三维作图的细节将在 9.2 节中讨论)。

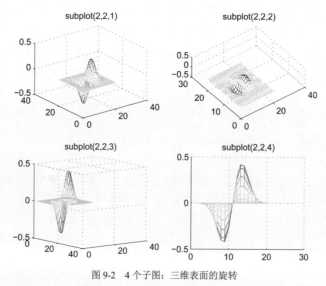

图 9-2　4 个子图：三维表面的旋转

```
[x, y] = meshgrid(-3:0.3:3);
z = x .* exp(-x.^2 - y.^2);
subplot(2,2,1)
mesh(z),title('subplot(2,2,1)')
```

```
subplot(2,2,2)
mesh(z)
view(-37.5,70),title('subplot(2,2,2)')
subplot(2,2,3)
mesh(z)
view(37.5,-10),title('subplot(2,2,3)')
subplot(2,2,4)
mesh(z)
view(0,0),title('subplot(2,2,4)')
```

命令 subplot(1,1,1)可以使图形返回到只有一个坐标集合的形式。

9.1.6　figure、clf 和 cla 函数

figure(h)，其中 h 是整数，用于创建新的图形窗口，或者将图 h 作为当前图形。接下来的图形都绘制在当前图形中。h 被称为该图的句柄。本章后面会更加深入地讨论图形句柄。

clf 函数清除当前的图形窗口，还可以重置所有和坐标轴相关的参数，例如保持状态和坐标轴状态。

cla 函数从当前的坐标轴中删除所有的图像和文本，即只保留 x 轴和 y 轴，以及和它们相关的信息。

9.1.7　图形输入

如下命令:

```
[x, y] = ginput
```

允许使用鼠标或箭头从当前图形选择任意多个点。一个可移动的十字线将出现在图形中。单击即可将十字线中心所在的点的坐标存储到 $x(i)$ 和 $y(i)$ 中。按 Enter 键可以结束输入。本书最后一章提供了一个示例，该示例涉及在一幅图中选择一些点，并用曲线拟合它们。

如下命令:

```
[x, y] = ginput(n)
```

和 ginput 类似，只是必须正好选择 n 个点。

更多信息请参见帮助文档。

9.1.8　对数作图

如下命令:

```
semilogy(x, y)
```

用 $\log_{10}$ 刻度绘制 y，而用线性刻度绘制 x。例如，如下语句:

```
x = 0:0.01:4;
semilogy(x, exp(x)), grid
```

生成如图 9-3 所示的图形。沿着 y 轴的相等增量表示 10 的指数的倍数。所以，从底部开始，网格线绘制于 1,2,3,…,10,20,30…,100,…。顺便说一下，e^x 在这些坐标轴上的图形是一条直线，这是因为当在两边取对数时，方程 $y=e^x$ 被转换成一个线性方程。

还可以看看 semilogx 和 loglog。

注意，同 plot 中一样，x 和 y 还可以是向量和/或矩阵。

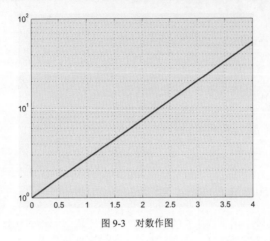

图 9-3 对数作图

练习

使用 semilogy，绘制 x^2、x^3、x^4 和 e^{x^2} 在 $0 \leqslant x \leqslant 4$ 范围内的图像。

9.1.9 极坐标作图

笛卡儿坐标系中的点(x, y)可以用极坐标中的点(θ, r)表示，其中：

```
x = r cos(θ),
y = r sin(θ),
```

θ 在 0 到 2π 弧度(360°)之间变化。
如下命令：

```
polar(theta, r)
```

生成以 theta 为角度、以 r 为长度的点的极坐标图形。
例如，如下语句：

```
x = 0:pi/40:2*pi;
polar(x, sin(2*x)),grid
```

生成如图 9-4 所示的图形。

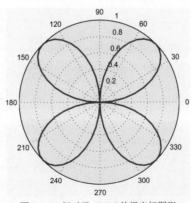

图 9-4 θ 相对于 $\sin(2\theta)$ 的极坐标图形

9.1.10　绘制快速变化的数学函数：fplot

在目前讨论的示例中，绘制的点的 x 坐标都是均匀增加的，例如 $x=0:0.01:4$。如果所绘制的函数在某些地方变化得非常快，则这种方法的效率比较低，甚至会给出具有误导性的图形。

例如，如下语句：

```
x = 0.01:0.001:0.1;
plot(x, sin(1./x))
```

生成如图 9-5(a)所示的图形。但如果 x 的增量降低为 0.0001，则会得到如图 9-5(b)所示的图形。对于 $x<0.04$ 的情况，这两幅图看起来截然不同。

MATLAB 提供了 fplot 函数，可以使用更加简洁的方法。上述方法在相等的间隔处计算 $\sin(1/x)$ 的值，而 fplot 则在函数变化更快的区域更加频繁地计算它的值。如下是该函数的用法：

```
fplot('sin(1/x)', [0.01 0.1]) % no, 1./x not needed!
```

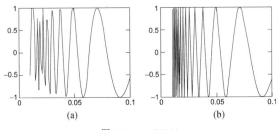

图 9-5　$y = \sin(1/x)$

9.1.11　属性编辑器

编辑图形的最常用方法是使用属性编辑器(Property Editor)，例如，从图形窗口的菜单中依次打开 Edit | Figure Properties。该主题将在本章结尾处简要讨论。

9.2　三维作图

MATLAB 中有很多种将数据显示为三维形式的函数，可以是三维的线段或是各种面。本节对此做简要介绍。

9.2.1　plot3

函数 plot3 是 plot 的三维版本。如下命令：

```
plot3(x, y, z)
```

绘制三维线段的二维投影，其中三维线段通过以向量 x、y 和 z 中元素为坐标的点。例如，如下命令：

```
plot3(rand(1,10), rand(1,10), rand(1,10))
```

在三维空间中生成 10 个随机点，并且用线段连接它们，如图 9-6(a)所示。

作为另一个示例，如下语句：

```
t = 0:pi/50:10*pi;
```

```
plot3(exp(-0.02*t).*sin(t), exp(-0.02*t).*cos(t),t), ...
xlabel('x-axis'), ylabel('y-axis'), zlabel('z-axis')
```

生成如图 9-6(b)所示的内螺旋。请注意 x、y 和 z 轴的方向，特别地，可以使用 zlabel 为 z 轴加上标签。

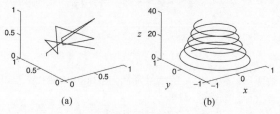

图 9-6　plot3 示例

9.2.2　使用 comet3 绘制三维动画

函数 comet3 和 plot3 类似，只是 comet3 使用移动的"彗头"(comet head)绘图。请使用 comet3 绘制图 9-6(b)中螺旋的动画。不用多言，读者应该已经猜出该函数的二维版本是什么了吧。

9.2.3　网面

在第 1 章中，我们已经知道了如何绘制墨西哥帽(见图 1-12)：

```
[x y ] = meshgrid(-8 : 0.5 : 8);
r = sqrt(x.^2 + y.^2) + eps;
z = sin® ./ r;
```

这其实是绘制网面(mesh surface)的一个示例。

为了了解如何绘制这样的曲面，下面看一个更简单的示例，即 $z=x^2-y^2$。要绘制的曲面是在 x-y 平面移动时由 z 值生成的图形。将范围限制在该平面第一象限的一部分：

$$0 \leqslant x \leqslant 5,\ 0 \leqslant y \leqslant 5$$

第一步是在 x-y 平面建立网格，网面就是绘制在该平面上的。可以使用 MATLAB 函数 meshgrid 绘制，如下：

```
[x y] = meshgrid(0:5);
```

该语句建立两个矩阵：x 和 y(诸如 meshgrid 的函数返回一个以上的"输出参数"，将在第 10 章中详细讨论。然而，这里不必理解细节，只需要了解如何使用即可)。

本例中的两个矩阵是：

```
x =
    0    1    2    3    4    5
    0    1    2    3    4    5
    0    1    2    3    4    5
    0    1    2    3    4    5
    0    1    2    3    4    5
    0    1    2    3    4    5
y =
    0    0    0    0    0    0
    1    1    1    1    1    1
    2    2    2    2    2    2
```

```
3    3    3    3    3    3
4    4    4    4    4    4
5    5    5    5    5    5
```

以上操作的效果是矩阵 x 的列是网格中点的 x 坐标，而矩阵 y 的行则是 y 坐标。记得 MATLAB 中阵列操作是以元素对元素的方式定义的，这意味着如下语句：

```
z = x.^2 - y.^2
```

可以正确地生成曲面上的点：

```
z =
     0     1     4     9    16    25
     1     0     3     8    15    24
     4    -3     0     5    12    21
     9    -8    -5     0     7    16
    16   -15   -12    -7     0     9
    25   -24   -21   -16    -9     0
```

例如，在点(5, 2)处，z 的值为 $5^2-2^2=21$。顺便一提，不必担心网格坐标和矩阵下标的确切关系，这由 meshgrid 处理。

然后使用语句 mesh(z)绘制网面(见图 9-7)，其中使用网格线连接位于网格点上方的曲面上的点。

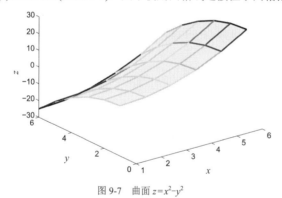

图 9-7　曲面 $z=x^2-y^2$

注意，mesh(z)在 x 轴和 y 轴上显示曲面 z 的行和列索引(下标)。如果想要在 x 轴和 y 轴上显示合适的值，请使用 mesh(x,y,z)。这一点适用于很多其他的三维作图函数。

函数 mesh 将曲面绘制为"线框"。还有一种绘制曲面的方法是使用 surf，它可以生成曲面的小平面视图(彩色)，即使用小块的瓷砖覆盖线框。

mesh 和 surf 函数的各种形式请参见帮助文档。

练习

1. 使用更精细的 mesh 函数(每个方向的增量为 0.25 个单元)绘制图 9-7 中的曲面。

```
[x y] = meshgrid(0:0.25:5);
```

(每个方向上的网格点数量为 21)

2. 钢板的初始热量分布由如下函数给定：

$$u(x, y) = 80y^2 e^{-x^2-0.3y^2}$$

在由下式定义的网格中绘制曲面 u：

$$-2.1 \leqslant x \leqslant 2,\ 1-6 \leqslant y \leqslant 6$$

其中两个方向的网格宽度都是 0.15。应该得到图 9-8 中的图形。

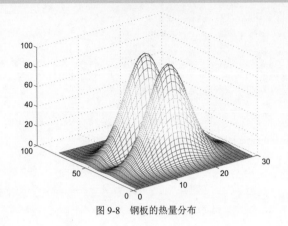

图 9-8　钢板的热量分布

9.2.4　等高线图

如果已经画出了图 9-8 中的图形，请尝试如下命令：

```
contour(u)
```

得到热量分布的等高线图，如图 9-9(a)中所示，即等温线(相同温度的线)。代码如下：

```
[x y] = meshgrid(-2.1:0.15:2.1, -6:0.15:6); % x- y-grids different
u = 80 * y.^2 .* exp(-x.^2 - 0.3*y.^2);
contour(u)
```

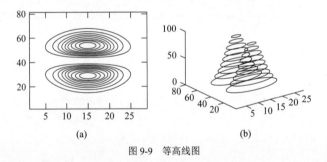

图 9-9　等高线图

函数 contour 还可以使用第二个输入变量。它可以是指示等高线级数的标量，也可以是指示每条等高线所对应数值的向量。

可以使用 contour3 得到三维等高线图，如图 9-9(b)所示。

可以使用 clabel 为等高线的各个级别加上标签(请参见帮助文档)。

可以使用 meshc 或 surfc 函数在曲面下方绘制三维等高线图。例如，如下语句：

```
[x y] = meshgrid(-2:.2:2);
z = x .* exp(-x.^2 - y.^2);
meshc(z)
```

生成图 9-10(a)中的图像。

9.2.5　使用 NaN 剪切曲面

如果表示曲面的矩阵中包含 NaN，则不会将这些元素绘制出来。这就允许将曲面的一部分剪切掉。

例如，如下语句：

```
[x y] = meshgrid(-2:.2:2, -2:.2:2);
z = x .* exp(-x.^2 - y.^2);
c = z;          % preserve the original surface
c(1:11,1:21) = NaN*c(1:11,1:21);
mesh©, xlabel('x-axis'), ylabel('y-axis')
```

生成图 9-10(b)中的图像。

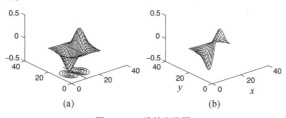

(a)   (b)

图 9-10 三维等高线图

9.2.6 可视化向量场

函数 quiver 可以绘制一些小箭头，以表示梯度或其他向量场。虽然生成的是二维图形，但它常和 contour 结合使用，这就是这里简要描述它的原因。

作为一个示例，考虑两个变量的标量函数 $V=x^2+y$。V 的梯度定义为如下向量场：

$$V = \left(\frac{\partial V}{\partial x}, \frac{\partial V}{\partial y} \right)$$
$$= (2x, 1)$$

如下语句可以绘制一些箭头，指示 ∇V 在 $x\text{-}y$ 平面中的点所处的方向(见图 9-11)：

```
[x y] = meshgrid(-2:.2:2, -2:.2:2);
V = x.^2 + y;
dx = 2*x;
dy = dx;          % dy same size as dx
dy(:,:) = 1;      % now dy is same size as dx but all 1's
contour(x, y, V), hold on
quiver(x, y, dx, dy), hold off
```

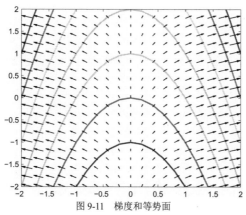

图 9-11 梯度和等势面

这里的"等高"线表示等势面族；任意点的梯度都和穿过这一点的等势面垂直。在调用 contour 函数时需要向量 x 和 y，以指明等高线图的坐标值。

quiver 函数还有一个附加的可选参数，用于指定箭头的长度。请参见帮助文档。

如果不能(或不想)对 V 求微分，可以使用 gradient 函数估计其导数：

```
[dx dy] = gradient(V, 0.2, 0.2);
```

这里的值 0.2 表示估计中用到的 x 和 y 方向上的增量。

9.2.7   矩阵的可视化

mesh 函数还可以用于将矩阵"可视化"。如下语句可以生成图 9-12 中的图形：

```
a = zeros(30,30);
a(:,15) = 0.2*ones(30,1);
a(7,:) = 0.1*ones(1,30);
a(15,15) = 1;
mesh(a)
```

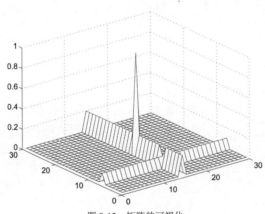

图 9-12   矩阵的可视化

矩阵 a 的大小为 30×30。中间的元素——$a(15,15)$——为 1，第 7 行的所有元素都是 0.1，第 15 列中的其他元素都是 0.2。mesh(a)将 a 的行和列解释为 x-y 坐标网格，然后使用 $a(i, j)$ 的值构成点(i, j)上方的网格曲面。

函数 spy 在将稀疏矩阵可视化时非常有用。

9.2.8   三维图形的旋转

view 函数允许指定观察三维图形的角度。为了查看运行效果，请运行下面的程序，该程序对图 9-12 中的可视化矩阵进行旋转：

```
a = zeros(30,30);
a(:,15) = 0.2*ones(30,1);
a(7,:) = 0.1*ones(1,30);
a(15,15) = 1;
el = 30;
for az = -37.5:15:-37.5+360
mesh(a), view(az, el)
pause(0.5)
end
```

函数 view 带有两个参数。第一个，本例中为 az，被称为 x-y 平面中的方位角(azimuth)或极角(单位为度)。az 以逆时针方向绕 z 轴——图 9-12 中点(15,15)处的"顶点"——旋转(你的)视点。az 的默认值为-37.5°。因此该程序从默认的位置开始以 15°为步长，绕 z 轴以逆时针方向旋转你的视点。

view 函数的第二个参数是垂直角度 el(单位为度)。这是从视点出发的线和 x-y 平面张成的角度。el 的值为 90°时表示处于正上方。角度值为正时表示处于 x-y 平面上方；负值则表示处于 x-y 平面下方。el 的默认值为 30°。

命令 pause(n)将程序的执行推迟 n 秒。

可以用互动的方式旋转三维图形，方法如下：在图形工具栏上单击 Rotate 3-D 按钮(从右边起的第一个按钮)。再单击坐标轴，图形的轮廓会显示出来，以帮助可视化地完成旋转。然后将鼠标朝想要旋转的方向拖动。当松开鼠标按钮时，系统会重新绘制旋转过的图形。

练习

重写上面的程序，逐步改变垂直角度的值，而保持方位角固定为默认值。

9.3　句柄图形

句柄图形对象将 MATLAB 图形工具变得丰富而强大。在 MATLAB Help 在线文档中有一节关于句柄图形的非常有用的内容：Graphics。接下来简要介绍一下句柄图形的主要特性。

句柄图形对象是 MATLAB 图形中使用的基本元素。系统将这些对象组织成父子继承的结构，如图 9-13 所示。例如，Line(线条)和 Text(文本)是 Axes(坐标轴)的子对象。这可能是最常见的父子关系。Axes 对象在图形窗口中定义一块区域，然后在其中定位它的子对象。Axes 对象中的实际图形是 Line 对象。Axis 标签和任何文本注释都是 Text 对象。当需要使用句柄操纵这些图形对象时，清楚它们之间的这种父子继承关系是很重要的。

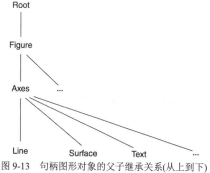

那么句柄图形对象到底是什么呢？当 MATLAB 创建一个图形对象时，会自动为该对象创建一个句柄。可以通过使用一个返回图形对象句柄的函数获得该对象的句柄，也可以在绘制图形对象时创建一个句柄。句柄自身由浮点数表示，但不必关心它的值。更加重要的事情是保存句柄的名字，然后用它改变或操纵图形对象。

Root(根)对象是唯一一个句柄为 0 的对象。只有一个 Root 对象，由 MATLAB 在启动时创建。所有其他对象都是它的后代，如图 9-13 所示。

图 9-13　句柄图形对象的父子继承关系(从上到下)

9.3.1　获得句柄

如下是获得句柄的方法：

● 绘制图形对象的函数还可以用于返回这些对象的句柄，例如：

```
x = 0:pi/20:2*pi;
hsin = plot(x, sin(x))
hold on
hx = xlabel('x')
```

在当前的 Axes 对象中，hsin 是 Line 对象的句柄(正弦图形)，而 hx 是 Text 对象的句柄(x 轴的标签)。如下命令：

```
figure(h)
```

创建一幅新图形，或者将图形 h 设为当前图形，其中 h 是一个整数。h 是图形对象的句柄。

- MATLAB 中有三个函数，返回特定图形对象的句柄：

gcf 获得当前图形的句柄，例如：

```
hf = gcf;
```

gca 获得当前坐标轴的句柄。

gco 获得当前图形对象的句柄，即最后创建或单击的图形对象。例如，绘制上面的正弦图形并获得它的句柄 hsin。单击图像窗口中的图形，然后在 Command Window 中输入命令：

```
ho = gco
```

ho 即被设置为正弦图形的句柄(和 hsin 的值相同)。

9.3.2　图形对象的属性和修改方法

一旦有了图形对象的句柄，就可以用它改变该对象的属性。例如，用上面介绍的方法绘制一幅正弦图形并获得其句柄：

```
x = 0:pi/20:2*pi;
hsin = plot(x, sin(x))
```

现在假设想要将图形加粗。输入如下命令：

```
set(hsin, 'linewidth', 4);
```

即可获得一条粗大的正弦曲线！

linewidth 是图形对象的众多属性中的一个。请使用 get(h)查看对象的所有属性和它们的值，其中 h 是对象的句柄。在正弦图形示例中，脚本是：

```
get(hsin)
Color = [0 0 1]
EraseMode = normal
LineStyle = -
LineWidth = [4]
Marker = none
MarkerSize = [6]
MarkerEdgeColor = auto
MarkerFaceColor = none
XData = [ (1 by 41) double array]
YData = [ (1 by 41) double array]
ZData = []

BeingDeleted = off
ButtonDownFcn =
Children = []
Clipping = on
CreateFcn =
DeleteFcn =
BusyAction = queue
HandleVisibility = on
HitTest = on
Interruptible = on
Parent = [100.001]
Selected = off
```

```
SelectionHighlight = on
Tag =
Type = line
UIContextMenu = []
UserData = []
Visible = on
```

可以使用 set 函数改变任何属性值：

```
set( handle, 'PropertyName', PropertyValue )
```

set(handle)命令列出了所有可能的属性值。

可以获得一个对象的句柄，并同时改变它的属性。例如：

```
set(gcf, 'visible', 'off')
```

将当前图形变为隐形(并没有关闭它——也就是说，它还在"那里")。应该不难想到如何让它再次变为可见吧！

属性名称不是大小写敏感的，并且可以将它们缩写为几个字母，只要是唯一的即可。例如，可以将 type 属性缩写为 ty：

```
get(hsin,'ty')
ans =
line
```

(这在不知道属性的具体名称时很有用)

虽然有些属性是所有图形对象共有的，例如 children、parent、type 等，但不同的图形对象并非都有相同的属性。

9.3.3　句柄向量

如果一个图形对象有很多子对象，则在使用 get 命令获得其 children 属性时，会返回包含子对象句柄的向量。整理这些句柄很有趣，这也说明了需要弄清楚对象之间的父子继承关系的原因。

例如，在同一幅图形中绘制连续的正弦图形和用 o 标记的呈指数衰减的正弦函数的图形：

```
x = 0:pi/20:4*pi;
plot(x, sin(x))
hold on
plot(x, exp(-0.1*x).*sin(x), 'o')
hold off
```

现在输入如下命令：

```
hkids = get(gca,'child')
```

返回结果是一个包含两个元素的句柄向量。问题是，这些句柄分别属于哪个图形呢？答案是坐标轴子对象的句柄是按照它们创建的相反顺序返回，即 hkids(1)是呈指数衰减的图形的句柄，而 hkids(2)是正弦图形的句柄。现在改变衰减图形中的记号，并且将正弦图形加粗：

```
set(hkids(1), 'marker', '*')
set(hkids(2), 'linew', 4)
```

获得图 9-14 中的图形。

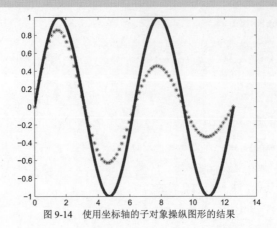

图 9-14 使用坐标轴的子对象操纵图形的结果

如果不知道图形对象对应的句柄,可以使用 findobj 函数加上一个可以唯一识别该对象的属性值来获得该对象的句柄。在图 9-14 的原始版图形中,衰减图形可以用它的 marker 属性识别:

```
hdecay = findobj('marker', 'o')
```

9.3.4　图形对象创建函数

图 9-13 中所示的每个图形对象(root 对象除外)都有对应的创建函数,根据它所创建的对象命名。更多细节请参见帮助文档。

9.3.5　指定父对象

默认情况下,所有图形对象都是在当前图形中创建的。然而,在创建图形对象时还可以指定它的父对象。例如:

```
axes('Parent', figure_handle, ...)
```

在句柄为 figure_handle 的图形中创建一个坐标轴。还可以通过重新定义 parent 属性将一个对象从一个父对象移到另一个对象的下面:

```
set(gca, 'Parent', figure_handle)
```

9.3.6　定位图形

在启动时,MATLAB 根据计算机屏幕的大小确定图像窗口的默认位置和大小。可以通过设置 figure 对象的 Position 属性来改变图像窗口的位置。

在改变图像的 Position 属性之前,需要知道屏幕的尺寸——这是 root 对象的属性之一。例如:

```
get(0, 'screensize')
ans =
1    1    800    600
```

例如,笔者的屏幕像素为 800×600。screensize(屏幕尺寸)的单位默认是像素。可以通过设置 root 对象的 Units 属性来改变单位。例如:

```
set(0, 'units', 'normalized')
```

将屏幕的宽度和高度归一化为 1。这在编写运行于不同计算机系统的 M 文件时非常有用。

获得屏幕的尺寸后，就可以设置 figure 对象的 Position 属性，将该属性定义为一个向量：

```
[left bottom width height]
```

left 和 bottom 定义窗口左下角的第一个像素的位置，根据屏幕的左下角指定。width 和 height 定义窗口内部的尺寸(不包括窗口的边界)。

可以将 figure 对象和 root 对象的 Unit 属性归一化。这样一来，就可以用绝对位置确定图形的位置，而不需要根据屏幕的尺寸进行调整。例如，如下代码将 Unit 归一化，并在屏幕的上半部分创建两个图形：

```
set(0, 'units', 'normalized')
h1 = figure('units', 'normalized', 'visible', 'off')
h2 = figure('units', 'normalized', 'visible', 'off')
set(h1, 'position', [0.05 0.5 0.45 0.35], 'visible', 'on')
set(h2, 'position', [0.53 0.5 0.45 0.35], 'visible', 'on')
```

注意，Visible 属性在开始时被设置为 off，以避免将它们绘制在默认的位置。只有在重新定义它们的位置时才绘制它们。也可以在创建图形时完成所有操作：

```
h1 = figure('un', 'normalized', 'pos', [0.05 0.5 0.45 0.35])
```

9.4 编辑绘图

MATLAB 中有很多种编辑绘图的方法。

9.4.1 绘图编辑模式

为了了解绘图编辑模式的工作原理，我们绘制一个图形，这里依旧选择正弦曲线。MATLAB中有多种激活绘图编辑模式的方法：

- 在图像窗口中选择菜单 Tools | Edit Plot。
- 在图像窗口的工具栏上单击 Edit Plot 选择按钮(大概指向西北的那个箭头)。
- 在 Command Window 中运行 plotedit 命令。

    当一幅图形处于绘图编辑模式中时，工具栏上的选择按钮是高亮的。一旦处于绘图编辑模式中，就可以通过单击来选择对象，选中的对象上将会出现选定句柄。

作为练习，请让正弦曲线进入绘图编辑模式，并尝试如下步骤：

(1) 选择图形(单击它)，将出现选定句柄。

(2) 右击选中的对象(即图形)，此时会出现上下文菜单。

(3) 使用上下文菜单改变图形的线型和颜色。

(4) 使用 Insert 菜单插入一个图例(该操作在一幅图像中绘制多个图形时更有意义)。

(5) 通过如下操作在图像中靠近图形的地方插入一个文本框。首先单击工具栏上的 Insert Text 选择按钮(大写字母 A)。此时光标改变形状以指示它处于文本插入模式下。移动插入点直到图形中的某处，然后单击一下。此时会出现一个文本框，在其中输入一些文本。

(6) 如果为图形加了标签，则可以改变标签的格式。选中标签，然后单击右键。改变字体大小和样式。

(7) 尝试使用工具栏上的 Insert Arrow 和 Insert Line 选择按钮，在图形中插入线条和箭头。

单击选择按钮或取消选中 Tools 菜单中的 Edit Plot 选项，即可退出绘图编辑模式。

9.4.2 属性编辑器

属性编辑器比绘图编辑模式更常用。它允许以交互方式而不是使用 set 函数来改变对象的属性。它是准备演讲用图的理想工具。

MATLAB 中有多种打开属性编辑器的方法(有一些你可能已经遇到过):

- 如果已经进入绘图编辑模式,则可以:
  - ➢ 双击对象。
  - ➢ 右击对象,并从上下文菜单中选择 Properties。
- 从图像的 Edit 菜单选择 Figure Properties、Axes Properties 或 Current Object Properties。
- 在命令行中运行 propedit 命令。

在尝试使用属性编辑器时,一幅图像中有多个图形的情况会有助于我们的实验:

```
x = 0:pi/20:2*pi;
hsin = plot(x,sin(x))
hold on
hcos = plot(x,cos(x))
hold off
```

开启属性编辑器并完成如下练习:

- 属性编辑器顶部的导航栏(标签为 Edit Properties for:)标识了正在被编辑的对象。单击导航栏右侧的向下箭头查看图像中的所有对象。注意有两根线条。接下来的问题就是我们需要识别图像中的两个线条对象。解决方法是通过设置它们的 Tag 属性赋予它们标签。

  返回图像并且选择正弦图形。然后返回属性编辑器,此时导航栏指示你正在编辑的线条工具。在导航栏的下方有三个选项卡:Data、Style 和 Info。

  单击 Info 选项卡,然后在 Tag 文本框中输入标签名,例如 sine。按 Enter 键,sine 标签立即出现在选中线条对象的旁边。

  再为余弦图形加上标签(先选中另一个线条对象)。
- 选中正弦图形。这一次选择 Style 选项卡,并且改变颜色、线型、线宽和标记。
- 现在选中坐标轴对象。使用 Labels 选项卡插入一些坐标轴标签,并使用 Scale 选项卡改变 y 轴的限制。

  注意,如果编辑的是三维图形,可以使用 Viewpoint 选项卡改变观察角度和设置各种镜头属性。

9.5 动画

MATLAB 中有三个用于制作动画的工具:

- 可以使用 comet 和 comet3 函数绘制彗星图,如第 7 章所述。
- 可以使用 getframe 函数用一系列的图像生成"电影帧",然后可以使用 movie 函数将电影回放指定的次数。

  MATLAB 在线文档 MATLAB Help: Graphics: Creating Specialized Plots: Animation 中有如下脚本,可在复数矩阵的快速傅里叶变换过程中生成 16 帧:

```
for k = 1:16
plot(fft(eye(k+16)))
axis equal
M(k) = getframe;
end
```

现在将它回放 5 次:

```
movie(M, 5)
```

还可以指定回放的速度。请参见帮助文档。

- 创建动画的最常用方法是使用句柄图形工具。下面是两个示例。

使用句柄图形制作动画

作为初学者，请运行下面的脚本，你将看到标记 o 描绘出正弦曲线的轨迹，在其后留下一条尾巴：

```
% animated sine graph
x = 0;
y = 0;
dx = pi/40;
p = plot(x, y, 'o', 'EraseMode', 'none'); % 'xor' shows only current point
% 'none' shows all points
axis([0 20*pi -2 2])
for x = dx:dx:20*pi;
x = x + dx;
y = sin(x);
set(p, 'XData', x, 'YData', y)
drawnow
end
```

注意：

● 如下语句：

```
p = plot(x, y, 'o', 'EraseMode', 'none');
```

实现了很多效果。首先绘制了图形的第一个点。它保存了图形的句柄 p 以供后面继续引用。它还将 EraseMode 属性设置为 none，即再次绘制图形时不允许清除该对象。为了实现完整的动画，请将该属性设置为 xor——现在试着设置一下。之后每次重新绘制(在稍微不同的位置)，都会清除该对象，从而达到经典的动画效果。

● 如下语句：

```
set(p, 'XData', x, 'YData', y)
```

将对象 p 的 x 和 y 值设置为 for 循环中生成的新值，并且"重绘"该对象。然而，并不会立即将它绘制在屏幕上——而是加入"事件队列"，等待执行。

● 最后，drawnow 函数开始执行事件队列，在屏幕上绘制对象，从而使我们看到劳动成果。

如 help drawnow 所示，事件队列中执行了 4 个事件：

➢ 返回 MATLAB 输入提示符——凭借这个操作，你才能看到截至目前所绘制的所有图形。

➢ 执行 pause 语句。

➢ 执行 getframe 命令。

➢ 执行 drawnow 命令。

例如，将 drawnow 替换为 pause(0.05)——0.05 秒，即可让标记以更加庄严的方式移动。

另一个示例是基于 MATLAB 文档的 Animation 一节所述内容。它涉及不规则运动，该运动由三个非线性微分方程构成的方程组描述，它还有一个"奇异吸引子"(即Lorenz(洛伦兹)奇异吸引子)。该方程组可以写作：

$$\frac{\mathrm{d}y}{\mathrm{d}t} = Ay$$

其中 y(t)是包含三个元素的向量，A 是取决于 y 的矩阵：

$$A(y) = \begin{bmatrix} -8/3 & 0 & y(2) \\ 0 & -10 & 10 \\ -y(2) & 28 & -1 \end{bmatrix}$$

如下脚本使用 Euler(欧拉)方法近似求解了该方程组(第 17 章讨论一个更准确的数值解)，表明该解在不需要求解其中任意吸引子的稳定轨道的情况下，就能给出两个不同的吸引子的轨道。图 9-15 显示绘制了数千个点之后的情况。

```
A = [ -8/3 0 0; 0 -10 10; 0 28 -1 ];
y = [35 -10 -7]';
h = 0.01;
p = plot3(y(1), y(2), y(3), 'o', ...
'erasemode', 'none', 'markersize', 2);
axis([0 50 -25 25 -25 25])
hold on
i = 1;

while 1
A(1,3) = y(2);
A(3,1) = -y(2);
ydot = A*y;
y = y + h*ydot;
% Change color occasionally
if rem(i,500) == 0
set(p, 'color', [rand, rand, rand])
end
% Change co-ordinates
set(p, 'XData', y(1), 'YData', y(2), 'ZData', y(3))
drawnow
i=i+1;
end
```

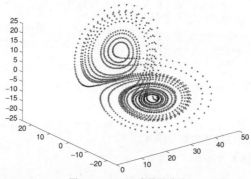

图 9-15 Lorenz 奇异吸引子

如果所有点都使用相同的颜色，就会逐渐看不到新生成的点：因为屏幕的大部分区域都与画上的颜色相同。所以每次绘制 500 个点之后，就将随机设置一下颜色。

9.6 颜色等属性

9.6.1 色图

MATLAB 图形可以生成丰富的颜色。你可能想知道其中的原理。

如下脚本显示了从太空看地球的图形效果：

```
load earth
image(X); colormap(map)
axis image
```

(axis image 和 axis equal 相同，只不过前者将框体和数据靠得更加紧密而已)。请试着将 colormap 的参数 map 改为 hot。

earth 命令加载的矩阵 X 的大小为 257×250。X 中的每个元素都是取值范围为 1～64 的整数。例如，如下是 X 的 3×3 的子阵(非洲东北部的某处)：

```
X(39:41,100:102)
ans =
14 15 14
10 16 10
10 10 10
```

colormap 函数默认生成 64×3 的矩阵，其中元素的取值范围为 0～1。三列中的元素值分别表示红色、绿色和蓝色(RGB)分量的强度。因此，该矩阵的每一行通过制定其 RGB 分量来定义一种特定的颜色。image 函数将其参数的每个元素映射为色图中的一行，以找出那个元素的颜色。例如，X(40,101)的值为 16。色图的第 16 行有如下三个值：

```
0.6784    0.3216    0.1922
```

(淡红色)。可以用如下语句验证：

```
cm = colormap(map);
cm(16,:)
```

(map 色图也是由 earth 命令加载的)。这些 RGB 值指定图像中从上数第 40、从左数第 101 的像素的颜色。顺便一提，可以使用如下语句：

```
[xp yp] = ginput
```

获得图像中某点的坐标(在图像中会出现一条十字线；然后单击你想要获得其坐标的点即可)。单击非洲东北部的一点，结果如下：

```
xp =
101.8289 % from the left (column of X)
yp =
40.7032 % from the top (row of X)
```

注意，xp 和 yp 分别对应 X 中的列和行(想象一下，将矩阵 X 重叠在图像之上)。

MATLAB 中有很多生成色图的函数，例如 jet(默认)、bone、flag 和 prism。完整的列表请参见 help graph3d。

可以使用如下语句尝试各种色图：

```
image(1:64),colormap(prism)
```

该语句生成 64 个竖条，每个竖条的颜色都不同。

或者生成一些随机颜色：

```
randmap(:,1) = rand(64,1);
randmap(:,2) = rand(64,1);
randmap(:,3) = rand(64,1);
image(1:64);colormap(randmap)
```

函数 colorbar 将当前色图垂直或水平地显示在图像中，展示 64 种颜色是如何映射的。请使用地球的图像试着用一下。

注意，64 是色图的默认长度。生成色图的函数有一个可选参数，可以指定色图的长度。

9.6.2　曲面绘图的颜色

当使用单个矩阵作为参数绘制曲面图时，例如 surf(z)，参数 z 同时指定曲面的高度和颜色。以下是一个使用函数 peaks 生成具有一对峰谷的曲面示例：

```
z = peaks;
surf(z), colormap(jet), colorbar
```

colorbar 表示将 z 的最小元素(略小于-6)映射为 colormap 的第 1 行(R=0，G=0，B=0.5625)，而将最大元素(大约为 8)映射为第 64 行(R=0.5625，G=0，B=0)。

可以使用第二个参数指定颜色，和第一个参数的大小相同：

```
z = peaks(16);      % generates a 16-by-16 mesh
c = rand(16);
surf(z, c), colormap(prism)
```

这里，曲面是由 prism 色图中 16×16 的随机色块铺成的。

在 surf 函数的这种形式中，c 的每个元素用于决定 z 中对应元素点的颜色。默认情况下，MATLAB 使用名为比例映射(scaled mapping)的过程来将 z(或 c)中的元素映射为色图中的颜色。比例的细节由 caxis 命令决定。更多的信息请参见 help caxis 或帮助文档中的 Coloring Mesh and Surface Plots in MATLAB Help: 3-D Visualization: Creating 3-D Graphs 一节。

可以利用工具指定曲面的颜色，以强调曲面的属性。MATLAB 文档中给出了如下示例：

```
z = peaks(40);
c = del2(z);
surf(z, c)
colormap hot
```

函数 del2 计算曲面的离散 Laplacian(拉普拉斯)算子——Laplacian 算子和曲面的曲率相关。利用 Laplacian 算子创建颜色阵列意味着曲率相近的区域将使用相同的颜色。将使用这种方法生成的曲面和由如下语句生成的曲面做对比：

```
surf(P), colormap(hot)
```

在第二种方法中，相对于 x-y 平面的高度相似的区域的颜色相同。

surf 函数(以及曲面相关的函数)的其他形式为：

```
surf(x, y, z)        % color determined by z
surf(x, y, z, c)     % color determined by c
```

9.6.3　Truecolor(真彩)

使用色图表示颜色的技术被称为索引着色(indexed coloring)——通过对每个数据点赋予色图中的索引(行)来对曲面进行着色。Truecolor 技术使用明确指定的 RGB 三元组为曲面着色。下面是另一个来自 MATLAB 文档的示例(它还展示了多维阵列的使用方法)：

```
z = peaks(25);
c(:,:,1) = rand(25);
c(:,:,2) = rand(25);
c(:,:,3) = rand(25);
surf(z, c)
```

c 的三“页”(用其第三个下标表示)分别指定 RGB 的值，用于表示 z 中各点的颜色，这些点的下标和 c 中的前两个下标相同。例如，点 z(5,13)的 RGB 值分别由 c(5,13,1)、c(5,13,2)和 c(5,13,3)给出。

9.7　光照和镜头

MATLAB 使用光照增强图形的真实感，例如，从某个角度用一束光照亮曲面。这里有两个来自 MATLAB 文档的示例。请查看一下。

```
z = peaks(25);
c(:,:,1) = rand(25);
c(:,:,2) = rand(25);
c(:,:,3) = rand(25);
surf(z,c,'facecolor','interp','facelighting','phong',...
'edgecolor','none')
camlight right
```

曲面对象的 facelighting 属性的可选项包括 none、flat(每一面都是统一的颜色)、gouraud 或 phong，最后两个是光照算法的名字。phong 光照一般效果更好，但是渲染时间比 gouraud 长。记住，通过创建包含句柄的曲面对象，并对该对象的句柄使用 get 命令，即可查看该对象的所有属性。

下面这个示例有些难懂：

```
[x y ] = meshgrid(-8 : 0.5 : 8);
r = sqrt(x.^2 + y.^2) + eps;
z = sin® ./ r;
surf(x,y,z,'facecolor','interp','edgecolor','none', ...
'facelighting','phong')
colormap jet
daspect([5 5 1])
axis tight
view(-50, 30)
camlight left
```

更多关于光照和镜头的信息，请参见 MATLAB Help: 3-D Visualization 中的 Lighting as a Visualization Tool 和 Defining the View。

9.8　保存、打印和导出图形

9.8.1　保存和打开图像文件

可以将 MATLAB 会话期间生成的图像保存为文件，这样一来，就可以在接下来的会话中打开它。这种文件具有.fig 扩展名。
- 从图像窗口的 File 菜单中选择 Save。
- 确认保存类型为.fig。

为了打开图像文件，请从 File 菜单中选择 Open。

9.8.2　打印图形

可以将图像窗口中的所有东西都打印出来，包括坐标轴标签和注释：
- 为了打印图像，请从图像窗口的 File 菜单中选择 Print。

- 如果有一台黑白打印机，则会将彩色的线条和文本"抖动为灰色"，在某些情况下可能打印得不清晰。在这种情况下，请从图像的 File 菜单中选择 Page Setup，然后选择 Lines and Text 选项卡，并单击 Convert solid colored lines to：后面的 Black and white 选项。

9.8.3　导出图形

如果想将一个图形导入另一个应用中，例如文本处理器，一般需要将它以某种图形格式导出。还可以将它导出到 Windows 剪贴板中，然后粘贴到应用中。

以下是导出到剪贴板的方法：

- 从图像窗口的 Edit 菜单中选择 Copy Figure(该操作将图形复制到剪贴板中)。
- 在复制到剪贴板之前，可能还需要调整图形的设置。可以从图像窗口的 File 菜单中选择 Preferences。该操作会打开 Preferences 面板，从中可以选择 Figure Copy Template Preferences 和 Copy Options Preferences 来调整图形的设置。可能还需要从图像窗口的 File 菜单中选择 Page Setup 来进一步调整图形的设置。

以下是将图形导出为具有特定图像格式的文件的方法：

- 从图像窗口的 File 菜单中选择 Export。该操作会激活 Export 对话框。
- 从保存类型列表中选择一种图像格式，例如 EMF(Enhanced MetaFiles，增强图元文件)、JPEG 等。可能需要通过实验找出适合目标应用程序的最佳格式。

例如，为了将图形导入 Word 文档中，笔者发现先将之保存为 EMF 或 JPEG 格式，然后再将图形文件插入 Word 文档中，比使用剪贴板要容易很多(后者需要调整更多设置)。

更多的相关细节，请参见 MATLAB Help: Graphics 中的 Basic Printing and Exporting 小节。

9.9　本章小结

- 使用 plot 语句绘制二维图形。
- MATLAB 中有一系列名为 ez* 的易用版本的画图函数。
- 可以使用 grid、text、title、xlabel、ylabel 等命令为图形加上标签。
- 可以使用很多种方法在同一坐标轴上绘制多个图形。
- 可以更改线型、标记和颜色。
- 可以明确设置坐标轴的大小限制。
- 在 MATLAB 中，单词 axes 表示图形对象，其中绘制了 x 轴和 y 轴，以及它们的标签、图形和文本注释等。
- 可以使用 subplot 命令在同一图像中绘制多个坐标轴。
- 图像中各点的坐标可以通过 ginput 选中。
- 可以使用 semilogx、semilogy 和 loglog 来以 $\log_{10}$ 为比例作图。
- polar 命令用极坐标作图。
- fplot 提供了一种绘制数学函数的方便方式。
- plot3 绘制三维线条。
- comet3 用来绘制三维动画。
- 可以用 mesh 绘制三维曲面。
- 可以使用 view 或图像窗口中的 Rotate 3-D 工具旋转三维图形。
- 可以使用 mesh 可视化矩阵。
- contour 和 contour3 分别用二维和三维的方式绘制等高线。
- 可以剪切三维曲面。

- 图形函数的完整列表请参见 MATLAB Function Reference: Functions by Category: Graphics 中的在线帮助。
- MATLAB 图形对象是以父子继承的关系整合的。
- 可以在创建图形对象时将句柄附加到它上面；可以使用句柄操纵图形对象。
- 如果 h 是图形对象的句柄，那么 get(h)返回该对象的属性的所有当前值，set(h)展示这些属性的所有可选值。
- 函数 gcf、gca 和 gco 返回各种图形对象的句柄。
- 使用 set 改变图形对象的属性。
- 在绘图编辑模式下，可以对图形做有限编辑。从图像窗口选择 Tools | Edit Plot 进入绘图编辑模式。属性编辑器(从图像窗口选择 Edit | Figure Properties)可以实现更加一般化的编辑。
- 最通用的创建动画的方法是使用句柄图形工具。其他的技术手段包括彗星图和电影。
- 可以用色图进行索引着色。
- 保存为.fig 文件的图形可以在接下来的 MATLAB 会话中打开。
- 可以将图形导出到 Windows 剪贴板中，或者导出到各种格式的图形文件中。

9.10　本章练习

9.1　请使用如下 Logistic(逻辑斯谛)模型，绘制美国从 1790 年到 2000 年的人口图形：

$$P(t) = \frac{197\,273\,000}{1 + e^{-0.03134(t-1913.25)}}$$

其中 t 是以年为单位的日期。

从 1790 年到 1950 年，每 10 年的确切数据如下：3929、5308、7240、9638、12 866、17 069、23 192、31 443、38 558、50 156、62 948、75 995、91 972、105 711、122 775、131 669、150 697。

将 $P(t)$ 的图形和这些数据重合到一张图中。如图 9-16 所示，将这些数据绘制为离散的圆圈(即不要用线将它们连接)。

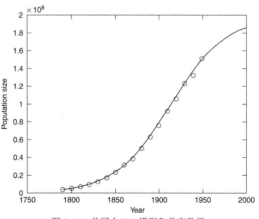

图 9-16　美国人口：模型和普查数据

9.2　阿基米德螺旋[见图 9-17(a)]可以用如下方程中的极坐标表示：

$$r = a\theta$$

其中 a 为常数(一种被称为货币虫的动物的壳就是以这种方式生长的)。编写一些命令行语句，绘制一些 a 值下螺旋的图形。

9.3　另一种螺旋是对数螺旋[见图 9-17(b)]，它描述了诸如鹦鹉螺的动物的壳的生长方式。它的极坐标方程为：

$$r = aq^\theta$$

其中 $a>0$，$q>1$。请绘制此螺旋。

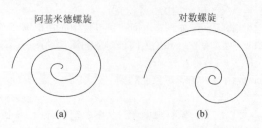

阿基米德螺旋   对数螺旋

(a)   (b)

图 9-17　螺旋

9.4　向日葵花盘(还有其他花，如雏菊)中种子的排列服从固定的数学模式。第 n 颗种子的位置为：

$$r = \sqrt{n}$$

角度坐标为 $\pi dn/180$ 弧度，其中 d 为任意两颗连续的种子之间的角度(单位为度)，即第 n 颗和第 $n+1$ 颗种子之间。令 $d=137.51°$ 可以生成完美的向日葵花盘(见图 9-18)。编写程序绘制种子的分布图；使用小圆圈($\bigcirc$)表示每颗种子。该模型的一个明显特点是，要想获得合适的向日葵图，必须将角度 d 精确地设置为某个值。请用一些不同的值，例如 137.45°(新式辐条)、137.65°(传统辐条)和 137.92°(轮转烟花)检验一下。

图 9-18　完美的向日葵花盘

9.5　椭圆方程的极坐标表示如下：

$$r = a(1-e^2)/(1-e\cos\theta)$$

其中 a 是半长轴，e 是离心率，如果焦点在原点处，则半长轴位于 x 轴上。

哈雷彗星于 1985 年 6 月造访了人类，它在一条围绕太阳(位于焦点上)的椭圆轨道上运行，其半长轴为 17.9 AU(天文单位)。

AU(Astronomical Unit，天文单位)是地球和太阳的平均距离 14960 万 km。该轨道的离心率为 0.967276。编写程序绘制哈雷彗星和地球的轨道(假设地球是圆的)。

9.6　最近有很多关于一个有趣的迭代关系式的研究，其定义为：

$$y_{k+1} = ry_k(1-y_k)$$

(这是著名的逻辑斯谛模型的离散形式)。给定 y_0 和 r，可以轻易地依次计算 y_k。例如，如果 $y_0=0.2$，$r=1$，则 $y_1=0.16$，$y_2=0.1334$，以此类推。

这个公式通常用于建立无限增长情况下的人口增长模型，但受食物、生活方面等其他因素的影响。在 r 的值处于 3 到 4 之间时(和 y_0 无关)，y_k 展现出令人迷惑的行为，即所谓的数学混乱(mathematical chaos)。编写程序绘制 y_k 关于 k 的图形(以独立点的形式)。

如下 r 值可以绘制出特别有趣的图形：3.3、3.5、3.5668、3.575、3.5766、3.738、3.8287。通过耐心探索，还可以找到更多的示例。

9.7　绘制由如下差分方程生成的点 (x_k, y_k) 即可得到一幅漂亮的分形图：

$$x_{k+1} = y_k(1 + \sin 0.7x_k) - 1.2\sqrt{|x_k|}$$
$$y_{k+1} = 0.21 - x_k$$

从 $x_0 = y_0 = 0$ 开始。编写程序绘制该图(绘制独立的点，不用连接它们)。

第 10 章

作为阵列的向量以及其他数据结构

本章目标：

- 学会解决涉及阵列下标的问题
- 介绍结构体
- 介绍元胞和元胞阵列

在 MATLAB 中，阵列只是向量的别名。那么为什么在本书的大部分内容都是用向量这个名称的情况下，还要在一章中用大部分的篇幅来讲阵列呢？这是因为，当需要使用下标而不是整个向量处理独立的元素时，讨论阵列(相对于向量来说)是非常有用的。因此，在本章的前三节中，先来看一些将向量视为阵列才能最好地加以解决的问题，通常需要借助 for 循环。

在本章的后三节中，我们主要讨论更加高级的其他数据结构。

10.1 更新过程

在第 8 章中，我们考虑了计算罐装橙汁(Orange Juice, OJ)在冰箱中冷却时的温度问题。这是更新过程的一个示例，其中主变量在一段时间内反复更新。现在介绍解决这个问题的更一般化的方法。

当 OJ 置于冰箱中时，初始温度为 25℃，室温 F 为 10℃。解决此类更新过程问题的标准方法是将时间段分解为大量的细小步长，每个步长的长度为 dt。如果 T_i 是第 i 步开始时的温度，则可以通过如下式子求得 T_{i+1}：

$$T_{i+1} = T_i - K \, \mathrm{d}t(T_i - F) \tag{10.1}$$

其中 K 是物理常量，选取其单位以使时间的单位为分钟。

10.1.1 单位时间步长

首先使用单位时间步长，即 dt=1。最简单的方法是使用标量表示时间和温度，如第 8 章所述(但是第 8 章没有使用单位时间步长)：

```
K = 0.05;
F = 10;
T = 25;                    % initial temperature of OJ

for time = 1:100           % time in minutes
  T = T - K * (T - F);     % dt = 1
if rem(time, 5) == 0
disp( [time T] )
```

```
end
end;
```

注意，使用 rem 显示每 5 分钟的结果：当 time 是 5 的整数倍时，它除以 5 的余数为零。

虽然这无疑是编写脚本的最简单方法，但是无法很容易地画出温度相对于时间的图形。为了做到这一点，time 和 T 必须是向量。必须使用 for 循环的索引作为 T 中元素的下标。脚本如下(update1.m)：

```
K = 0.05;
F = 10;
time = 0:100;                % initialize vector time
T = zeros(1,101);            % pre-allocate vector T
T(1) = 25;                   % initial temperature of OJ

for i = 1:100               % time in minutes
T(i+1) = T(i) - K * (T(i) - F);  % construct T
end;
disp([ time(1:5:101)' T(1:5:101)' ]); % display results
plot(time, T), grid           % every 5 mins
```

典型的图形参见图 10-1。

注意：

- 语句 time=0:100 创建一个表示时间的(行)向量，其中 time(1) 的值为 0min，而 time(101) 的值为 100min。这样的设置是有必要的，因为 MATLAB 中向量的第一个下标必须是 1。
- 语句 T=zeros(1,101) 创建一个表示温度的对应(行)向量，其中每个元素都初始化为零(再次重申，必须有 101 个元素，因为第一个元素表示 0min 的温度)。这个过程被称为预分配。它有两个重要目的：

(a) 首先，它可以清除程序上一次运行时留下的同名向量。在试图显示或绘制 *T* 相对于 time 的图形时，如果向量的大小不同，则可能导致冲突。预分配操作则可以避免这种冲突，请运行 update1 看看效果。它将完美地工作。现在假设决定在一段更短的时间内进行运算，比如 50min。移除 zeros 语句，并做出如下两处额外改动，然后重新运行脚本(但不要清除工作空间)：

```
time = 0:50;                % initialize vector time
...
for i = 1:50               % time in minutes
```

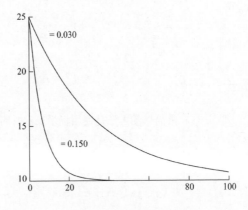

图 10-1 冷却曲线

这次会得到一条错误消息：

```
??? Error using ==> plot
Vectors must be the same lengths.
```

whos 命令显示 time 的大小是正确的，为 51 乘 1，而 T 依然是 101 乘 1。plot 命令需要两个向量的长度相同。

问题在于，当操作 0:50 正确地重新定义 time 时，for 循环对 T 并没有实现同样的效果。由于 T 是逐元素更新的，上一次运行时未被使用的第 51 到 101 个元素被原封不动保存到工作空间中了。对 T 预分配正确数量的零元素可以避免这个问题。

(b) 其次，虽然该脚本在没有 zeros 语句时也可以正常工作，但是如我们所见，程序运行会慢很多。这是因为在每次 for 循环中都必须重新定义 T 的维度，为新元素提供空间。

使用大小为 10 000 的向量做如下实验对于我们观察运行速度是非常有用的：

```
time = 0:9999;          % initialize vector time
T = zeros(1,10000);     % pre-allocate vector T
...
for i = 1:10000
...
```

(请将 disp 和 plot 语句注释掉，因为这些语句无法突出我们主要说明的问题)。奔腾 Ⅱ 计算机用了 0.99s 运行使用预分配 T 的脚本，对于没有使用预分配的脚本则用了 13.19s—时间长了 10 多倍。在需要进行大量逐元素处理的脚本中，这个问题尤为关键。

- 将 T 的第一个元素设置为 OJ 的初始温度。这是 0 时刻的温度。
- for 循环计算 T(2),…,T(101)的值。这样安排是为了确保温度 T(i)对应于 time(i)。
- 使用冒号运算符每隔 5min 显示一次结果。

10.1.2　非单位时间步长

在方程(10.1)中取 dt=1 并非总是足够合适和/或精确的。在给定 dt 为(几乎)任意值的条件下，在 MATLAB 中有一种生成解向量的标准方法。为了介绍这种方法，我们引入更加一般化的符号表示。

设置初始时间为 a，结束时间为 b。如果步长为 dt，则总步数 m 为：

$$m = (b - a)/dt$$

因此第 i 步结束时的时间为 $a + idt$。

脚本 update2.m 实现了这种方案。它有一些额外的特性，要求输入 dt 的值，并验证根据这个值算出的总步数 m 是否是整数。它还要求输出间隔的长度 opint(以分钟为单位的间隔，在间隔处程序以表格的形式将结果显示出来)，并验证这个间隔是否是 dt 的倍数。请使用相同的样值试着运行该脚本，例如 dt=0.4，opint=4。

```
K = 0.05;
F = 10;
a = 0;                  % initial time
b = 100;                % final time
load train
dt = input( 'dt: ' );
opint = input( 'output interval (minutes): ' );
if opint/dt ~= fix(opint/dt)
sound(y, Fs)
disp( 'output interval is not a multiple of dt!' )
break
end;

m = (b - a) / dt;       % m steps of length dt
```

```
if fix(m) ~= m          % make sure m is integer
sound(y, Fs)
disp( 'm is not an integer - try again!' );
break
end;
T = zeros(1,m+1);       % pre-allocate (m+1) elements
time = a:dt:b;
T(1) = 25;              % initial temperature

for i = 1:m
T(i+1) = T(i) - K * dt * (T(i) - F);
end;
disp( [time(1:opint/dt:m+1)' T(1:opint/dt:m+1)'] )
plot(time, T),grid
```

注意:

- 向量 **T** 和 time 必须有 $m+1$ 个元素，这是因为总步数为 m，而我们需要一个额外的元素作为每个向量的初始值。
- 表达式 opint/dt 给出了显示结果的索引步长，例如 dt=0.1 和 opint=0.5，每(0.5/0.1)个元素显示一次，即显示每组的第 5 个元素。

10.1.3 使用函数

编写函数是解决这个问题的好方法。它在生成与不同 dt 值对应的结果表格时要容易得多，只需要在命令行中使用函数。如下将 update2.m 改写为函数 cooler.m:

```
function [time, T, m] = cooler( a, b, K, F, dt, T0 )
m = (b - a) / dt;       % m steps of length dt
if fix(m) ~= m          % make sure m is integer
disp( 'm is not an integer - try again!' );
break
end;
T = zeros(1,m+1);       % pre-allocate
time = a:dt:b;
T(1) = T0;              % initial temperature

for i = 1:m
T(i+1) = T(i) - K * dt * (T(i) - F);
end;
```

假设要显示每隔 5 分钟温度相对于时间的表格，并分别使用 dt=1 和 dt=0.1。如下是实现方法(在 Command Window 中):

```
dt = 1;
[t T m] = cooler(0, 100, 0.05, 10, dt, 25);
table(:,1) = t(1:5/dt:m+1)';
table(:,2) = T(1:5/dt:m+1)';
dt = 0.1;
[t T m] = cooler(0, 100, 0.05, 10, dt, 25);
table(:,3) = T(1:5/dt:m+1)';
format bank
disp(table)
```

输出为:

0	25.00	25.00
5.00	21.61	21.67
10.00	18.98	19.09
...		
100.00	10.09	10.10

注意：

- 使用输出变量为向量的函数的优势是即使忘了在函数中(使用零)对向量进行预分配，MATLAB 也会在从函数返回之前自动清除之前的输出向量。
- 变量 table 是二维阵列(或矩阵)。注意，可以使用冒号运算符表示矩阵中一行或一列的所有元素。所以 table(:,1)表示第 1 列中的每一行，即整个第 1 列。向量 *t* 和 *T* 是行向量，所以在将它们插入到 table 的第 1 列和第 2 列中之前，必须将它们进行转置。table 中第 3 列的插入方法类似。
- 第 3 列(对于 d*t*=0.1)中的结果更加准确。

10.1.4　精确解

这个冷却问题有精确的数学解。时间点 *t* 处的温度 $T(t)$ 由如下公式给出：

$$T(t) = F + (T_0 - F)e^{-Kt} \tag{10.2}$$

其中 T_0 是初始温度。可以用如下方法，将公式向量化，然后将精确解的值插入到 table 的第 4 列中：

```
tab(:,4) = 10 + (T(1)-10)*exp(-0.05 * t(1:5/dt:m+1)');
```

扩大后的表格如下：

0	25.00	25.00	25.00
5.00	21.61	21.67	21.68
10.00	18.98	19.09	19.10
...			

注意，d*t* 的值越小，由方程(10.1)生成的数值解越精确。这是因为方程(10.2)(精确解)是由方程(10.1)在极限条件下推导出来的，即 d*t* → 0。

练习

为了完成对冷却问题的分析，需要将不同 K 值的图形重叠绘制在一幅图形中，并且使用不同的颜色。在合适的位置为每个图形添加标签也是很有用的，例如标签 K=0.08。如下命令：

```
gtext( 'text' )
```

在屏幕上显示一个箭头。可以使用鼠标或方向键定位该箭头。当单击鼠标(或按下 Enter 键)时，指定的文本就会出现在该点。

函数 gtext 以字符串为参数。如果想用变量数值作为标签，可以使用 sprintf 将数字转换为字符串。它的工作原理和 fprintf 类似，只不过将输出放到一个字符串变量中，例如：

```
gtext( sprintf('K = %5.3f', K) )
```

- 请在同一坐标轴上，针对不同的 K 值，利用不同的颜色绘制一些图形，并且为它们加上标签。效果和图 10-1 类似。也请将方程(10.2)所得的精确解重叠绘制到图形中。

在绘图编辑模式中除了使用 Properties Editor，还可以用交互的方式为图形添加标签。

10.2 频率、柱状图和直方图

10.2.1 随机漫步

想象一下，一只蚂蚁沿着直线漫步，例如 x 轴。它从 $x=40$ 开始。它以单位步长沿着直线移动。每一步向左或向右移动的概率相同。我们想要以可视化的方式表示它在每个位置所花费的时间。

先运行如下脚本(ant.m)：

```
f = zeros(1,100);
x = 40;

for i = 1:1000
r = rand;
if r >= 0.5
x = x + 1;
else
x = x - 1;
end
if x ~= 0 | x ~= 100
f(x) = f(x) + 1;
end
end
```

现在，在 Command Window 中输入语句 bar(f)，得到如图 10-2 所示的图形。

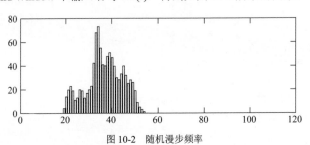

图 10-2　随机漫步频率

注意：
- 函数 rand 返回一个介于 0 和 1 之间的随机数。如果它大于 0.5，则蚂蚁向右移动($x=x+1$)，否则向左移动($x=x-1$)。
- 向量 f 有 100 个元素，都初始化为零。定义 $f(x)$ 为蚂蚁停留在 x 处的次数。由于第一步是向右，因此 x 的值为 41。如下语句：

  ```
  f(x) = f(x) + 1
  ```

将 $f(41)$ 的值增加 1，意思是它已经去过那里一次了。当蚂蚁下一次经过那里时，将 $f(41)$ 增加 2，表示它已经去过那里两次了。

笔者运行该脚本时，$f(41)$ 的最终值为 33——蚂蚁经过那里的次数。
- $f(x)$ 被称为频率分布(frequency distribution)，从 bar(f)获得的图形则被称为柱状图(bar graph)。f 的每个元素由高度成比例的柱状块表示。请参见 help bar。
- 脚本 ant.m 仿真了一只蚂蚁的随机移动。如果重新运行，将得到不同的柱状图，因为 rand 将生成不同的随机数序列。第 15 章将更加充分地讨论仿真。

10.2.2　直方图

另一种表示数据的有用方法是使用直方图(histogram)。

例如，假设有 12 名学生参加测试，将分数(以百分比的形式表示)赋予向量 **m**，具体分数如下：

```
0  25  29  35  50  55  55  59  72  75  95  100
```

语句hist(m)绘制一个直方图，请试着运行一下。直方图将分数的分布情况显示在 10 个"箱子"(种类)中，这些箱子在数据集的最小分数和最大分数之间等间隔地排列。箱子的数量(默认为10)可以由第二个参数指定，例如 hist(m, 25)。

为了利用 hist 生成频率图，可以使用如下形式(并不直接绘制直方图)：

```
[n x] = hist(m)
```

其中 **n** 是包含频率的向量：

```
1  0  2  1  0  4  0  2  0  1  1
```

例如，在第一个箱子(0～9)中有一个分数，第二个(10～19)中没有，第三个中则有两个，以此类推。第二个输出向量 **x** 包含箱子的中心点，从而 bar(x,n)可以绘制直方图。更多细节请参见帮助文档。

请注意直方图和柱状图之间的细微差别。hist 绘制的值是通过向量中值的分布计算出来的，而 bar 则从数值直接生成柱状图。

10.3　排序

阵列的典型应用是将一列数字按照升序排列。虽然 MATLAB 有自己的排序函数(sort)，但你可能还是对排序算法的工作原理感兴趣。

10.3.1　冒泡排序

基本思想是将未排序的数字列表赋给一个向量，然后对数字进行整理，主要是对该向量进行多次遍历，将顺序错误的连续元素交换位置，直至所有元素的位置都正确为止。该过程被称为冒泡排序(bubble sort)，这是因为较小的数字逐渐上升到列表的顶端，就像水中的气泡(事实上，在下面的版本中，第一轮遍历之后，最大的数字将"下沉"到列表的底端，其实是"铅球"排序)。还有很多其他排序方法，例如快速排序(quick sort)，该算法可以在很多计算机科学方面的教科书中找到。这些算法一般都比冒泡排序更加简单，但是冒泡排序的优势在于最易于编程实现。冒泡排序的结构规划如下：

(1) 输入列表 X

(2) 令 N 等于 X 的长度

(3) 重复 $N-1$ 次，以 K 为计数器

　　重复 $N-K$ 次，以 J 为计数器

　　　　如果 $X_j > X_{j+1}$

　　　　　　交换 X_j 和 X_{j+1} 的内容

(4) 列表 X 排序完成，停止

例如，考虑一个包含 5 个数字的列表：27、13、9、5 和 3。首先将它们输入到向量 X 中。在该算法过程中 MATLAB 的部分内存如表 10-1 所示。表中的每一列显示了每次遍历过程中列表的变化。每行中的斜杠表示该变量的值在遍历过程中的一次变化。每次遍历中进行的大小检测($X_j > X_{j+1}$?)次数也显示在表格中。请利用结构规划自行完成表格的计算，直到理解该算法的工作原理。

表 10-1 冒泡排序过程中的内存情况

	第 1 次遍历	第 2 次遍历	第 3 次遍历	第 4 次遍历
X_1:	27/13	13/9	9/5	5/3
X_2:	13/27/9	9/13/5	5/9/3	3/5
X_3:	9/27/5	5/13/3	3/9	9
X_4:	5/27/3	3/13	13	13
X_5:	3/27	27	27	27
	4 次检测	3 次检测	2 次检测	1 次检测

排序算法是通过计算各自进行的大小检测的次数来比较的，这是因为这些检测占用排序过程中的大部分执行时间。冒泡排序的第 K 次遍历中检测次数为 $N-K$，所以总的检测次数为：

$$1 + 2 + 3 + \cdots + (N-1) = N(N-1)/2$$

(对于较大的 N，约为 $N^2/2$)。因此，对于包含 5 个数字的列表，检测的次数为 10，但是对于 10 个数字，则检测次数为 45。所需的计算时间和列表长度的平方成正比。

下面的函数 M 文件 bubble.m 和上面的结构规划稍有出入，后者将进行 $N-1$ 次遍历，即使在最后一次遍历之前列表已经完成了排序。由于实际情况中大部分列表都是部分已经排好序的，因此有必要在每次遍历之后检查一下是否做了任何换位。如果没有进行任何换位，则表示列表已经完成排序，因此可以避免不必要的(因此也是浪费时间的)大小检测。在该函数中，使用变量 sorted 检测列表是否已经完成排序，并且将外层循环替换为非确定的 while 循环。代码如下：

```
function y = bubble( x )
n = length(x);
sorted = 0;          % flag to detect when sorted
k = 0;               % count the passes

while ~sorted
  sorted = 1;        % they could be sorted
  k = k + 1;         % another pass
  for j = 1:n-k      % fewer tests on each pass
if x(j) > x(j+1) % are they in order?
temp = x(j);   % no ...
x(j) = x(j+1);
x(j+1) = temp;
sorted = 0;    % a swop was made
end
end
end;
y = x;
```

可以在命令行中使用 20 个随机数进行测试：

```
r = rand(1,20);
r = bubble( r );
```

请注意 bubble 函数如何改变它的输入向量。

在笔者的个人计算机上 bubble 函数用 1.81s 完成了 200 个随机数的排序，而对于 400 个随机数则需要 7.31s。这和上面得到的理论结果是一致的。

10.3.2　MATLAB 中的 sort 函数

MATLAB 的内置函数 sort 返回两个输出参数：一个已完成排序的列表(升序)和一个包含排序过程中用到的索引的向量，即排序之后的数字在原列表中的位置。如果下列随机数：

```
r = 0.4175    0.6868    0.5890    0.9304    0.8462
```

由如下命令排序：

```
[y,i] = sort®
```

则输出变量为：

```
y = 0.4175    0.5890    0.6868    0.8462    0.9304
i = 1    3    2    5    4
```

例如，第二大的数字(0.5890)的索引为 3，这也是它在原始的未排序列表 r 中的下标。

事实上，内置函数 max 和 min 也返回第二个输出变量，用于给出索引。

MATLAB 中的 sort 函数非常快。笔者的个人计算机仅需 2.36s 即可对 100 万个随机数进行排序！这是因为：a)使用了快速排序，b)已经将脚本编译为内置函数，使代码的运行速度更快。

10.4　结构体

到目前为止，我们见过的阵列都只包含一种元素—要么都是数字，要么都是字符。MATLAB中的结构体允许将不同种类的数据放到它的各个域中。例如，可以创建名为 student 的结构体，其中一个域用于表示学生的姓名：

```
student.name = 'Thandi Mangwane';
```

第二个域表示学生的学号：

```
student.id = 'MNGTHA003';
```

而第三个域表示这名学生截至目前获得的分数：

```
student.marks = [36 49 74];
```

输入结构体的名称，即可看到整个结构体：

```
student
student =
name: 'Thandi Mangwane'
id: 'MNGTHA003'
marks: [36 49 74]
```

如下是访问学生第二个分数的方法：

```
student.marks(2)
ans =
49
```

注意，在创建和访问结构体的域时，需要使用点号分隔结构体的名称及其域。

为了向结构体中添加更多元素，可以在结构体名称之后使用下标：

```
student(2).name = 'Charles Wilson'
student(2).id = 'WLSCHA007'
```

```
student(2).marks = [49 98]
```

(现在可以使用 student(1) 访问之前的学生 Thandi Mangwane)。注意，结构体阵列的不同元素之间的域的大小不必一致：student(1).marks 有三个元素，而 student(2).marks 只有两个元素。

student 结构体现在的大小为 1 乘 2：它有两个元素，每个元素表示一名有三个域的学生。如果结构体中有不止一个元素，当在命令行中输入结构体名称时，MATLAB 不会将每个域中的内容显示出来。相反，它会给出如下摘要信息：

```
student
student =
1x2 struct array with fields:
name
id
marks
```

还可以使用 fieldnames(student) 获取这些信息。

可以使用 struct 函数预分配结构体阵列。请参见帮助文档。

结构体的域可以包含任意种类的数据，甚至是另一个结构体——为什么不行呢？因此，可以创建学生所修课程的结构体 course，其中一个域是课程的名称，另一个域则是包含选修这门课的所有学生的信息的 student 结构体：

```
course.name = 'MTH101';
course.class = student;
course

course =
name: 'MTH101'
class: [1x2 struct]
```

可以为另一个班级的学生在 course 中创建第二个元素：

```
course(2).name = 'PHY102';
course(2).class = ...
```

以下命令可以查看所有课程：

```
course(1:2).name
ans =
MTH101
ans =
PHY102
```

以下命令可以查看某门课程的所有学生：

```
course(1).class(1:2).name
ans =
Thandi Mangwane
ans =
Charles Wilson
```

有个名为 deal 的有趣函数，可以"将输入分配给输出"。可用它生成"逗号分隔的变量列表"，这些变量来自结构体的域：

```
[name1, name2] = deal(course(1).class(1:2).name);
```

(这里其实不用逗号)。

可以使用 rmfield 函数移除结构体中的域。

10.5 元胞阵列

元胞是 MATLAB 中最一般的数据对象。可以将元胞视为"数据容器",其中可以包含任意类型的数据:数字阵列、字符串、结构体或元胞。元胞组成的阵列(元胞几乎总是会出现在阵列中)被称为元胞阵列。你可能认为元胞听起来和结构体是一样的,其实元胞更为一般化,在表示方法上也有区别(容易混淆)。

10.5.1 将数据赋给元胞阵列

有多种方法将数据赋给元胞阵列。

- 元胞索引:

```
c(1,1) = {rand(3)};
c(1,2) = {char('Bongani', 'Thandeka')};
c(2,1) = {13};
c(2,2) = {student};

c =
[3x3 double] [2x8 char ]
[        13] [1x2 struct]
```

(假设上面创建的 student 结构体依然存在)。这里的赋值表达式左边的圆括号是表示元胞阵列中元素的常规方式。不同的是右边的花括号。花括号表示元胞的内容,当它们位于赋值表达式的右边时,从技术上说,它们是元胞阵列构造器(记住这个阵列的每个元素是元胞)。

所以第一条语句的意思是:"创建一个包含 rand(3) 的元胞,并将它赋给元胞阵列 c 的元素 c(1,1)。"

- 内容索引:

```
c{1,1} = rand(3);
c{1,2} = char('Bongani', 'Thandeka');
c{2,1} = 13;
c{2,2} = student;
```

这里左边的花括号表示处于该具体位置的元胞元素的内容。所以第一条语句的意思是:
"将位于 c(1,1) 的元胞的内容变为 rand(3)。"

- 可以使用花括号在一条语句中构造整个元胞阵列:

```
b = {[1:5], rand(2); student, char('Jason', 'Amy')}
b =
  [1x5 double]   [2x2 double]
  [1x2 struct]   [2x5 char  ]
```

一个元胞阵列中可以包含另一个元胞阵列;嵌套的花括号可以用于创建嵌套的元胞阵列。

- cell 函数允许预分配空的元胞阵列,例如:

```
a = cell(3,2)      % empty 3-by-2 cell array
a =
   []    []
   []    []
   []    []
```

然后可以使用赋值语句填充各个元胞，例如：

```
a(2,2) = {magic(3)}
```

注意：

如果已经创建了一个数字阵列，就不要在没有首先清除数字阵列的情况下，使用赋值语句再创建同名的元胞阵列了。因为，如果不清除该数字阵列，MATLAB 会生成一条错误信息(系统认为你把元胞和数字的语法搞混淆了)。

10.5.2　访问元胞阵列中的数据

可以使用内容索引(花括号)访问元胞中的内容：

```
r = c{1,1}
r =
    0.4447    0.9218    0.4057
    0.6154    0.7382    0.9355
    0.7919    0.1763    0.9169
```

为了访问元胞的一部分内容，可以连接花括号和圆括号：

```
rnum = c{1,1}(2,3)
rnum =
0.9355
```

这里的花括号(内容索引)表示元胞阵列元素 c(1,1)的内容是一个 3 乘 3 的数字矩阵。下标(2,3)则表示该矩阵中的适当元素。

可以连接花括号，以访问嵌套的元胞阵列。

10.5.3　使用元胞阵列

当需要以"逗号分隔的变量列表"的方式访问(不同种类的)数据时，元胞阵列进入它们自身。

varargin 和 varargout 允许函数有任意数量的输入和输出参数，它们正好就是元胞阵列。函数 testvar 的输入参数的数量是可变的，将输入参数加倍之后再赋给同样数量可变的输出参数(假设输出参数的数量不超过输入参数的数量)：

```
function [varargout] = testvar(varargin)
for i = 1:length(varargin)
x(i) = varargin{i};        % unpack the input args
end
for i = 1:nargout % how many output arguments?
varargout{i} = 2*x(i);     % pack up the output args
end
```

在命令行中输入如下语句：

```
[a b c] = testvar(1, 2, 3, 4)
a =
2
b =
4
c =
6
```

当使用输入参数 varargin 调用函数时，MATLAB 自动将对应的输入参数打包到元胞阵列中。在函数中即可使用花括号(内容索引)轻松打开元胞阵列。最后用类似的方法将输出参数打包到元胞阵列 varargout 中。

需要注意的是，如果函数有一些强制性的输入和输出参数，varargin 和 varargout 必须出现在它们各自的参数列表的末尾。

MATLAB 中有关于何时使用元胞阵列的讨论，可以在 MATLAB Help: Programming and Data Types: Structures and Cell Arrays 的 Organizing Data in Cell Arrays 一节中找到。

10.5.4　显示和可视化元胞阵列

函数 celldisp 以递归方式显示元胞阵列中的内容。

函数 cellplot 绘制元胞阵列的视图。图 10-3 描述了上文创建的元胞阵列 c 的内容，阴影部分表示非空的阵列元素。

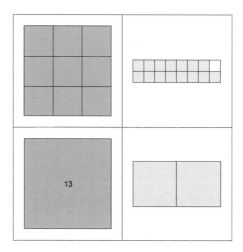

图 10-3　cellplot©的结果

10.6　类和对象

MATLAB 以及大多数其他现代编程语言，都支持面向对象的程序设计方法，并拥有所有与此相关的常见工具：类、对象、封装、继承、运算符重载等。

面向对象编程这个主题需要一整本书来讨论。如果想了解其概念，有很多优秀的相关书籍。如果想了解 MATLAB 如何实现面向对象编程，请参阅在线帮助：MATLAB Help: Programming and Data Types: MATLAB Classes and Objects。

10.7　本章小结

- MATLAB 结构体允许在各个域中保存不同类型的数据。
- 可以创建结构体的阵列。
- 元胞是 MATLAB 中最一般化的数据对象，并且可以保存任意类型的数据。
- 由元胞组成的阵列被称为元胞阵列——阵列中的每个元胞可以保存不同类型的数据，包括其他的元胞阵列。

- 可以用花括号{}构造元胞阵列。
- 可以使用内容索引(花括号)访问元胞阵列中元胞的内容。
- 可以使用圆括号(元胞索引)这种常规方法来访问元胞阵列中的元胞元素。
- 系统将参数数量可变的函数的参数打包到元胞阵列中。
- 函数 cellplot 可以将元胞阵列可视化。
- MATLAB 可以实现面向对象编程。

第11章

错误和陷阱

本章目标：

● 识别和避免不同种类的错误和陷阱

即使是经验丰富的程序员，也很少能在程序第一次运行时就确保其正确。在计算机术语中，程序中的错误被称为 bug。故事是这样的，一只倒霉的飞蛾造成一台计算机的两个真空管短路，这台计算机是最早的计算机之一。人们花费数天的时间才找到这个原始(炭化)的bug。因此，发现和纠正这种错误的过程被称为调试。有各种不同的错误和陷阱，其中一些是 MATLAB 特有的，而另一些则是使用任何语言编程都会碰到的。本章将简要介绍这些错误和陷阱。

11.1 语法错误

语法错误就是 MATLAB 语句(例如，将 plot 写为 plog)中的输入错误。它们是出现频率最高的一类错误，并且是致命的：MATLAB 将停止执行并显示一条错误信息。随着 MATLAB 版本的演进，错误信息也在不断改进。请尝试下面的示例，查看最近的一条错误信息：

```
2*(1+3
disp(['the answer is ' num2str(2)]
```

MATLAB 中有很多可能的语法错误——你可能已经发现了一些。随着经验的积累，你将能更加熟练地发现错误。

函数 lasterr 返回最后一条错误信息。

11.1.1 向量的大小不匹配

考虑如下语句：

```
x = 0:pi/20:3*pi;
y = sin(x);
x = 0:pi/40:3*pi;
plot(x,y)
```

可以得到如下错误信息：

```
Error using ==> plot
Vectors must be the same lengths.
```

这是因为在 x 的增量减少之后，忘了重新计算 y。使用 whos 就能发现问题所在：

```
x     1x121   ...
y     1x61    ...
```

11.1.2　名称屏蔽

还记得工作空间中的变量会"屏蔽"同名的脚本或函数吗？访问这类脚本或函数的唯一方法是从工作空间中清除这些烦人的变量。

此外，MATLAB 函数会屏蔽同名的脚本，例如创建显示垃圾信息的名为 why.m 的脚本，然后试着在命令行中输入 why。

如果担心所要创建的变量或脚本是否是 MATLAB 函数，例如 blob，请试着先运行 help blob。

11.2　逻辑错误

这种错误是解决问题时所使用算法中的错误，是最难找到的；程序能够运行，但给出的答案是错误的！如果你没有意识到答案是错误的，那问题就更加严重了。以下小窍门可以帮助检查逻辑：

- 试着利用一些你知道答案的特殊示例运行程序。
- 如果不知道任何确切的答案，请试着利用你对问题的理解检查答案的数量级是否正确。
- 试着自行完成程序的运算(或者使用 MATLAB 中卓越的互动调试工具—请参见第 10 章)，看你是否能够发现从哪里开始出错。

11.3　舍入误差

如你所见，有时程序会给出错误的数值答案。这可能是由舍入误差(rounding error)引起的，舍入误差则是由计算机的有限精度引起的，即每个变量是由 8 个字节而不是无限的数字表示的。

请运行下面的程序：

```
x = 0.1;
while x ~= 0.2
x = x + 0.001;
fprintf( '%g %g\n', x, x - 0.2 )
end
```

需要强行停止程序的运行，即使用个人计算机的 Ctrl+Break 快捷键。因为舍入误差的存在，变量 x 的值永远都不可能是精确的 0.2。事实上，通过显示 x-0.2 的值，可以看到 x 和 0.2 的差约为 8.3×10^{-17}。最好将 while 语句替换为：

```
while x <= 0.2
```

或者，更好的办法是使用：

```
while abs(x - 0.2) > 1e-6
```

通常说，在测试两个非整数是否相等时，最好使用如下表达方式：

```
if abs((a-b)/a) < 1e-6 disp('a practically equals b'), end
```

或者：

```
if abs((a-b)/b) < 1e-6 ...
```

注意，这里的相等性测试是基于 a 和 b 之间的相对差，而不是绝对差。

通过对公式进行数学上的重新排列，有时可以减少舍入误差。再次以普通的二次方程为例：

$$ax^2 + bx + c = 0$$

其解为：

$$x_1 = (-b + \sqrt{b^2 - 4ac}) / (2a)$$
$$x_2 = (-b - \sqrt{b^2 - 4ac}) / (2a)$$

令 $a=1$，$b=-10^7$，$c=0.001$，则 $x_1=10^7$，$x_2=0$。第二个根是由两个几乎相当的数字的差表示的，几乎没有意义。但是，应该记得两个根的积为 c/a。因此，可以将第二个根表示为 $(c/a)/x_1$。使用这种形式可得 $x_2=10^{-10}$，该结果更加精确。

11.4　本章小结

- 语法错误是 MATLAB 语句结构中的错误。
- 逻辑错误是用来解决问题的算法中的错误。
- 舍入误差的出现是因为计算机只能以有限的精度存储数字。

11.5　本章练习

11.1　牛顿商：

$$\frac{f(x+h) - f(x)}{h}$$

在 h 很小的条件下，可用于估计 $f(x)$ 的一阶导数 $f'(x)$。编写程序计算如下函数在 $x=2$ 处的牛顿商（精确解是 4）：

$$f(x) = x^2$$

其中 h 从 1 开始取值，然后以因子 10 逐次减少(使用 for 循环)。当 h 变得很小时，即大约小于 10^{-12}，舍入误差的影响变得明显了。

11.2　如下齐次方程组的解：

$$ax + by = c$$
$$dx + ey = f$$

由如下式子给出(练习 3.6)：

$$x = (ce - bf)/(ae - bd)$$
$$y = (af - cd)/(ae - bd)$$

如果 $(ae-bd)$ 很小，则舍入误差会导致最终解的严重误差。考虑如下方程组：

$$0.2038x + 0.1218y = 0.2014$$
$$0.4071x + 0.2436y = 0.4038$$

结果显示，利用 4 位浮点运算得到的解为 $x=-1$，$y=3$。利用如下语句：

```
ae = floor( a * e * 1e4 ) / 1e4!
```

和代码中的适当改动，可以在练习 3.6 的解中模拟这种级别的精度。没有舍入误差情况下的精确解为 $x=-2$，$y=5$。如果方程组的系数自身还受到实验误差的影响，则使用有限精度获得的"解"是毫无意义的。

第 **II** 部分

实 践 应 用

第 II 部分主要关注实践应用。由于本书是一本入门教程，因此这里介绍的应用并不广泛，都是说明性的。其实，利用 MATLAB 所能够解决的问题实际上比本部分提供的示例更具有挑战性。但是，其中的许多示例可以作为求解更具挑战性的问题的起点。这部分的目标是让读者初步领略到 MATLAB 的威力。

第 12 章

动 力 系 统

本章的目标是讨论学会使用 MATLAB 这类工具的重要性。MATLAB 及其附带的工具箱为工程师、科学家、数学家以及这些领域中的学生提供了科技计算应用的环境。与 C、C++或 Fortran 不同，MATLAB 不只是一门编程语言。科技计算包括数学计算、分析、可视化以及算法开发。MathWork 网站上将 "MATLAB 科技计算的力量"描述为以下两点：

- 无论工作目标是什么——算法、分析、绘图、报告或软件仿真——MATLAB 科技计算都能让工作更加高效。MATLAB 中灵活的环境配置可以使用丰富的功能进行高级分析、数据可视化以及算法开发等工作。凭借其 1000 多个数学、统计、科学和工程函数，MATLAB 可以提供实时的高性能数值计算服务。此外，用于绘制曲线、图形、曲面以及立体图像的交互式绘图工具进一步拓展了 MATLAB 的功能。

- 高级工具箱算法增强了 MATLAB 在如下领域中的功能：信号与图像处理、数据分析与统计、数学建模和控制设计等。工具箱是由各领域专家编写的算法的合集，提供针对特定应用的数值、分析和图形功能。依靠这些专家的工作，可以对比和应用众多技术，而不需要自己编写代码。并且使用 MATLAB 算法，还可以根据项目需求定制和优化工具箱函数。

本章将通过 4 个相对简单的工程科学问题介绍 MATLAB 功能的应用情况。这些问题分别是悬臂梁在均匀荷载下的偏转、单回路闭合电路、自由落体问题以及第 3 章中抛射体问题的扩展。

第 1 个问题所涉及的是工程力学的第一门课程要研究的结构部件。这个结构部件就是悬臂梁，它是工程建筑的主要部件之一，例如建筑物和桥梁。我们研究这种具有常数截面的梁在承受均匀分布荷载时的偏转，例如承受自身的重量。

第 2 个问题描述的是简单的闭环电路中的电流方程。你会在电气科学的第一门课上碰到这个问题。

第 3 个问题是物体在加速度为常数 g 的重力场中的自由落体运动。这是物理课程的入门知识。我们研究摩擦力对自由落体运动的影响，结果显示在摩擦力(即空气阻力)的作用下，物体可以达到终极速度。

第 4 个问题是抛射体问题的扩展，我们也考虑空气阻力(空气阻力是流体力学的入门知识)。通过研究这个问题，就会明白为什么高尔夫选手不以 45°的角度从球座上击球(在不考虑空气阻力的情况下，这个角度可以使球飞得最远)。

在开始之前，必须记住这不是一本关于工程或科学的书，而是一本介绍 MATLAB 这一强大技术分析工具的基础知识的书。在本章以及下一章中，通过解决一些已经或即将在科学或技术课程中碰到的相对简单的问题，初步体会到 MATLAB 的强大。记住，MATLAB 是一个可以用于达到众多目的的工具。第一个目的是学习编写程序的方法，以解决在课堂上碰到的问题。通过自学和应用任何可用的功能和工具箱解决科技问题，可以拓展关于 MATLAB 的知识。这是一个需要持续探索和使用的工具，它将成为你继续学习过程的一部分。在 MATLAB 环境中开发高质量的计算机程序来解决技术问题需要借助已有的工具。如果需要编写自己的代码，就应该尽可能使用 MATLAB 中自带的解决这类问题的通用工具。

当然，为了达到这个目标，需要学习更加高级的数学、科学和工程知识。在一年级之后大家就有机会学习这些知识了。

作为一名理科或工科专业的学生，至少要学习 5 个学期的数学课程。第 5 门课程通常是高等微积分(Advanced Calculus)、高等工程数学(Advanced Engineering Mathematics)、应用数学(Applied Mathematics)或数学物理方法(Methods of Mathematical Physics)。该课程涵盖的主题通常是常微分方程、微分方程组(包括非线性系统)、线性代数(包括矩阵和向量代数)、矢量微积分、傅里叶分析、拉普拉斯变换、偏微分方程、复数分析、数值方法、最优化、概率和统计。单击 MATLAB 桌面最上方工具条中间的问号(？)，即可打开"帮助"浏览器。请浏览其中的主题，找到解决上述及更多问题的工具和示例。

MATLAB 中有很多用于推进科技研究的工程和科学工具箱，Control Systems Toolbox (控制系统工具箱)就是其中一个示例。Simulink 和 Symbolic 也是重要的工具箱，二者包含在"学生版"的 MATLAB 中。除了作为图像算法的开发和编程环境之外，Simulink 的优势之一是它在使用计算机测量、记录和访问实验室的实验数据或工业过程监控系统中的数据时非常有用。Symbolic 也非常有用，因为它允许进行符号数学运算，例如微积分课程中所做的积分运算。作为一名理科或工科专业的学生，你所学的所有数学知识都将应用于科学或工程课程中。专业人员用的也是同样的技术(这直接或间接取决于你所在组织中可用的软件工具)。因此，可以使用自己的 MATLAB 帮助理解将在课堂或工作中用到的数学和软件工具。

12.1　悬臂梁

本节研究悬臂梁的问题。该梁及其在荷载下的偏转如图 12-1 所示，它由用于解决稍后所述问题的脚本 M 文件生成。其中很多结构力学的公式请参见 Raymond J. Roark 和 Warren C. Young 所著的 *Formulas for Stress and Strain, Fifth Edition*，由 McGraw-Hill Book Company 于 1982 年出版。一根悬臂梁附在墙上 $x=0$ 处，并且在末端 $x=L$ 悬空，在承受均匀荷载时，从 $y=0$(y 是和荷载方向相反的坐标)开始的垂直位移的方程如下：

$$Y = \frac{y24EI}{wL^4} = -\left(X^4 - 4X^3 + 6X^2\right)$$

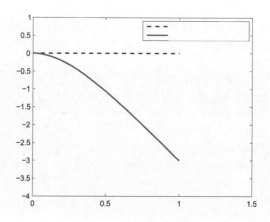

图 12-1　均匀荷载下悬臂梁的垂直偏转

其中 $X = x/L$，E 是弹性模量，I 是悬臂梁横截面的几何属性，称为转动惯量，L 是悬臂梁从墙壁伸出的长度，w 是悬臂梁的单位长度荷载(该问题是二维分析)。用无量纲的形式给出该公式以回答如下问题：悬臂梁在上述荷载情况下的偏转曲线的形状是怎样的？如何和无荷载情况下的水平方向进行对比？我们将以图的形式给出答案。利用下面的脚本可以轻易地解决这个问题：

```
%
% The deflection of a cantilever beam under a uniform load
% Script by D.T.V. .............. September 2006, May 2016
% Revised 2018
% Step 1: Select the distribution of X's from 0 to 1
% where the deflections to be plotted are to be determined.
%
X = 0:.01:1;
%
% Step 2: Compute the deflections Y at eaxh X. Note that YE is
% the unloaded position of all points on the beam.
%
Y = - ( X.^4 - 4 * X.^3 + 6 * X.^2 );
YE = 0;
%
% Step 3: Plot the results to illustrate the shape of the
% deflected beam.
%
plot([0 1],[0 0],'-',X,Y,'LineWidth',2)
axis([0,1.5,-4, 1]),title('Deflection of a cantilever beam')
xlabel('X'),ylabel('Y')
legend('Unloaded cantilever beam','Uniformly loaded beam')
%
% Step 4: Stop
```

结果见图 12-1,看上去悬臂梁偏转得很厉害。实际情况中,只要代入实际的材料特性来确定 y 和 x,偏转并没有这么大。这里我们只是根据大致的比例,即以无量纲的 Y 和 X 重写方程,画出曲线的形状。此外,只要材料的质地均匀且横截面积统一[例如横截面是高为 h、宽为 b 的长方形,与悬臂梁的伸展距离(或长度)L 无关],则该曲线的形状和材料无关。

12.2 电流

学习电气科学时,将要研究由各种元器件组成的电路。本节将求解控制方程,研究一个单一的、闭环电路的动态。电路包含电源 V(即电池)、电阻 R(即耗能设备)、电感 L(即储能设备),以及一个在 $t=0$ 时立即闭合的开关。由基尔霍夫定律可知(见 Ralph J. Smith 所著的 *Circuits, Devices, and Systems* 一书,由 John Wiley & Sons 于 1967 年出版),描述该系统从 0 电流初始状态开始的响应的方程如下:

$$L\frac{\mathrm{d}i}{\mathrm{d}t} + Ri = V$$

其中 i 是电流。在 $t=0$ 时,闭合电路,启动电流。电压立刻加到电阻和电感(串联)上。该方程将 i 的值描述为时间的函数,时间从开关闭合开始计算。因此,出于演示的目的,我们要求解该方程,以确定 i 相对于 t 的图形。重新组织该方程,可得:

$$\frac{\mathrm{d}i}{\mathrm{d}t} + \frac{R}{L}i = \frac{V}{L}$$

利用观察法(微分方程的一种解法),可得解为:

$$i = \frac{V}{R}\left(1 - \mathrm{e}^{-\frac{R}{L}t}\right)$$

可以利用如下脚本验证该解:

```
%
% Script to check the solution to the soverning
% equation for a simple circuit, i.e., to check
% that
%        i = (V/R) * (1 - exp(-R*t/L))
%
% is the solution to the following ODE
%
%        di/dt + (R/L) * i - V/L = 0
%
% Step 1: We will use the Symbolics tools; hence,
% define the symbols as follows
%
        syms i V R L t
%
% Step 2: Construct the solution for i
%
        i = (V/R) * ( 1 - exp(-R*t/L) );
%
% Step 3: Find the derivative of i
%
        didt = diff(i,t);
%
% Step 4: Sum the terms in ODE
%
        didt + (R/L) * i - V/L;
%
% Step 5: Is the answer ZERO?
%
        simple(ans)
%
% Step 6: What is i at t = 0?
%
subs(i,t,0)
%
% REMARK: Both answers are zero; hence,
%         the solution is correct and the
%         initial condition is correct.
%
% Step 7: To illustrate the behavior of the
%         current, plot i vs. t for V/R = 1
%         and R/L = 1. The curve illustrates
%         the fact that the current approaches
%         i = V/R exponentially.
%
V = 1; R = 1; L = 1;
t = 0 : 0.01 : 6;
i = (V/R) * ( 1 - exp(-R.*t/L) );
plot(t,i,'ro'), title(Circuit problem example)
xlabel('time, t'),ylabel('current, i')
%
```

上述脚本的运行结果表明上面给出的解是正确的。描述该问题的解的图像见图 12-2，它给出了这个练习的结论。你将在电气科学方面的课程中学到更多有关电路的理论。

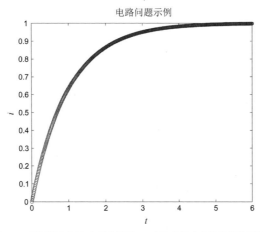

图 12-2　瞬间施加恒定电压的简单 *RL* 电路中稳态电流的指数逼近

12.3　自由落体

本节不仅使用 MATLAB 研究存在摩擦力(或空气阻力)情况下的自由落体问题，还将使用 MATLAB 验证教科书中的理论结果。在本节的示例中，将使用 MATLAB 计算并以图形的形式展示信息，以分析自由落体的问题。该例主要研究空气阻力对自由落体距离的影响。具体问题是物体从 $y=0$ 的位置开始，5s 内自由落体，物体刚开始处于静止状态(y 是重力作用的方向)。因此，我们需要确定物体在存在空气阻力以及不存在空气阻力的条件下，从静止开始下落的距离 $y=L$。在 R.A. Becker 所著，由 McGraw-Hill Book Company 于 1954 年出版的 *Introduction to Theoretical Mechanics* 一书中给出了自由落体的方程式。我们感兴趣的有如下三个：

(1) 不存在空气阻力的情况：

$$a = \frac{\mathrm{d}^2 y}{\mathrm{d}t^2} = g, \quad v = \frac{\mathrm{d}y}{\mathrm{d}t} = gt, \quad y = \frac{1}{2}gt^2$$

其中 a 是物体的加速度，v 是速度，y 是从 $t=0$ 开始的自由落体的距离。

(2) 在与速度成正比的空气阻力作用下的情况：

$$a = \frac{\mathrm{d}^2 y}{\mathrm{d}t^2} = g - k\frac{\mathrm{d}y}{\mathrm{d}t}, \quad v = \frac{\mathrm{d}y}{\mathrm{d}t} = \frac{g}{k}\left(1 - \mathrm{e}^{-kt}\right), \quad y = \frac{g}{k}t - \frac{g}{k^2}\left(1 - \mathrm{e}^{-kt}\right)$$

(3) 在与速度的二次方成正比的空气阻力作用下的情况：

$$a = \frac{\mathrm{d}^2 y}{\mathrm{d}t^2} = g - k\left(\frac{\mathrm{d}y}{\mathrm{d}t}\right)^2, \quad v = \frac{\mathrm{d}y}{\mathrm{d}t} = \frac{1}{2}\frac{g}{k}\tanh\left(\frac{gk}{2}t\right), \quad y = \frac{1}{k}\log_{\mathrm{e}}\left[\cosh\left(gkt/2\right)\right]$$

对于所有三种情况来说，$t=0$ 时刻的初始条件都是 $y=v=0$(在第三学期的数学课程上将了解更多关于常微分方程的知识。此外，在流体力学的第一门课上将学到更多关于空气阻力的知识)。特别地，第二种情况应用了关于"层流"问题的空气阻力计算方法。第三种情况适用于很多实际场景，其中"湍流"是需要重点考虑的)。

考虑如下问题：假设上面的方程式都是正确的。注意，它们假设单位质量的物体。还假设 $g=9.81\mathrm{m/s}^2$，空气阻力系数 $k=0.2$。最终，需要回答如下问题：

1) 三种情况中，在 $t=5\mathrm{s}$ 时 r 的值为多少(以 m 为单位)？

2) 在第二和第三种情况中，对于指定的空气阻力系数来说，物体的终极速度分别是多少(以 m/s 为单位)?

　　3) 在 *t*=5s 时，物体是否达到终极速度？

注意：

　　第二和第三种情况中的终极速度分别为 *g*/*k* 和 (*g*/*k*)/2，此速度与时间无关，或者说在进行一段距离的自由落体运动之后达到稳定速度。它是重力和空气阻力达到平衡时的速度。从本书的第 Ⅰ 部分我们了解到，MATLAB 在解决这类问题时非常有用，因为它能计算上述公式中的初等函数。

　　作为所提问题的答案的一部分，利用上面给出的关于 *y* 的方程计算 5s 飞行时间内的自由落体距离。以图形的方式研究空气阻力对自由落体的影响，因此，需要绘制从 *t*=0 到 *t*=5s 这段时间内的距离 *y*。为了方便对比，将 3 条曲线绘制在一个图形中。结果显示，在运动开始后的短时间内(远小于 5s)，三条曲线位于彼此上方。在 *t*=5s 时，自由落体的距离各不相同。

　　结构规划的步骤和 MATLAB 代码如下：

```
%
%     Free fall analysis (saved as FFall.m):
%     Comparison of exact solutions of free
%     fall with zero, linear and quadratic
%     friction for t = 0 to 5 seconds.
%
% Script by D. T. V. ........ September 2006.
% Revised by D.T.V. ........ 2008/2016/2018.
%
% Step 1: Specify constants
%
% Friction coefficient provided in the problem statement.
k = 0.2;
% Acceleration of gravity in m/s/s.
g = 9.81;
% Step 2: Selection of time steps for computing solutions
%
dt = .01;
%
% Step 3: Set initial condition (the same for all cases)
%
t(1) = 0.; v(1) = 0.; y(1) = 0.;
%
t = 0:dt:5;
%
% Step 4: Compute exact solutions at each time step
%         from t = 0 to 5.
%
%    (a) Without friction:
%
v = g * t;
y = g * t.^2 * 0.5;
%
%    (b) Linear friction
%
velf = (g/k) * (1. - exp(-k*t));
yelf = (g/k) * t - (g/(k^2)) * (1.-exp(-k*t));
%
%    © Quadratic friction
%
veqf = sqrt(g/k) * tanh( sqrt(g*k) * t);
yeqf = (1/k) * log(cosh( sqrt(g*k) * t) );
```

```
%
% Step 5: Computation of the terminal speeds
%          (cases with friction)
%
velfT = g/k;
veqfT = sqrt(g/k);
%
% Step 6: Graphical comparison
%
plot(t,y,t,yelf,t,yeqf)
title('Fig 1. Comparison of results')
xlabel(' Time, t')
ylabel(' Distance, y ')
figure
plot(t,v,t,velf,t,veqf)
title('Fig. 2. Comparison of results')
xlabel(' Time, t')
ylabel(' Speed, v ')
%
% Step 7: Comparison of distance and speed at t = 5
%
disp(' ');
fprintf(' y(t) = %f, yelf(t) = %f, yeqf(t) = %f at t = %f\n',...
y(501),yelf(501),yeqf(501),t(501))
disp(' ');
fprintf(' v(t) = %f, velf(t) = %f, veqf(t) = %f at t = %f\n',...
y(501),yelf(501),yeqf(501),t(501))
%
% Step 8: Comparison of terminal velocity
%
disp(' ');
fprintf(' velfT = %f, veqfT = %f\n',...
velfT,veqfT)
%
% Step 9: Stop
%
```

运行如上文件(名为 FFall.m)，Command Window 中给出图 12-3 和图 12-4 的对比图和如下打印结果：

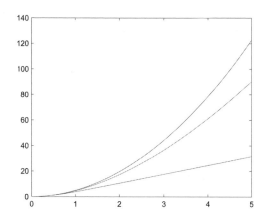

图 12-3　自由落体距离的对比：顶部的曲线是没有摩擦力的情况，中间的曲线是线性
摩擦力的情况，而下方的曲线则是二次方摩擦力的情况

```
>> FFall
y(t) = 122.625000, yelf(t) = 90.222433, yeqf(t) = 31.552121 at t = 5.000000
v(t) = 49.050000, velf(t) = 31.005513, veqf(t) = 7.003559 at t = 5.000000
velfT = 49.050000, veqfT = 7.003571
```

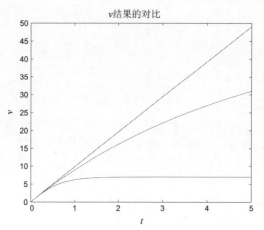

图 12-4 自由落体速度的对比：顶部的曲线是没有摩擦力的情况，中间的曲线是线性
摩擦力的情况，而下方的曲线则是二次方摩擦力的情况

和我们期待的一样，图像表明，在没有摩擦力的情况下物体下落的距离最远。在二次方摩擦力的情况下，在 5s 内就达到终极速度。线性摩擦力的情况则没有达到终极速度，但是其中物体移动的速度比没有摩擦力的情况要慢。记住，物体是单位质量的，摩擦系数为 $k=0.2$。第二和第三种情况中使用的是相同的 k。在释放的前 0.5s 内三条曲线基本是重合的，这说明摩擦力产生作用需要一定的时间。在释放 5s 后，速度和下落的距离则截然不同。二次方摩擦力使物体的速度慢于其他两种情况，这并不奇怪，因为空气阻力(或摩擦力)和速度的二次方成正比，显然要大于一次方摩擦力(线性摩擦力)的情况(见图 12-3)。

以上分析基于自由落体运动的精确解。下面使用符号工具箱检验课本中的理论结果。要检验第二种情况，即线性摩擦力。将如下脚本在 Command Window 中执行，并给出 MATLAB 的结果(见图 12-4)。

```
%
% The formula for the distance of free fall
% of an object from rest with linear friction
% is as follows:
%
% y = (g / k) * t - (g/k^2) * [ 1 - exp^(- k t)].
%
% To check the theory, we want to differentiate
% this twice to determine the formulas for velocity
% v and acceleration a, respectively. The results
% should match the published results.
%
% Step 1: Define the symbolic variables
%
syms g k t y
%
% Step 2: Write the formula for y = f(t)
%
y = (g/k) * t - (g/k^2) * ( 1 - exp(-k * t));
%
% Step 3: Determine the velocity
```

```
%
v = diff(y,t);
%
% Step 4: Determine the acceleration
%
a = diff(v,t);
%
% Step 5: Print the v and a formulas and compare with
% the published results
%
v, a
%
% Step 6: Determine a from published formula and v.
%
a2 = g - k * v;
% Step 7: Simplify to somplest form
a2 = simple(a2)
%
% Step 6: Stop. REMARK: Results compare exactly. The
% results printed in the command window after executing
% this script are as follows:
%      v = g/k-g/k*exp(-k*t)
%      a = g*exp(-k*t)
%      a2 = g/exp(k*t)
% These results verify the conclusion that the published
% formulas are correct.
%
```

接下来，考虑一种求解线性摩擦力情况的近似方法。如果得不到精确解，可以考虑使用这种方法。本书的最后一章更详细地讨论了数值方法。

求解自由落体运动的加速度和速度的方程是微分方程。如下对微分方程的近似分析被称为有限差分法。考虑线性摩擦力情况中的自由落体问题(即空气阻力与自由落体的速度成正比)。该问题的公式(或方程)及解已在上面给出。在下面的分析中，我们编写一个使用下面所述的近似方法解决这个问题的脚本，并使用相同的时间间隔执行它。然后用图形对比近似解和精确解。对于单位质量的物体来说，描述其在线性空气阻力作用下的自由落体速度的公式如下:

$$\frac{\mathrm{d}v}{\mathrm{d}t} = g - kv$$

通过将微积分的基本定理反过来使用，即使用导数在求极限之前的定义来重写该方程，从而得到该方程的近似表达。这意味着用很小的时间间隔 $\Delta t = t(n+1) - t(n)$ 改写该方程:

$$\frac{\mathrm{d}v}{\mathrm{d}t} \approx \frac{v(n+1) - v(n)}{\Delta t} = g - k\left(\frac{v(n+1) + v(n)}{2}\right)$$

其中整数 n 对应的值 $v(n)$ 表示该时间间隔开头的 v 值，即在 $t(n)$ 时间点的值。$n+1$ 对应的值是 v 在时间间隔末尾的值，即在 $t(n+1)$ 时间点的值。这是一个初值问题。因此，需要在 $t(n)$ 时间点知道 v 的值。已知 $t(n)$ 对应的 $v(n)$，然后指定 $t(n+1)$，即可通过求解上面给出的有限微分方程来计算 $v(n+1)$ 的值。解取决于 Δt 的大小。该公式给出了 $v(n+1)$ 的值。接下来需要从 v 的定义求解 $y(n+1)$(即 $\mathrm{d}y/\mathrm{d}t$ 的近似形式)。v 在时间间隔 Δt 内的平均值可以用 y 表示:

$$\frac{\mathrm{d}y}{\mathrm{d}t} \approx \frac{y(n+1) - y(n)}{\Delta t} = \frac{v(n+1) + v(n)}{2}$$

通过重新组织该方程，可以得到 $y(n+1)$ 关于 $v(n+1)$、$v(n)$、$y(n)$ 和 Δt 的公式。基于给定的初始条件，

即 $t(n)$ 对应的 $y(n)$ 和 $v(n)$，可以使用第一个微分方程计算 $v(n+1)$，利用最后一个微分方程计算 $y(n+1)$。注意，这里计算出的新值将作为下一步的初始值。重复该过程，直到算出感兴趣的整个时间段内的值(在本例中 $t=5$)。下面给出了实现这一过程的脚本。我们执行该 M 文件，将近似解和精确解绘制在同一幅图中。如结果所示，对比结果非常吻合。但是，使用近似方法并不是总能得到这样的结果。当然，本例中的对比结果还是振奋人心的，这是因为在工作中通常不能得到精确解，此时必须借助数值近似。

对比近似方法和精确结果的脚本如下(结果见图 12-5)：

```
%
% Approximate and exact solution comparison of
% free fall with linear friction for t = 0 to 5.
%
% Script by D. T. V. .......... September 2006.
% Revised by D.T.V. .......... 2008/2016/2018.
%
% Step 1: Specified constants
%
k = 0.2;
g = 9.81;
    %
% Step 2: Selection of time step for approximate solution
%           dt = t(n+1) - t(n)
dt = 0.01;
    %
% Step 3: Initial condition
    %
t(1) = 0.;
v(1) = 0.;
y(1) = 0.;
    %
% Step 3: Sequential implementation of the approximate
% solution method by repeating the procedure 500 times
% (using a for loop).
    %
for n = 1:1:500
t(n+1) = t(n) + dt;
v(n+1) = (v(n) + dt * (g-0.5*k*v(n)) )/(1.+dt*0.5*k);
y(n+1) = y(n) + dt * 0.5 * (v(n+1) + v(n));
end
    %
% Step 4: Exact solution over the same interval of time:
    %
ye = (g/k) * t - (g/(k^2)) * (1.-exp(-k*t));
    %
% Step 5: Graphical comparison:
    %
plot(t,y,'o',t,ye)
title('Comparison of numerics w/ exact results')
xlabel(' Time, t')
ylabel(' Distance of free fall from rest, y')
    %
% Step 6: Comparison of distance at t=5
    %
disp(' ');
```

```
printf(' y(t) = %f, ye(t) = %f at t = %f \n',...
y(501),ye(501),t(501))
    %
% Step 7: End of script by DTV.
    %
```

总结一下，通过自由落体问题介绍了课本中公式的应用和验证。此外，使用一种近似方法求解相同的问题，以说明这种方法在找不到精确解时的必要性。最后说明一下，还可以利用 MATLAB 中的常微分方程求解工具改进该近似方法。这类过程的示例参见最后一章，其他示例请参见 MATLAB 中的帮助手册，可以通过桌面窗口系统中工具栏的问号(?)按钮打开。

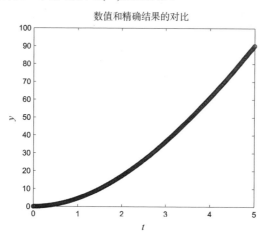

图 12-5　自由落体距离的对比：直线表示精确解，圆圈表示有限微分近似解

12.4　摩擦力作用下的投射体问题

再次研究一下投射体问题。在本例中，将考虑空气阻力对高尔夫球之类的投射体的飞行影响。对于单位质量的物体，描述其在重力场 g 中受到和运动方向相反的空气阻力(和沿着运动方向的速度的二次方成正比)情况下抛射轨迹的方程如下：

$$u = dx / dt$$
$$v = dy / dt$$
$$du / dt = -ku * \sqrt{u^2 + v^2}$$
$$dv / dt = -kv * \sqrt{u^2 + v^2} - g$$

抛射体(例如高尔夫球)的初始位置为 $x=0$，$y=0$。初速度为 V_s，发射方向与水平面成角度 θ。坐标 x 是平行于地面的水平方向，坐标 y 是和 x 垂直、指向天空的方向。因此，重量加速度的方向和 y 相反。对于给定的发射速度和方向，我们希望估计高尔夫球在第一次落地时，在 x 方向的飞行范围(距离)。为了达到这个目的，使用和上一节中处理自由落体问题类似的方法估算这 4 个方程。

本段末尾的脚本 **golf.m** 给出了解法的细节。

```
%
% "The Golf ball problem"
% Numerical computation of the trajectory of a
% projectile launched at an angle theta with
% a specified launch speed. They are:
```

```
%   theta = launch angle in degrees.
%   Vs = launch speed.
%
% Script by D. T. V. ........ September 2006.
% Revised by D.T.V. ........ 2008/2016/2018.
%
% Equations of motion:
% u = dx/dt. v = dy/dt. g is in the opposite
% direction of y. x = y = 0 is the location of
% the tee. k is the coefficient of air drag. It
% is assumed to be constant. Friction is assumed
% to be proportional to the speed of the ball
% squared and it acts in the opposite direction
% of the direction of motion of the ball. The
% components of acceleration are thus:
% du/dt = - [k (u^2 + v^2) * u/sqrt(u^2+v^2)].
% dv/dt = - [k (u^2 + v^2) * v/sqrt(u^2+v^2)] - g.
%
% INPUT DATA
% Specified constants:
k = 0.02;
g = 9.81;
dt = 0.01;
%
% Input the initial condition:
%
theta = input(' Initial angle of launch: ')
the = theta * pi/180.;
Vs = input(' Initial speed of launch: ')
u(1) = Vs * cos(the);
v(1) = Vs * sin(the);
% Launch pad location:
x(1) = 0.;
y(1) = 0.;
%
% Compute approximate solution of the trajectory
% of flight.
% Repeat up to 6000 time, i.e., until ball hits
% the ground.
%
for n=1:1:6000;
u(n+1) = u(n) ...
• dt * (k * sqrt(u(n)^2+v(n)^2) * u(n));
v(n+1) = v(n) ...
• dt * (k * sqrt(u(n)^2+v(n)^2) * v(n) + g);
x(n+1) = x(n) + u(n) * dt;
y(n+1) = y(n) + v(n) * dt;
% Determination of when the object hits ground:
if y(n+1) < 0
slope = (y(n+1) - y(n))/(x(n+1) - x(n));
b = y(n) - slope * x(n);
xhit = - b/slope;
plot(x,y)
fprintf(' The length of the shot = %5.2f \n', xhit)
```

```
end
% Once object hits terminate the computations with a break:
if y(n+1) < 0; break; end
end
%
% Graphical presentation of the results:
%
if y(n+1) > 0
plot(x,y)
end
% ------ End of golf-ball script by DTV
```

对于 $k=0.02$ 来说，最优的发射角度是多少？接下来的内容给出了发射速度为 100 时该问题的解。注意，这里所说的最优角度是指飞行距离最远(或范围最大)的角度。为了计算最优角度，利用%将 golf.m 中的输入语句注释掉，然后执行如下脚本：

```
%
% In golf.m the following alterations were made
% prior to running this script!!!!!!
%
% % theta = input(' Initial angle of launch: ')
% % Vs = input(' Initial speed of launch: ')
%
%   This script then finds the optimum angle for k = 0.2
%   to compare with the zero friction case, which we know
%   has the optimum launch angle of 45 degrees.
%
% Script by D. T. V. ......... September 2006.
% Revised by D.T.V. ........ 2008/2016/2018.
%
% Consider launch angles from 1 to 45 degrees
%
th = 1:1:45;
vs = 100;           % Specified launch speed.
%
% Execute the modified golf.m file 45 times and save
% results for each execution of golf.m
%
for i=1:45
theta = th(i)
golf % Execution of modified golf.m script.
xh(i) = xhit
thxh(i) = theta
end
% Find the maximum distance and the corresponding index
[xmh,n] = max(xh)
% Determine the angle that the maximum distance occured.
opt_angle = thxh(n)
% Display the results
disp(' optimum angle ')
disp( opt_angle )
% REMARK: For this case the result is 30 degrees.
% End of script
```

非线性摩擦力作用下的最优发射角为 30°，没有摩擦力的情况则是 45°。因此，无怪乎高尔夫球选手的最优击球角度都明显小于 45°。

12.5   本章小结

本章介绍了使用 MATLAB 工具求解三个具体问题的过程。具体如下：

- 利用工程课本中的公式，确定悬臂梁的偏转形状。因此，可以使用 MATLAB 做多项式算术运算。
- 研究摩擦力对自由落体运动的影响。除了利用公式计算自由落体的距离和速度之外，还使用符号工具检验了这些公式。我们还使用近似方法求解了这个问题，说明了其在求解技术问题时的适用范围。
- 研究空气阻力作用下的抛射体问题。运用了和自由落体问题中类似的近似方法。发现在考虑空气阻力时，最优的发射角度小于 45°(无空气阻力时的值)。

12.6   本章练习

12.1   重写求解自由落体运动精确解的脚本(FFall.m)，并利用一些摩擦力系数执行，例如 $k=0.1$ 和 $k=0.3$。

12.2   使用符号工具，采取检验自由落体中线性摩擦力情况下公式的方法，检验其他两种情况。

12.3   重写 golf.m(抛射体脚本)并查看不同的摩擦力系数 k 的影响，例如 $k=0.01$ 和 $k=0.03$。在发射速度为 100 时，摩擦力对最优发射角度有何影响？

第13章

仿　真

本章目标：

- 介绍"真实"事件的仿真

仿真是计算机的拿手好戏。仿真是反映现实世界中某种情形的计算机实验，这些情形要么基于随机过程，要么过于复杂而难以理解。具体示例有：辐射衰减、投掷骰子、细菌分裂和交通流量。仿真程序的本质在于：对于要仿真的事件来说，程序员无法事先预测程序的输出。例如，当旋转一枚硬币的时候，不能肯定结果是什么。

13.1　随机数的生成

如前所述，利用函数 rand 可以在 MATLAB 中轻易地对随机事件进行仿真。默认情况下，rand 返回一个取值范围为 0≤rand<1 的随机分布的伪随机数(计算机不能生成真正随机的数，但是这些数也几乎不可预测)。rand 还可以生成行向量或列向量，例如，rand(1,5)返回一个包含 5 个随机数(1 行，5 列)的行向量：

```
0.9501    0.2311    0.6068    0.4860    0.8913
```

如果在同一 MATLAB 会话中生成多个随机数，则每次都会得到不同的序列。但是，每当开始一个新的 MATLAB 会话时，随机数序列都从同样的地方(0.9501)开始，并以同样的方法生成后续的数。大家都知道，这和现实生活不符。为了在新的会话中每次都生成不同的序列，可以在每次开始时用不同的方式初始化 rand 的种子。

设置 rand 的种子

可以使用如下语句设置随机数生成器 rand 的种子：

```
rand('state', n)
```

其中 n 是任意整数(默认情况下，MATLAB 在会话开始时将 n 设置为 0)。如果想每次运行脚本时都生成相同的随机序列，例如为了调试该脚本，则这个命令很有用。注意，该语句不生成任何随机数，它只是对生成器进行初始化。

当然，也可以通过使用系统时间调整 n，使得每次启动 MATLAB 时 n 的值都不相同。函数 clock 返回日期和时间，用包含 6 个元素的向量表示，其中秒数包括两位小数，因此表达式 sum(100*clock) 的值不会重复(是几乎不会重复)。可以用它设置 rand 的种子：

```
>>rand('state', sum(100*clock))
>>rand(1,7)
ans =
  0.3637  0.2736  0.9910  0.3550  0.8501  0.0911  0.4493
>>rand('state', sum(100*clock))
>>rand(1,7)
ans =
  0.9309  0.2064  0.7707  0.7644  0.2286  0.7722  0.5315
```

理论上说，rand 可以生成超过 2^{1492} 个随机数而不重复。

13.2　旋转硬币

当旋转一枚公平(无偏差)的硬币时，获得正面或反面的概率都是 0.5(50%)。由于 rand 返回的值等概率地分布在区间[0, 1]中，因此可以用小于 0.5 的值表示正面，而使用其他值表示反面。

假设一次实验需要旋转硬币 50 次，并记录结果。在现实生活中，你可能需要重复该实验很多次，这正是计算机仿真大显身手的时候。如下脚本即可将硬币旋转 50 次：

```
for i = 1:50
  r = rand;
  if r < 0.5
    fprintf( 'H' )
  else
    fprintf( 'T' )
  end
end
fprintf( '\n' )        % newline
```

如下是两次运行的输出：

```
THHTTHHHHTTTTTHTHTTTTHHTHTTTHHTTTTTHTTHHTHTHHHHHTTHTT
THTHHHTHTHHTTHTHTTTHHTTTTTTTHHHTTTHTHTHTHHHHTTHTHTTT
```

注意，原则上不可能仅凭输出结果判断该实验是仿真还是真实的(如果生成的随机数足够随机的话)。

你知道为什么用如下方法编写硬币仿真程序的 if 部分是错误的吗？

```
if rand < 0.5 fprintf( 'H' ), end
if rand >= 0.5 fprintf( 'T' ), end
```

原则上，对于每个要仿真的"事件"，rand 只应该被调用一次。这里的单个事件是旋转硬币，却调用了两次 rand。由于生成两个不同的随机数，很有可能两个逻辑表达式都为真，从而对于同一枚硬币，结果会将'H'和'T'都显示出来！

13.3　投掷骰子

当投掷一枚公平的骰子时，最上方的数字是 1～6 中的一个，且概率相等。我们在第 5 章的 5.1.4 节中介绍过如何使用 rand 对此进行仿真。如下语句生成一个包含 10 个位于 1 和 6 之间的随机整数的向量：

```
d = floor( 6 * rand(1,10) + 1 )
```

如下是两次仿真的结果：

```
2  1  5  5  6  3  4  5  1  1
4  5  1  3  1  3  5  4  6  6
```

可以对仿真实验的结果进行统计，就像是现实生活中发生的一样。例如，当实验进行 100 次时，可以估计所获得数字的平均值以及获得 6 的概率。

13.4   细菌分裂

旋转一枚公平的硬币，或者投掷一枚公平的骰子，不同事件(例如，获得"正面"或 6)以相等的概率发生。然而，假设某种细菌在给定的时段内分裂(为两个)的概率为 0.75(75%)，如果不分裂，就会死亡。由于 rand 生成的值等概率地分布在 0 到 1 之间，因此小于 0.75 的概率正是 75%。于是，可以用如下语句模拟这种情况：

```
r = rand;
if r < 0.75
   disp( 'I am now we' )
else
   disp( 'I am no more' )
end
```

重申一下，原则上说，每个仿真事件只能生成一个随机数。这里的单一事件是细菌在某时段的生命史。

13.5   随机游走

一名严重近视的水手在从交响音乐会返回时弄丢了他的隐形眼镜，而他必须穿过一个码头登船。该码头长 50 步、宽 20 步。他处在码头的岸壁侧的中间，面向船只。假设他每走一步，有 60% 的概率踉跄着向船只移动，20% 的概率向左或向右移动(他始终面向船只)。如果他到达码头的船只一侧，则会被正在等待的同伴拉上船。

这里的问题是仿真他沿着码头前进的过程，并估计他登船成功而没有掉入海里的概率。为了正确实现这一目标，必须仿真一个沿着码头的随机游走过程，确定他是否到达码头，然后重复该仿真 1000 次(如果计算机足够快的话！)。水手安全登船在仿真实验结果中所占的比例即为他成功登船的概率。对于一次给定的游走，我们假设如果他在 10 000 步之内既没有登船也没有掉进海里，就会因为口渴而死在码头上。

为了表示该码头，我们建立一个坐标系，其中 x 轴沿着码头的中央，原点位于岸壁侧。x 和 y 以步为单位。水手每次都从原点开始游走。结构规划和脚本如下：

(1) 初始化变量，包括游走的次数 n

(2) 重复 n 次沿着码头的游走：

    从码头的岸壁侧开始
    当还在码头上并且活着，重复：
      为下一步获得随机数 R
       If $R<0.6$
          向前 (向船只的方向)
       Else if $R<0.8$
          向左
       Else
          向右

```
        If 到达船只
            将这次游走记为一次成功
```

(3) 计算并打印估计出的到达船只的概率
(4) 停止

```
% random walk
n = input( 'Number of walks: ' );
nsafe = 0;                    % number of times he makes it

for i = 1:n
  steps = 0;                  % each new walk ...
  x = 0;                      % ... starts at the origin
  y = 0;

  while x <= 50 & abs(y) <= 10 & steps < 1000
    steps = steps + 1;        % that's another step
    r = rand;                 % random number for that step
    if r < 0.6                % which way did he go?
      x = x + 1;              % maybe forward ...
    elseif r < 0.8
      y = y + 1;              % ... or to port ...
    else
      y = y - 1;              % ... or to starboard
    end;
  end;
  if x > 50
    nsafe = nsafe + 1;        % he actually made it this time!
  end;

end;

prob = 100 * nsafe / n;
disp( prob );
```

100 次游走给出的到达船只的概率为 93%。

如果在每次游走开始时生成一个包含 1000 个随机数的向量(使用命令 r=rand(1,1000;)并在 while 循环中引用其中的元素,例如:

```
if r(steps) < 0.6 ...
```

则可以使脚本的运行速度提高 20%。

13.6 交通流量

仿真的一大应用是对大城市的交通流量进行建模,以测试不同的交通灯模式,避免对实际交通的损害。在本例中只研究该问题的一小部分:如何对单一路线上的车辆通过一组交通灯时的交通流量情况进行仿真。我们做出如下假设(如果喜欢,也可以做出额外或不同的假设):

(1) 车辆直行,不转弯。
(2) 车辆在某一秒到达交通灯的概率和上一秒发生的事情无关,这被称为泊松过程。这个概率(称为 p)可以通过观察某个路口的车辆并检测它们的到达模式来估计。在本仿真中令 p=0.3。
(3) 当灯为绿色时,假设车辆以平稳的速度通过,即每 10s 通过 8 辆。
(4) 在仿真中,我们将基本时间段设为 10s,所以也需要一个图形,每 10s 显示一次交通灯处的队列长度(如果有的话)。

(5) 当时间为 10 的倍数时，改变灯的颜色。

我们使用脚本文件 traffic.m 建模，该文件调用三个函数文件：go.m、stop.m 和 prq.m。由于函数文件需要访问一些由 traffic.m 创建的基本工作空间变量，因此在 traffic.m 和所有三个函数文件中将这些变量声明为 global。

在本例中，红灯持续 40s(red=4)，绿灯持续 20s(green=2)。整个仿真运行 240s(n=24)。

脚本 traffic.m 如下：

```
clc
clear                    % clear out any previous garbage!
global CARS GTIMER GREEN LIGHTS RED RTIMER T

CARS = 0;                % number of cars in queue
GTIMER = 0;              % timer for green lights
GREEN = 2;               % period lights are green
LIGHTS = 'R';            % color of lights
n = 48;                  % number of 10-sec periods
p = 0.3;                 % probability of a car arriving
RED = 4;                 % period lights are red
RTIMER = 0;              % timer for red lights

for T = 1:n              % for each 10-sec period

  r = rand(1,10);        % 10 seconds means 10 random numbers
  CARS = CARS + sum(r < p); % cars arriving in 10 seconds

  if LIGHTS == 'G'
    go                   % handles green lights
  else
    stop                 % handles red lights
  end;

end;
```

函数文件 go.m、stop.m 和 prq.m(都是单独的 M 文件)如下：

```
% ---------------------------------------------------------
function go
global CARS GTIMER GREEN LIGHTS
GTIMER = GTIMER + 1;     % advance green timer
CARS = CARS - 8;         % let 8 cars through

if CARS < 0              % ... there may have been < 8
  CARS = 0;
end;

prq;                     % display queue of cars
if GTIMER == GREEN       % check if lights need to change
  LIGHTS = 'R';
  GTIMER = 0;
end;

% ---------------------------------------------------------
function stop
global LIGHTS RED RTIMER
RTIMER = RTIMER + 1;     % advance red timer
prq;                     % display queue of cars
```

```
if RTIMER == RED          % check if lights must be changed
  LIGHTS = 'G';
  RTIMER = 0;
end;

% -----------------------------------------------------------
function prq
global CARS LIGHTS T
fprintf( '%3.0f ', T );     % display period number

if LIGHTS == 'R'            % display color of lights
  fprintf( 'R ' );
else
    fprintf( 'G ' );
end;

for i = 1:CARS             % display * for each car
    fprintf( '*' );
end;

fprintf( '\n' )            % new line
```

典型的输出结果如下:

```
1 R     ****
2 R     ********
3 R     ***********
4 R     **************
5 G     **********
6 G     *****
7 R     ********
8 R     *************
9 R     ****************
10 R     *******************
11 G     **************
12 G     **********
13 R     **************
14 R     *****************
15 R     ********************
16 R     ***********************
17 G     *********************
18 G     ****************
19 R     *******************
20 R     ***********************
21 R     **************************
22 R     ******************************
23 G     ***************************
24 G     ************************
```

　　从这次的运行结果看，交通拥堵即将来临，但是我们需要更多次以及更长时间的运行才能判断是否真的如此。在那种情况下，可以对不同时长的红灯和绿灯进行测试，以在正式部署之前获得可以接受的交通模式。当然，我们可以考虑双向交通，并且允许车辆转弯和抛锚，这样更加接近现实情况，但是以上程序还是表达了基本的思想。

13.7　正态(高斯)随机数

　　函数 randn 生成均值(μ)为 0、方差(σ^2)为 1 的高斯或正态随机数(同 uniform 相对):

- 利用 randn(1,100)生成 100 个正态随机数 r 并且绘制它们的柱状图。使用函数 mean(r)和 std(r)找出它们的均值和标准差(σ)。
- 使用 1000 个随机数重复上面的操作。这一次均值和标准差应该接近 0 和 1 了。

13.8　总结

- 仿真就是模拟"现实生活"中情形的计算机程序，这些情形显然是基于概率的。
- 伪随机数生成器 rand 返回位于[0,1]区间的均匀分布随机数，这是本章所讨论的仿真的基础。
- randn 生成正态分布(高斯)的随机数。
- rand('state',n)允许用户使用任意整数 n 设置 rand 的种子。种子可以从 clock 获得，它返回系统时间。可以用类似方法设置 randn 的种子。
- 在仿真每个独立事件时，仅要一个随机数。

13.9　本章练习

13.1　编写一些语句，用 0-1 向量代替 for 循环仿真旋转一枚硬币 50 次的实验。提示：生成一个包含 50 个随机数的向量，建立 0-1 向量表示正面和反面，并使用 double 和 char 将它们显示为字符串 Hs 和 Ts。

13.2　在 Bingo 游戏中，人们从一个袋子中随机抽取 1 到 99 之间的数字。编写脚本仿真抽取数字的过程(每个数字只能被抽一次)，并将它们每 10 个一行打印出来。

13.3　生成一些包含 80 个字母的字符串(小写)。看看能从这些字符串中找出多少个真正的单词。

13.4　可以用随机数生成器估计 π(这种方法被称为 Monte Carlo 法)。编写脚本，在一个边长为 2 的正方形中生成随机点，并计算这些点落在单位半径的圆内的比例，该圆正好嵌在正方形中。这个比例就是圆面积和正方形面积之比。这样就可以估计 π 了(这并不是一种非常有效率的方法，即使是获得粗略的近似，也需要很多点)。

13.5　编写脚本，仿真第 6 章中的近视学生问题(马尔可夫过程)。让学生从给定的路口开始，并根据转移矩阵中的概率，生成一个随机数来决定他是向网吧还是向家的方向移动。对每次仿真游走，记录他最终是到家还是到网吧。重复该实验大量的次数。在游走的结果中，两种情况的比例应该趋近于第 6 章中使用马尔可夫模型计算出的极限概率。提示：如果随机数小于 2/3，则他向网吧移动(除非他已经到了网吧或家里，这种情况下随机游走结束)，否则向家移动。

13.6　本练习的目的是对细菌生成进行仿真。

假设某种细菌根据如下假设分裂或死亡：

(a) 在固定的时段内，被称为一代，单个细菌以概率 p 分裂为两个一样的复制品。

(b) 如果在该时间段内没有分裂，则死亡。

(c) 后代(被称为子代)将在下一代中分裂或死亡，与过去发生的都无关(也可能没有后代，从而这个菌落灭绝)。

从单一个体开始，编写脚本对很多代的生长情况进行仿真。令 $p=0.75$。可以仿真的代数取决于计算机系统。请进行大量的仿真(例如 100 次)。最终灭绝的概率 $p(E)$ 可以用仿真结果中灭绝的比例来估计。还可以通过大量仿真来估计第 n 代的菌落平均规模。请将估计结果和理论值$(2p)^n$进行对比。

统计理论表明灭绝概率 $p(E)$ 的期望值为 1 和$(1-p)/p$ 中较小的那个。所以，对于 $p=0.75$，$p(E)$ 的期望为 1/3。但是对于 $p\leq0.5$，$p(E)$ 的期望则为 1，这意味着灭绝是必然的(意想不到的结果)。针对不同的 p 值运行脚本，并估计 $p(E)$ 的值，这样可以对该理论进行测试。

13.7　笔者非常感谢同事 Gordon Kass 建议的如下问题：

Dribblefire Jets 公司生产两种飞机，双引擎的 DFII 和 4 引擎的 DFIV。引擎质量不好，在飞行中有 0.5 的概率出故障(每个引擎出故障的概率是独立的)。工厂宣称如果至少还有一半的引擎在工作，飞机就能正常飞行，即仅当 DFII 的两个引擎都出故障时，飞机才会坠毁；而对于 DFIV 来说，只要全部 4 个或任意 3 个引擎出故障，飞机就会坠毁。

民用航空委员会指派你调查这两个模型中哪一种坠机的概率更小。由于降落伞很贵，因此最经济(也是最安全！)的方法是对每种飞机模型进行大量的仿真。例如，可以两次调用 Math.random 来表示标准的 DFII 飞机：如果两个随机数都小于 0.5，则飞机坠毁，否则安全。编写脚本对两种模型进行大量的仿真，并估计每种情况下坠机的概率。如果能够进行足够多次数的仿真，就将得到令人惊讶的结果(顺便一提，飞机上 n 个引擎出故障的概率服从二项分布，但是仿真中不需要这个理论)。

13.8 两名选手 A 和 B，玩名为 Eights 的游戏。他们轮流从 1、2 或 3 中选择一个数字，每步选择的数字不能和上一步重复(所以从 A 开始，如果他选择的是 2，则 B 只能在下一步中选择 1 或 3)。从 A 开始，他可以在第一步中选择三个数字中的任意一个。每步过后，将选择的数字加到公共的总分上。如果在一个选手的轮次中，总分正好达到 8，则该选手胜出。而如果总分超过 8，则另一个选手胜出。例如，假设 A 开始选择 1(总分为 1)，B 选择 2(总分为 3)，然后 A 选择 1(总分为 4)，B 选择 2(总分为 6)。此时 A 想选择 2，这样他就赢了，但是他不能，因为 B 在上一轮选了 2，所以 A 选择 1(总分为 7)。这其实更聪明，因为 B 只能选择 2 或 3，总分超过 8 而输掉比赛。

编写脚本对两名选手胜出的概率进行仿真，假设他们都是随机选择。

13.9 如果 r 是均值为 0、方差为 1 的正态随机数(同 randn 生成的一样)，则利用如下关系式将之转换为均值为 μ、标准差为 σ 的随机数 X：

$$X = \sigma r + \mu$$

在一次实验中，使用 Geiger 计数器测量钴 60 在 10s 内的辐射量。在经过大量的读数之后，将计数率估计为服从均值为 640、标准差为 20 的正态分布：

1) 通过生成 200 个均值和标准差同上的随机数，对该实验进行 200 次仿真。绘制柱状图(使用 10 个容器)。

2) 重复数次，观察柱状图的变化情况。

13.10 放射性碳 11 每分钟的衰减率 k 为 0.0338，即特定的 C^{11} 原子在任意 1min 内以 3.38% 的概率衰减。假设从 100 个这种原子开始。想要对它们在 100min 内的衰减情况进行仿真，并绘制直方图表示 1，2，...，100min 后剩下的未衰减的原子数。

需要仿真 100 个原子中每一个的衰减情况。对每个原子在 100min 内的每一分钟生成随机数 r，直到 $r>k$(此时该原子衰减)，或者到了 100min。如果该原子在 $t<100$ 时衰减，对频率分布 $f(t)$ 加 1。$f(t)$ 为 t 分钟时正在衰减的原子数。

现在将每分钟衰减的数量 $f(t)$ 转换为剩余的数量 $R(t)$。如果开始时有 n 个原子，则 1min 之后剩余的数量 $R(1)$ 为 $n-f(1)$，因为 $f(1)$ 是在第一分钟内衰减的数量。2min 后剩余的数量 $R(2)$ 为 $n-f(1)-f(2)$。通常来说，t 分钟后剩余的数量为(用 MATLAB 表示法)：

```
R(t) = n - sum( f(1:t) )
```

编写脚本计算 $R(t)$ 并绘制直方图，并将理论结果图重叠绘制在直方图中：

$$R(t) = 100\exp^{-kt}$$

示例效果见图 13-1。

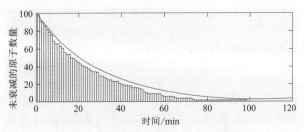

图 13-1 碳 11 的辐射衰减：仿真与理论值

第14章

数值方法入门

本章目标：
- 求解方程
- 计算定积分
- 求解常微分方程组
- 求解抛物型偏微分方程

计算机在科学方面的一大用途是在没有解析解(即可以用多项式和标准数学函数表示的解)时，寻找数学问题的数值解。本章简要介绍一些数值方法应用已经非常成熟的领域，例如求解非线性方程、计算积分和求解微分方程。

14.1 方程组

本节考虑如何利用数值方法求解包含未知数的方程。通常，表达该问题的方式是求解方程 $f(x)=0$，即要找出它的根，还可以称之为寻找 $f(x)$ 的零点。对于任意的 $f(x)$ 来说，没有通用的解法。

14.1.1 牛顿法

牛顿法可能是最容易实现的求解方程的数值方法，已在前面的章节中简要介绍过。它是一种迭代的方法，意思是通过重复计算不断改进根的估计值。如果 x_k 是根的估计值，可以利用图 14-1 中的直接三角形将它和下一个估计值 x_{k+1} 联系起来：

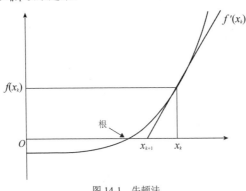

图 14-1 牛顿法

$$f'(x_k) = \frac{f(x_k) - 0}{x_k - x_{k+1}}$$

其中 $f'(x_k)$ 为 $\mathrm{d}f/\mathrm{d}x$。求解 x_{k+1}:

$$x_{k+1} = x_k - \frac{f(x_k)}{f'(x_k)}$$

实现牛顿法的结构规划如下:

(1) 输入初始值 x_0 和所需的相对误差 e

(2) 当 $|(x_k - x_{k-1})/x_k| \geqslant e$ 时,重复直至 $k = 20$

$$x_{k+1} = x_k - f(x_k)/f'(x_k)$$

打印 x_{k+1} 和 $f(x_{k+1})$

(3) 停止

有必要对第(2)步加循环次数的限制,因为该过程可能不收敛。

第 10 章给出了一个利用牛顿法(没有利用下标表示法)求解方程 $x^3 + x - 3 = 0$ 的脚本。如果运行该脚本,你将发现 x 的值快速收敛到方程的根。

作为练习,请使用不同的初始值 x_0 运行该脚本,看看该算法是否总是能够收敛。

如果你对历史有感觉,请使用牛顿法求解 $x^3 + 2x - 5 = 0$ 的根。这是该算法第一次提交给法兰西学院时使用的示例。

再使用牛顿法找出 $2x = \tan(x)$ 的非零根。这里可能会遇到一些困难。如果确实是这样,说明你已经发现了牛顿法的一个严重问题:它只有在初始值"足够接近"时,才能收敛到该方程的根。由于"足够接近"取决于 $f(x)$ 的性质和根,因此在这里会遇到麻烦。唯一的补救方法是对初始值反复试错——使用 MATLAB 画出 $f(x)$ 的图形可以使这种方法更加简单(见图 14-2)。

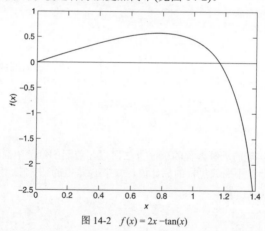

图 14-2　$f(x) = 2x - \tan(x)$

如果牛顿法失效,可以使用后面讨论的二分法。

复数根

牛顿法还可以用来求复数根,但要求初始值必须是复数。请使用第 10 章中的脚本求 $x^2 + x + 1 = 0$ 的复数根。将 x 的初始值设为 1+i。使用该初始值可以得到如下结果[用 disp(x)代替脚本中的 disp([$x\, f(x)$])]:

```
 0.0769 + 0.6154i
-0.5156 + 0.6320i
-0.4932 + 0.9090i
```

```
-0.4997 + 0.8670i
-0.5000 + 0.8660i
-0.5000 + 0.8660i
Zero found
```

由于复数根以复共轭对的形式出现，因此另一个根为-0.5-0.866i。

14.1.2　二分法

再次考虑求解方程 $f(x)=0$ 的问题，其中：

$$f(x) = x^3 + x - 3$$

我们尝试利用检查或反复实验找出 x 的两个值——x_L 和 x_R，使得 $f(x_L)$ 和 $f(x_R)$ 的符号不同，即 $f(x_R)<0$。如果能找到两个这样的值，则方程的根肯定位于这两个值的区间之内，因为 $f(x)$ 在这个区间 $f(x_L)$ 内改变了符号(见图 14-3)。在本例中，$x_L=1$ 和 $x_R=2$ 符合条件，因为 $f(1)=-1$ 和 $f(2)=7$ 在二分法中，使用 x_M 估计方程的根，其中 x_M 是区间[x_L , x_R]的中点，即

$$x_M = (x_L + x_R)/2 \tag{14.1}$$

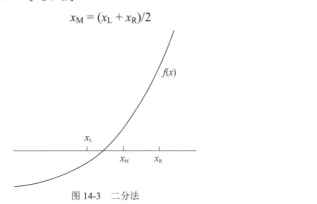

图 14-3　二分法

如果 $f(x_M)$ 和 $f(x_L)$ 的符号相同，如图 14-3 中所示，则根位于 x_M 和 x_R 之间。然后将 x_M 的值重新定义为区间的左边界；否则，如果 $f(x_M)$ 和 $f(x_L)$ 的符号不同，则将新的 x_R 的值设为 x_M，这是因为根肯定位于 x_L 和 x_M 之间。重新定义 x_L 和 x_R 之后，我们利用方程(14.1)对新的区间进行平分，并重复该过程，直到 x_L 和 x_R 之间的距离符合要求。

这种方法的优点之一是，在给定 x_L 和 x_R 的条件下，可以事先计算需要多少次平分就能获得一定的精度。假设从 $x_L=a$ 和 $x_R=b$ 开始。在第一次平分之后，最差情况下的误差 $E_1=|a-b|/2$，这是因为我们将根估计为区间[a, b]的中点。最差的情况就是根正好是 x_L 或 x_R，此时误差等于 E_1。继续以上操作，在 n 次平分之后最差情况的误差 $E_n=|a-b|/2^n$。如果需要让误差的值小于指定值 E，则 n 必须满足$|a-b|/2^n < E$：

$$n > \frac{\log(|a-b|/E)}{\log 2} \tag{14.2}$$

由于 n 是二分的次数，因此必须是整数。最小的超过不等式(14.2)右边值的整数 n 即为达到给定精度 E 所需的最大二分次数。

可以用如下方案编程实现二分法。该规划适用于任何在值 a 和 b 之间改变符号(两种方向皆可)的函数 $f(x)$，这两个值需要用户事先找到。

(1) 输入 a、b 和 E

(2) 初始化 x_L 和 x_R

(3) 利用不等式(14.2)计算最大的二分数 n

(4) 重复 n 次：

　　通过方程(14.1)计算 x_M

　　　如果 $f(x_L)f(x_M) > 0$

　　　　令 $x_L = x_M$

　　　否则

　　　　令 $x_R = x_M$

(5) 显示根 x_M

(6) 停止

我们已经假设该过程不能找出精确的根，发生的概率对于实变量来说为无穷小。

二分法的最大优势在于如果可以找到两个初始值 x_L 和 x_R，使得函数在它们之间改变符号，就肯定可以找到一个根。还可以事先计算出获得给定精度所需的二分次数。但是，和牛顿法相比，它的效率偏低。连续进行二分并不能确保离根更近，而在牛顿法中通常可以保证这一点。事实上，针对相同的函数对比两种方法，看看二分法比牛顿法需要多用多少步是很有趣的。例如，为了求解方程 $x^3+x-3=0$，二分法需要 21 步才能达到牛顿法中 5 步的精度。

14.1.3　fzero 函数

MATLAB 函数 fzero(@f, a)可以找出由 f.m 表示的函数 f 离 a 最近的零点。

用它找出 $x^3 + x - 3$ 的零点。

fzero 不能找出复数根。

14.1.4　roots 函数

MATLAB 函数 M 文件 roots(c)可以找出多项式的所有根(包括零根)，该多项式的系数在向量 c 中。更多细节请参见帮助文档。

请使用该函数找出 $x^3 + x - 3$ 的零点。

14.2　积分

虽然大部分"体面"的数学函数都可以进行微分，但是该说法对积分不成立。和微分不同，积分是没有通用法则的。例如，简单的诸如 e^{-x^2} 的函数却找不到不定积分。因此，需要利用数值方法计算积分。

其实原理很简单，主要基于如下事实：函数 $f(x)$ 在 $x=a$ 和 $x=b$ 之间的定积分等于 $f(x)$ 下方以 x 轴和两条垂直线 $x=a$ 和 $x=b$ 为界的区域的面积。所以，所有求积分的数值方法基本都包括估计 $f(x)$ 下方面积的巧妙方法。

14.2.1　梯形法则

梯形法则非常易于编程。它将 $f(x)$ 下方的区域划分为宽度为 h(被称为步长)的垂直小板。如果有 n 个小板，则 $nh=b-a$，即 $n=(b-a)/h$。如果将这些连续的小板和 $f(x)$ 的交点连接起来，就可以将 $f(x)$ 下方的面积估计为所生成的梯形(见图 14-4)面积的和。积分的近似值 S 为：

$$S = \frac{h}{2}\left[f(a)+f(b)+2\sum_{i=1}^{n-1} f(x_i) \right] \tag{14.3}$$

其中 $x_i = a + ih$。方程(14.3)就是梯形法则，它提供对如下积分的估计值：

$$\int_a^b f(x)\,dx$$

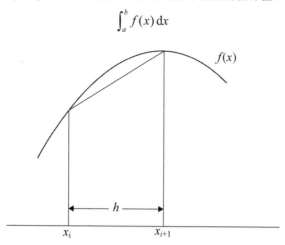

图 14-4 梯形法则

如下是实现梯形法则的函数：

```
function y = trap( fn, a, b, h )
n = (b-a)/h;
x = a + [1:n-1]*h;
y = sum(feval(fn, x));
y = h/2*(feval(fn, a) + feval(fn, b) + 2*y);
```

注意：

1) 由于法则中的求和是用向量化的公式而不是使用 for 循环(为了节约时间)实现的，因此被积分的函数必须在其 M 文件中合适的地方使用阵列运算符。

2) 用户必须选择 h，使得步数 n 为整数——可以加上对此所做的检测。

作为练习，请计算 $f(x) = x^3$ 在 0 和 4 之间的积分(记得在函数 M 文件中写为 x.^3)。使用如下方法调用 trap：

```
s = trap(@f, 0, 4, h);
```

当 h=0.1 时，估计值为 64.04；当 h=0.01 时，则是 64.0004(精确值为 64)。h 越小，估计值越精确。

本例中假设 $f(x)$ 为连续函数，可以在任何 x 处计算。实际中，函数可以定义为实验结果中离散的点。例如，可以每隔数秒测量一次物体的速度 $v(t)$，然后将走过的距离估计为速度-时间图形下方的面积。在这种情况下，必须改变 trap，将 fn 替换为包含函数值的向量。我们将此留作练习。还可以使用 MATLAB 函数 interp1 插入数据。请参见帮助文档。

14.2.2 辛普森法则

辛普森法则是一种数值积分方法，比梯形法则更精确，应该作为首选方案。它也将要积分的函数 $f(x)$ 下方的面积划分为垂直小板，但是不使用直线连接点 $f(x_i)$，而是将每三个连续点组成的集合用抛物线拟合。为了确保小板的数量为偶数，通常选择的步长 h 使得小板的数量为 $2n$，即 $n = (b-a)/(2h)$。

使用如上表示法，辛普森法则将积分估计为：

$$S = \frac{h}{3}\left[f(a) + f(b) + 2\sum_{i=1}^{n-1} f(x_{2i}) + 4\sum_{i=1}^{n} f(x_{2i-1}) \right] \tag{14.4}$$

需要编写上式的代码，并保存到函数M文件中。我们将此留作练习。

如果在任意区间的 $f(x)=x^3$ 上尝试辛普森法则，将会大吃一惊，因为给出的结果和精确的数学解相同。该法则的额外优势：可以精确地求解三次方多项式的积分(可以验证)。

14.2.3　quad 函数

不出所料，MATLAB中有一个函数 quad 可用来进行数值积分。它又被称为 quadrature，参见帮助文档。

你可能会认为既然MATLAB有自带的函数，我们没有必要开发自己的函数处理这些数值过程。但是一路走来，你应该会对这些函数的工作原理感到好奇，而不是简单地将它们视为"黑盒子"。

14.3　数值微分

函数 $f(x)$ 的牛顿商为：

$$\frac{f(x+h)-f(x)}{h} \tag{14.5}$$

其中 h "很小"。随着 h 趋近于 0，该商趋近于函数的一阶导数 df/dx。因此，可以使用牛顿商从数值上估计导数。利用一些你熟知其导数的函数检验该方法是很有用的练习。这样可以在碰到舍入误差导致的问题之前，搞清楚到底可以将 h 设置为多小。之所以会出现这样的误差，是因为表达式(14.5)中代入了两项，这两项在达到计算机的精度极限时趋于相等。

例如，下面的脚本使用牛顿商估计 $f(x)=x^2$ (必须写作函数文件 f.m)在 $x=2$ 处的导数 $f'(x)$，其中将 h 设置得越来越小(精确答案是 4)。

```
h = 1;
x = 2;
format short e
for i = 1:20
  nq = (f(x+h) - f(x))/h;
  disp( [h nq] )
  h = h / 10;
end
```

输出为：

```
1               5
1.0000e-001     4.1000e+000
1.0000e-002     4.0100e+000
1.0000e-003     4.0010e+000
1.0000e-004     4.0001e+000
1.0000e-005     4.0000e+000
1.0000e-006     4.0000e+000
1.0000e-007     4.0000e+000
1.0000e-008     4.0000e+000
1.0000e-009     4.0000e+000
1.0000e-010     4.0000e+000
1.0000e-011     4.0000e+000
1.0000e-012     4.0004e+000
1.0000e-013     3.9968e+000
1.0000e-014     4.0856e+000
1.0000e-015     3.5527e+000
```

```
1.0000e-016                  0
...
```

结果表明此问题中最优的 h 值约为 10^{-8}。而对于更小的 h 来说，估计值将变得完全不可靠。

通常来说，只能通过反复实验的方法寻找给定问题的最优 h 值。可以将寻找最优值作为一项有意义的练习。数值积分中不会出现这个问题，因为在计算面积时是将数字相加，而不是相减。

diff 函数

如果 x 是行向量或列向量：

```
[x(1)  x(2)  ...  x(n)]
```

MATLAB 函数 diff(x) 返回一个包含相邻元素的差的向量：

```
[x(2)-x(1)  x(3)-x(2)  ...  x(n)-x(n-1)]
```

输出向量比输入向量少一个元素。

在此类问题中，diff 有助于求近似导数。例如，如果 x 包含一个物体每 h 秒的位移，则 diff(x)/h 表示它的速度。

14.4　一阶微分方程

现实生活中我们想要建模或定量表示的最感兴趣的情形，通常是变量随时间变化的场景(例如生物、电气或机械系统)。如果改变是连续的，则可使用包含因变量导数的方程表示该系统。这些方程被称为微分方程(Differential Equation，DE)。很多建模的主要目的是写出一系列的 DE，从而尽可能精确地描述所研究的系统。很少有 DE 存在解析解，因此还是需要使用数值方法。本节将讨论最简单的数值方法：欧拉方法，还将简述它的改进方法。

14.4.1　欧拉方法

通常，要求解如下形式的一阶 DE(严格来说是常微分方程——ODE)：

$$dy / dx = f(x, y), \quad 给定 y(0)$$

求解该 DE 的欧拉方法将 dy/dx 替换为牛顿商，因此 DE 变为：

$$\frac{y(x+h) - y(x)}{h} = f(x, y)$$

经过一些简单的变换后，得到：

$$y(x+h) = y(x) + hf(x, y) \tag{14.6}$$

在科技和工程领域，利用数值方法求解 DE 是一个重要且普遍的问题。因此，这里要介绍一些通用的表示法。假设需要求 DE 在区间 $x=a$(通常 $a=0$)到 $x=b$ 中的积分。将区间分解为 m 个步长 h，则：

$$m = (b - a)/h$$

为了和 MATLAB 中的下标表示方法保持一致，我们采用以下表示：如果将 y_i 定义为 $y(x_i)$(在第 i 步开始时利用欧拉方法得到的估计值)，其中 $x_i = (i-1)h$；则在第 i 步结束时，$y_{i+1} = y(x+h)$。然后可以将方程(14.6)替换为如下迭代方案：

$$y_{i+1} = y_i + hf(x_i, y_i) \tag{14.7}$$

其中 $y_1 = y(0)$。回顾第 11 章，我们利用这种表示法生成向量 **y**，然后绘制其图形。还可以注意到方程(14.7)和第 11 章中表示更新过程的方程之间存在惊人的相似性。这种相似性并非巧合。更新过程通常就是用 DE 建模的，而欧拉方法为这种 DE 提供了近似解。

14.4.2 示例：细菌生长

假设一个包含 1000 个细菌的菌落正以 $r=0.8$ 每小时每个个体(即每个个体在每小时内平均繁衍出 0.8 个后代)的速度进行繁殖，那么 10 小时后菌落中有多少个细菌？假设菌落不断生长，并且没有限制，可以将该生长过程用 DE 建模：

$$\mathrm{d}N / \mathrm{d}t = rN, \quad N(0) = 1000 \tag{14.8}$$

其中 $N(t)$ 是 t 时刻的种群大小，该过程被称为指数增长。方程(14.8)有解析解，该解就是著名的指数增长公式：

$$N(t) = N(0)\mathrm{e}^{rt}$$

为了使用数值方法求解方程(14.8)，对它使用欧拉算法：

$$N_{i+1} = N_i + rhN_i \tag{14.9}$$

其中，初始值 $N_1=1000$。

欧拉方法很容易编程实现。如下脚本实现了方程(14.9)，令 $h=0.5$。为了对比，该脚本还算出了精确解。

```
h = 0.5;
r = 0.8;
a = 0;
b = 10;
m = (b - a) / h;
N = zeros(1, m+1);
N(1) = 1000;
t = a:h:b;

for i = 1:m
  N(i+1) = N(i) + r * h * N(i);
end

Nex = N(1) * exp(r * t);
format bank
disp( [t' N' Nex'] )

plot(t, N ), xlabel( 'Hours' ), ylabel( 'Bacteria' )
hold on
plot(t, Nex ), hold off
```

结果如表 14-1 和图 14-5 所示。欧拉方法得到的解并不好。事实上，在每步中误差变得更加严重，10h 后误差约为 72%。如果我们将 h 设得更小，数值解将得到改善，但是当 t 增大一定程度时，误差仍会超过可接受的极限。

表 14-1 细菌生长

时间/h	欧 拉 方 法	预估-校正法	精 确 解
0.0	1000	1000	1000
0.5	1400	1480	1492

(续表)

时间/h	欧 拉 方 法	预估-校正法	精 确 解
1.0	1960	2190	2226
1.5	2744	3242	3320
2.0	3842	4798	4953
...	...	...	...
5.0	28 925	50 422	54 598
...	...	...	...
8.0	217 795	529 892	601 845
...	...	...	...
10.0	836 683	2 542 344	2 980 958

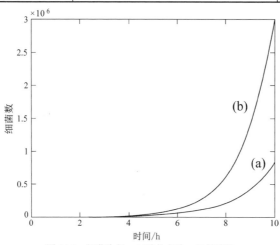

图 14-5 细菌生长：(a)欧拉方法；(b)精确解

在某些情况下，欧拉方法的性能比在本例中更好，但是有些算法的性能在任何情况下都比欧拉方法好。下面将讨论其中的两种。更加复杂的方法可以在大多数关于数值分析的教科书中找到。但是，只要了解可能发生的误差，总是可以使用欧拉方法做粗略近似。

14.4.3 另一种下标表示法

方程(14.9)是有限差分法(finite difference scheme)的一个示例。传统有限差分法的表示法是为了将初始值表示为 N_0，即使用下标 $i=0$。N_i 则是第 i 步结束时的估计值。如果想让欧拉解的 MATLAB 代码中的下标和有限差分法的下标相同，就必须将初始值 N_0 表示为 MATLAB 标量 N0，并且需要在 for 循环开始之前单独计算 N(1)。还必须单独显示或绘制这些初始值，因为它们不再包含在 MATLAB 向量 t、N 和 Nex 中(其中包含 m 个而不是 $m+1$ 个元素)。如下是使用有限差分下标生成欧拉解的完整脚本：

```
h = 0.5;
r = 0.8;
a = 0;
b = 10;
m = (b - a) / h;
N = zeros(1, m);        % one less element now
N0 = 1000;
N(1) = N0 + r*h*N0;     % no longer 'self-starting'
```

```
for i = 2:m
  N(i) = N(i-1) + r * h * N(i-1); %finite difference notation
end

t = a+h:h:b;            % exclude initial time = a
Nex = N0 * exp(r * t);
disp( [a N0 N0] )       % display initial values separately
disp( [t' N' Nex'] )

plot(a, N0)             % plot initial values separately
hold on
plot(t, N ), xlabel( 'Hours' ), ylabel( 'Bacteria' )
plot(t, Nex ), hold off
```

14.4.4　预估-校正法

下面是一种对于一阶 DE：

$$dy/dx = f(x, y), \quad 给定 y(0)$$

的数值解的改进方法。我们使用星号表示欧拉近似：

$$y_{i+1}^* = y_i + hf(x_i, y_i) \tag{14.10}$$

但是该公式右手边计算 $f(x_i, y_i)$ 时需要旧的 y 值。当然，最好将其表示为：

$$y_{i+1}^* = y_i + h[f(x_{i+1}, y_{i+1}^*) + f(x_i, y_i)] / 2 \tag{14.11}$$

其中 $x_{i+1} = x_i + h$，这是因为在右手边计算 f 时还需要新的值 y_{i+1}^*。问题在于 y_{i+1}^* 是未知的，因此不能在方程(14.11)的右手边使用它。但是可以使用欧拉方法从方程(14.10)估计(预测) y_{i+1}^*，然后使用方程(14.11)计算出更好的 y_{i+1}^* (称之为 y_{i+1})，对预测值进行矫正。全过程如下：

根据需要重复多次：

　　使用欧拉方法预测：$y_{i+1}^* = y_i + hf(x_i, y_i)$

　　然后将 y_{i+1}^* 矫正为：$y_{i+1} = y_i + h[f(x_{i+1}, y_{i+1}^*) + f(x_i, y_i)] / 2$

这被称为预估-校正法。可以轻易地调整上面的脚本，使之适用于本问题。相关代码为：

```
for i = 1:m     % m steps of length dt
  ne(i+1) = ne(i) + r * h * ne(i);
  np = nc(i) + r * h * nc(i);
  nc(i+1) = nc(i) + r * h * (np + nc(i))/2;
  disp( [t(i+1) ne(i+1) nc(i+1) nex(i+1)] )
end;
```

ne 代表"直接"(未矫正的)欧拉解，np 是欧拉预测值(由于这是中间结果，因此不需要将 np 设置为向量)，nc 则是矫正值。现在最大误差只有 15%，这比未矫正的欧拉解要好得多，但是依然有改进的空间。

14.5　线性常微分方程(LODE)

系数为常数的线性常微分方程(Linear Ordinary Differential Equation, LODE)，可以借助矩阵指数求解析解，该方法在 MATLAB 中表示为函数 expm。示例请参见 MATLAB Help: Mathematics: Matrices and Linear Algebra:Matrix Powers and Exponentials。

14.6 龙格-库塔法

有一系列以龙格-库塔(Runge-Kutta)命名的算法，可用于计算 ODE 方程组的积分。算法中涉及的公式都相当复杂，可以在大部分数值分析书籍中找到。

但是，你可能已经猜到了，MATLAB 中包含大量的 ODE 求解程序，参见 MATLAB Help: Mathematics: Differential Equations。ode23(二阶/三阶)和 ode45(四阶/五阶)就是其中两个，它们实现了龙格-库塔法[数值方法中的阶(order)表示主要误差项中 h(即 dt)的指数]。由于 h 通常很小，因此阶数越高，误差越小。我们将在此展示 ode23 和 ode45 的使用方法，首先介绍单个一阶 DE，然后介绍这类方程组成的方程组。

14.6.1 单个微分方程

如下是使用 ode23 求解细菌生长问题的方法。该问题由方程(14.8)描述：

$$dN/dt = rN, \qquad N(0) = 1000$$

(1) 首先编写一个函数文件表示所要求解的 DE 的右边部分。在本例中，该函数必须按顺序输入变量 t 和 N(即 DE 的自变量和因变量)。例如，创建如下函数文件 f.m：

```
function y = f(t, Nr)
y = 0.8 * Nr;
```

(2) 现在，在 Command Window 中输入下列语句：

```
a = 0;
b = 10;
n0 = 1000;
[t, Nr] = ode23(@f, [a:0.5:b], n0);
```

(3) 请注意 ode23 的输入参数：

@f:函数 f 的句柄，其中包含 DE 的右边部分。

[a:0.5:b]:用于指定积分区间的向量(tspan)。如果 tspan 中有两个元素([a b])，则函数返回积分的每个步长中算出的解(函数可以选择积分步长并改变它们)。这种形式适合于作图。然而，如果想以规则的时间间隔显示求得的解，请使用刚才包含三个元素的 tspan。然后函数将返回 tspan 中每个时刻的解。所使用的 tspan 的形式不影响解的精度。

n0:解 N 的初始值。

(4) 输出参数为两个向量：时刻 t 及对应的解 Nr。对于 10h 来说，ode23 给出的结果为 2 961 338 个细菌。从表 14-1 的精确解中，可以看出误差仅为 0.7%。

如果从 ode23 获得的解不够精确，可以使用额外的参数获得更高的精度。请参见帮助文档。

如果依然需要更加精确的数值解，可以换用 ode45。它给出的最终细菌数为 2 981 290——误差约为 0.01%。

14.6.2 差分方程组：混沌

人们已经不再将天气很难预测和预报出现误差的原因归结为系统的复杂性，而认为是建模天气过程的 DE 本身的性质导致。这些 DE 属于被称为混沌(chaotic)的类别。当它们的初始条件发生极小的变化时，就会产生截然不同的结果。换言之，准确的天气预测的关键在于初始条件测量的准确性。

气象学家 Edward Lorenz 在 1961 年发现了这个现象。他所提出的原始方程太复杂，这里不予考虑，但是我们依然可以通过下面更加简单的方程组体会一些基本的混沌特性：

$$dx/dt = 10(y-x) \tag{14.12}$$
$$dy/dt = -xz+28x-y \tag{14.13}$$
$$dz/dt = xy-8z/3 \tag{14.14}$$

使用 MATLAB 中的 ODE 求解程序，可以轻易地求解这个 DE 方程组。基本思想是利用初始条件求解这些 DE，将解绘制出来，然后稍微改变初始条件，并将新的解重叠绘制在旧解的图中，看看结果变化了多少。

先用初始条件 $x(0) = -2$、$y(0) = -3.5$ 和 $z(0) = 21$ 求解该方程组。

(1) 编写函数文件 lorenz.m 以便表示方程组右边的部分：

```
function f = lorenz(t, x)
f = zeros(3,1);
f(1) = 10 * (x(2) - x(1));
f(2) = -x(1) * x(3) + 28 * x(1) - x(2);
f(3) = x(1) * x(2) - 8 * x(3) / 3;
```

MATLAB 向量 x 的三个元素——x(1)、x(2)和x(3)，分别表示三个独立的标量变量 x、y 和 z。向量 f 的元素表示三个 DE 的右边部分。当这样的 DE 函数返回一个向量时，该向量必须是列向量，因此需要如下语句：

```
f = zeros(3,1);
```

(2) 现在使用如下命令在 $t=0$ 到 $t=10$ 的区间内求解方程组：

```
x0 = [-2 -3.5 21]; % initial values in a vector
[t, x] = ode45(@lorenz, [0 10], x0);
plot(t,x)
```

注意现在使用的是 ode45，因为它更加精确。

结果将显示三个图形，分别表示 x、y 和 z(用不同的颜色表示)。

(3) 如果图像中只有一个图形，就更容易看出改变初始值的效果。事实上最好只绘制出 $y(t)$。MATLAB 给出的解 x 其实是个三列的矩阵(可以通过 whos 查看)。我们需要的解 $y(t)$ 是第二列，所以可以使用如下命令绘制 $y(t)$：

```
plot(t,x(:,2),'g')
```

然后使用命令 hold 将该图形保留在坐标轴上。

现在就可以看看改变初始值的效果了。我们仅改变 $x(0)$ 的初始值，从 -2 变到 -2.04——只变了 2%，并且只变了三个初始值中的一个。如下命令将做出上述改变，求解 DE，并绘制 $y(t)$ 的新图形(用不同的颜色表示)：

```
x0 = [-2.04 -3.5 21];
[t, x] = ode45(@lorenz, [0 10], x0);
plot(t,x(:,2),'r')
```

在图 14-6 中，两幅图在 $t=1.5$ 之前几乎无法分辨。在 t 达到 6 之前，差别都是逐渐增长的，但是在 $t=6$ 处两个解突然向相反的方向翻转。随着 t 进一步增大，新解和旧解变得完全没有相似之处。

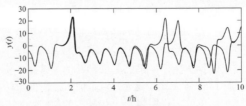

图 14-6 混沌

现在使用原始的初始值和 ode23 求解方程组(方程 14.12~14.14):

```
x0 = [-2 -3.5 21];
[t,x] = ode23(@lorenz, [0 10], x0);
```

仅绘制 $y(t)$——x(:,2)——的图形,并将用 ode45 和相同的初始值所得的解重叠绘制在图中(使用不同的颜色表示)。

奇怪的事情发生了——解从 $t>1.5$ 开始就变得大不相同!初始条件是相同的——唯一的区别是龙格-库塔法的阶数。

最后使用 ode23s 求解方程组,并将解重叠绘制在图中(s 表示 stiff(刚性))。对于刚性 DE 来说,解可以在相对于积分区间来说很小的时间尺度内发生变化。ode45 和 ode23s 的解在 $t>5$ 时开始偏离。

对以上现象的解释是:ode23、ode23s 和 ode45 都存在数值上的不精确性[如果将它们和精确解对比的话(但是精确解是找不到的)]。然而,三种情况下的不精确性又是不同的。这些差异带来的效果其实和使用略微不同的初始值求数值解的效果是一样的。

那么如何才能知道何时能获得"正确"的数值解呢?其实我们不能——最好的做法是提高数值方法的精确性,直到感兴趣的区间内不出现剧烈的变化为止。所以在示例中,只能确定 $t<5$ 的解(使用 ode23s 或 ode45)。如果还不够好,就只能寻找精度更高的 DE 解法了。

所以小心:"混沌" DE 的求解是非常有技巧性的。

顺便一提,如果想查看著名的混沌"蝴蝶"图,只需要绘制 x 相对于 z 随时间变化的图形即可(结果图被称为相平面图)。下面的命令可以完成上述操作:

```
plot(x(:,1), x(:,3))
```

结果是轨迹的静态二维投影,即按时间求得的解。MATLAB Launch Pad 中的 Demos 包含一个示例,可以通过该例查看三维的轨迹动态图(Demos: Graphics: Lorenz attractor animation)。

14.6.3 将额外参数传递给 ODE 求解程序

在上面的 MATLAB ODE 求解程序的示例中,DE 右边部分的系数(例如方程(14.13)中的 28)都是常数。在真实的建模情景中,很可能需要频繁地改变这些系数。为了避免每次都需要编辑函数文件,可以将系数作为额外参数传递到 ODE 求解程序中,然后求解程序将系数传递到 DE 函数中。为了演示如何实现上述操作,我们考虑 Lotka-Volterra 捕食者-猎物模型:

$$dx/dt = px - qxy \tag{14.15}$$
$$dy/dt = rxy - sy \tag{14.16}$$

$x(t)$ 和 $y(t)$ 是时刻 t 的猎物和捕食者的种群数量,而 p、q、r 和 s 是生物学参数。对于本例来说,令 p = 0.4、q = 0.04、r = 0.02、s = 2、$x(0) = 105$ 和 $y(0) = 8$。

首先,编写如下函数 M 文件 volterra.m:

```
function f = volterra(t, x, p, q, r, s)
f = zeros(2,1);
f(1) = p*x(1) - q*x(1)*x(2);
f(2) = r*x(1)*x(2) - s*x(2);
```

然后在 Command Window 中输入如下语句,生成图 14-7 中的典型振动图形:

```
p = 0.4; q = 0.04; r = 0.02; s = 2;
[t,x] = ode23(@volterra,[0 10],[105; 8],[],p,q,r,s);
plot(t, x)
```

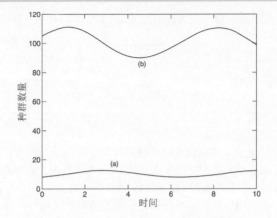

图 14-7 Lotka-Volterra 模型：(a) 捕食者；(b) 猎物

注意：

额外的参数(p、q、r 和 s)必须放在 ODE 求解程序中第 4 个输入参数(即 options)的后面。如果没有指定 options(我们的示例中即是如此)，请使用[ ]作为 options 参数的占位符。

现在可以从 Command Window 改变系数并得到新解，而不需要编辑函数文件。

14.7 偏微分方程

偏微分方程(Partial Differential Equation，PDE)的数值解是个庞大的话题，超出了本书的范围。然而，其中一类被称为抛物(parabolic)的偏微分方程的解通常可以用稀疏矩阵表示。本节考虑一个这种示例。

热传导

沿着细均匀棒的热传导可以用如下偏微分方程建模：

$$\frac{\partial u}{\partial t} = \frac{\partial^2 u}{\partial x^2} \tag{14.17}$$

$u(x,t)$是距离该棒一端 x 远的地方在时刻 t 的温度分布，还假设没有热量流失。

求解 PDE 的主要工作是掌握其表示符号。我们创建一个长方形网格，x 和 t 方向上的步长分别为 h 和 k。网格上一点的坐标为 $x_i=ih$，$y_i=jk$。$u(x, t)$在(x_i, y_j)处的准确表示可以简化为 $u_{i,j}$。

通过有限差分法，可以使用截断泰勒级数近似表示 PDE。通常使用前向差分(forward difference)近似表示方程(14.17)的左边部分：

$$\frac{\partial u}{\partial t} = \frac{u_{i,j+1} - u_{i,j}}{k}$$

如下方案是近似表示方程(14.17)右边部分的一种方法：

$$\frac{\partial^2 u}{\partial x^2} = \frac{u_{i+1,j} - 2u_{i,j} + u_{i-1,j}}{h^2} \tag{14.18}$$

这里引申出一种方案，虽然易于计算，但是仅在部分条件下稳定。

如果将方程(14.18)的右边部分替换为对第 j 和 $j+1$ 行的有限差分近似的均值，即可获得如下近似表示方程(14.17)的方案：

$$-ru_{i-1,j+1} + (2+2r)u_{i,j+1} - ru_{i+1,j+1} = ru_{i-1,j} + (2-2r)u_{i,j} + ru_{i+1,j} \tag{14.19}$$

其中 $r = k/h^2$。这就是 Crank-Nicolson 隐式法，它包含齐次方程组的解。

为了以数值的形式展示该方法，假设棒的长度为 1 个单位，它的两端与冰块接触，即边界条件是：

$$u(0,t) = u(1,t) = 0 \tag{14.20}$$

假设初始温度(初始条件)为：

$$u(x,0) = \begin{cases} 2x, & 0 \leqslant x \leqslant 1/2 \\ 2(1-x), & 1/2 \leqslant x \leqslant 1 \end{cases} \tag{14.21}$$

(长时间加热棒的中心，让两端保持和冰块接触，并在 $t=0$ 移除热源即可实现上述情形)。该问题根据直线 $x=1/2$ 对称，现在开始探索其解法。

如果令 $h=0.1$，$k=0.01$，则有 $r=1$，且方程(14.19)变为：

$$-u_{i-1,j+1} + 4u_{i,j+1} - u_{i+1,j+1} = u_{i-1,j} + u_{i+1,j} \tag{14.22}$$

将 $j=0$ 代入方程(14.22)，可以生成下列关于未知数 $u_{i,1}$(即经过 k 的一个步长后)在棒的中点处的方程，由 $i=5$，即 $x=ih=0.5$ 表示。为了表述清晰，舍弃下标 $j=1$：

$$0 + 4u_1 - u_2 = 0 + 0.4$$
$$-u_1 + 4u_2 - u_3 = 0.2 + 0.6$$
$$-u_2 + 4u_3 - u_4 = 0.4 + 0.8$$
$$-u_3 + 4u_4 - u_5 = 0.6 + 1.0$$
$$-u_4 + 4u_5 - u_6 = 0.8 + 0.8$$

对称性允许将最后一个方程中的 u_6 替换为 u_4。可以用矩阵的形式表示这些方程：

$$\begin{bmatrix} 4 & -1 & 0 & 0 & 0 \\ -1 & 4 & -1 & 0 & 0 \\ 0 & -1 & 4 & -1 & 0 \\ 0 & 0 & -1 & 4 & -1 \\ 0 & 0 & 0 & -2 & 4 \end{bmatrix} \begin{bmatrix} u_1 \\ u_2 \\ u_3 \\ u_4 \\ u_5 \end{bmatrix} = \begin{bmatrix} 0.4 \\ 0.8 \\ 1.2 \\ 1.6 \\ 1.6 \end{bmatrix} \tag{14.23}$$

方程(14.23)左边的矩阵(A)是三对角矩阵。求得 $u_{i,1}$ 后，就能将 $j=1$ 代入方程(14.22)中，并继续求解 $u_{i,2}$ 等。方程(14.23)当然可以用 MATLAB 中的左除运算符直接求解。在下面的脚本中，方程(14.23)的一般形式为：

$$Av = g \tag{14.24}$$

在创建矩阵 A 的时候需要注意。常常使用如下表示法：

$$A = \begin{bmatrix} b_1 & c_1 & & & & \\ a_2 & b_2 & c_2 & & & \\ & a_3 & b_3 & c_3 & & \\ & & & \cdots & & \\ & & & a_{n-1} & b_{n-1} & c_{n-1} \\ & & & & a_n & b_n \end{bmatrix}$$

A 是一个稀疏矩阵(请参见第 6 章)。

下面的脚本实现了方程(14.19)的通用 Crank-Nicolson 方案，通过 10 个时间步长($k=0.01$)解决了这个特定问题。由于对称性，步长由 $h=1/(2n)$ 指定。因此，r 的值不限于 1，虽然这里将它的值取为 1。如下脚本通过使用 sparse 函数，利用了 A 的稀疏性。

```
format compact
n = 5;
k = 0.01;
h = 1 / (2 * n);                        % symmetry assumed
r = k / h ^ 2;

% set up the (sparse) matrix A
b = sparse(1:n, 1:n, 2+2*r, n, n);      % b(1) .. b(n)
c = sparse(1:n-1, 2:n, -r, n, n);       % c(1) .. c(n-1)
a = sparse(2:n, 1:n-1, -r, n, n);       % a(2) ..
A = a + b + c;
A(n, n-1) = -2 * r;                     % symmetry: a(n)
full(A)                                 %
disp(' ')

u0 = 0;                     % boundary condition (Eq 19.20)
u = 2*h*[1:n]               % initial conditions (Eq 19.21)
u(n+1) = u(n-1);            % symmetry
disp([0 u(1:n)])

for t = k*[1:10]
  g = r * ([u0 u(1:n-1)] + u(2:n+1)) ...
                        + (2 - 2 * r) * u(1:n);  % Eq 19.19
  v = A\g';                 % Eq 19.24
  disp([t v'])
  u(1:n) = v;
  u(n+1) = u(n-1);          % symmetry
end
```

注意:

为了保证方程(14.19)中等式的下标和 MATLAB 下标的一致性，我们将 u_0(边界值)表示为标量 u0。在如下输出中，第一列是时间，后面的列是沿着棒的 h 的各个区间的解:

```
     0    0.2000    0.4000    0.6000    0.8000    1.0000
0.0100    0.1989    0.3956    0.5834    0.7381    0.7691
0.0200    0.1936    0.3789    0.5397    0.6461    0.6921
...
0.1000    0.0948    0.1803    0.2482    0.2918    0.3069
```

MATLAB 中有些内置的 PDE 求解函数。请参见 MATLAB Help: Mathematics: Differential Equations: Partial Differential Equations。

14.8 复数变量和保角映像

本节演示 MATLAB 中复数变量功能的一个应用，它把圆转换为 Joukowski 翼型。

Joukowski 翼型

在交叉流动中，围绕圆柱的流的解可以用来预测围绕薄翼型的流动。可以将圆柱体的局部几何形状转化为椭圆、翼型或平板，而不影响远场的几何形状。这个过程称为保角映射。如果把笛卡儿坐标系解释为复数的坐标平面 $z=x+iy$，其中 x 和 y 是实数，i=-1，x 是 z 的实数部分，y 是 z 的虚数部分，则这么做就可以使用复数变量理论求解二维潜流问题。这里不打算研究复数变量理论，而是给出一个该理论的应用示例，说明圆可以转换为翼型。表 14-2 就是完成该转换的 MATLAB 脚本。MATLAB 对于这个问题非常有效，因为它能执行复数运算。表中列出了步骤。代码执行的结果如图 14-8 所示。该图显示了圆和从圆映射而来的翼型。圆上的每个点都对应翼型上的唯一点。圆柱上每个点的潜流都与翼型上的对应点相同。这就把圆问题的解映射到翼型上，求解其上的流。区别是点之间的距离，因此翼型上的速度和压力分布必定由潜流所映射的分布决定。远场不受转换的影响。

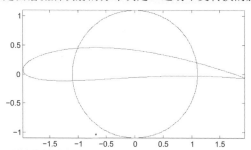

图 14-8　圆到翼型的映射：演示了 Joukowski 转换在复数平面上的应用

表 14-2　用于生成图 14-8 的 MATLAB 文件

```
% Joukowski transformation MATLAB code
%
% Example of conformal mapping of a circle to an airfoil:
% A problem in the field of aerodynamics
% Daniel T. Valentine ...................... 2009/2018.
% Circle in (xp,yp) plane: R = sqrt(xp^2 + yp^2), R > 1
% Complex variables of three complex planes of interest:
%    zp = xp + i*yp ==> Circle plane
%    z = x + i*y ==> Intermediate plane
%    w = u + i*v ==> Airfoil (or physical) plane
clear;clc
% Step 1: Select the parameters that define the airfoil of interest.
% (1) Select the a == angle of attack alpha
         a = 2; % in degrees
         a = a*pi/180; % Conversion to radians
% (2) Select the parameter related to thickness of the airfoil:
         e = .1;
% (3) Select the shift of y-axis related to camber of the airfoil:
         f = .1;
% (4) Select the trailing edge angle parameter:
         te = .05; % 0 < te < 1 (0 ==> cusped trailing edge)
         n = 2 - te; % Number related to trailing edge angle.
         tea = (n^2-1)/3; % This is a Karman-Trefftz extension.
% Step 2: Compute the coordinates of points on circle in zp-plane:
         R = 1 + e;
         theta = 0:pi/200:2*pi;
         yp = R * sin(theta);
         xp = R * cos(theta);
% Step 3: Transform coordinates of circle from zp-plane to z-plane:
         z = (xp - e) + i.*(yp + f);
% Step 4: Transform circle from z-plane to airfoil in w-plane
% (the w-plane is the "physical" plane of the airfoil):
         rot = exp(-i*a); % Application of angle of attack.
         w = rot .* (z + tea*1./z); % Joukowski transformation.
% Step 5: Plot of circle in z-plane on top of airfoil in w-plane
```

```
plot(xp,yp), hold on
plot(real(w),imag(w),'r'),axis image, hold off
```

14.9 其他数值方法

本章前面部分考虑的 ODE 是初值问题。对于边界值问题的求解函数，请参见 MATLAB Help: Mathematics: Differential Equations: Boundary Value Problems for ODEs。

MATLAB 中有大量处理其他数值过程的函数，例如曲线拟合、相关性、插值、最小化、滤波和卷积以及(快速)傅里叶变换。请参见 MATLAB Help: Mathematics: Polynomials and Interpolation and Data Analysis and Statistics。

这里是曲线拟合的一个示例。如下脚本允许以互动的方式绘制数据点。当画出这些点之后(意味着最后两个点的 x 坐标差的绝对值小于 2)，即可完成对一个三次方多项式的拟合和绘制(见图 14-9)。

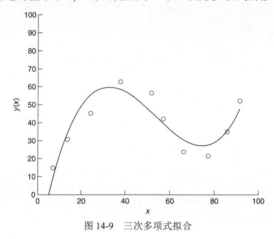

图 14-9　三次多项式拟合

```
% Interactive script to fit a cubic to data points

clf
hold on
axis([0 100 0 100]);

diff = 10;
xold = 68;
i = 0;
xp = zeros(1);           % data points
yp = zeros(1);

while diff > 2
  [a b] = ginput(1);
  diff = abs(a - xold);
  if diff > 2
    i = i + 1;
    xp(i) = a;
    yp(i) = b;
    xold = a;
    plot(a, b, 'ok')
  end
end
```

```
p = polyfit(xp, yp, 3 );
x = 0:0.1:xp(length(xp));
y= p(1)*x.^3 + p(2)*x.^2 + p(3)*x + p(4);
plot(x,y), title( 'cubic polynomial fit'), ...
    ylabel('y(x)'), xlabel('x')
hold off
```

还可以使用菜单 Tools | Basic Fitting，在图像窗口中对多项式进行拟合。

14.10 本章小结

- 数值方法是用于求解通常没有解析解的数学问题的一种近似的计算机方法。
- 数值方法受制于两种不同的误差：计算机解中的舍入误差以及截断误差——将无限的数学过程(例如求极限)近似为有限的过程。
- MATLAB 中有大量的用于处理数值方法的有用函数。

14.11 本章练习

14.1 使用脚本中的牛顿法解决如下问题(可能需要多试几个初始值)。使用 fzero 测试所有答案。使用 roots 测试那些涉及多项式方程的答案。

提示：使用 fplot 找出根在哪里。例如：

```
fplot('x^3-8*x^2+17*x-10', [0 3])
```

可以借助 Zoom(放大)功能。在图像窗口中单击 Zoom In 按钮(是个放大镜图标)，并在想要放大的部位单击。

(a) $x^4 - x = 10$ (两个实数根和两个复数根)

(b) $e^{-x} = \sin x$ (无限多个根)

(c) $x^3 - 8x^2 + 17x - 10 = 0$ (三个实数根)

(d) $\log x = \cos x$

(e) $x^4 - 5x^3 - 12x^2 + 76x - 79 = 0$ (4 个实数根)

14.2 使用二分法找出 2 的平方根，令 1 和 2 为 x_L 和 x_R 的初始值。持续进行二分，直到最大误差小于 0.05(使用 14.1 节中的不等式(14.2)确定所需的二分次数)。

14.3 使用梯形法则计算 $\int_0^4 x^2 dx$，令步长 $h=1$。

14.4 包含 1000 人的人类种群在时刻 $t=0$ 处开始以如下速率增长

$$dN/dt = aN$$

其中 $a=0.025$ 每人每年。请使用欧拉方法预测该种群在未来 30 年的增长情况，步长为(a) $h=2$ 年，(b) $h=1$ 年，(c) $h=0.5$ 年。请将答案和准确数值解进行对比。

14.5 编写函数文件 euler.m，以如下语句开头：

```
function [t, n] = euler(a, b, dt)
```

并使用欧拉方法求解细菌生长 DE(方程 14.8)。在脚本中使用该函数，将 $dt=0.5$ 和 0.05 时的欧拉解与精确解作对比。尝试将输出设置为如下形式：

```
time     dt = 0.5     dt = 0.05     exact
```

0	1000.00	1000.00	1000.00
0.50	1400.00	1480.24	1491.82
1.00	1960.00	2191.12	2225.54
...			
5.00	28925.47	50504.95	54598.15

14.6 建模放射衰减的基本方程为：

$$dx/dt = -rx$$

其中 x 是时刻 t 的放射性物质的量，r 是衰减率。

一些放射性物质会衰减为其他放射性物质，而两者也会继续衰减。例如，锶 92(r_1= 0.256/hr)衰减为钇 92(r_2= 0.127/hr)，再衰减为锆。写下一对差分方程，表示锶和钇的衰减过程。

从 t=0 开始，有 $5×10^{26}$ 个锶 92 原子，没有钇原子，请使用龙格-库塔法(ode23)，以 $\frac{1}{3}$ h 为步长，求该方程在直到 t=8h 的区间内的解。再对同样的问题使用欧拉方法，并对比获得的结果。

14.7 生活在南非克鲁格国家公园的黑斑羚种群 $x(t)$可以用如下方程建模：

$$dx/dt = (r - bx \sin at)x$$

其中 r、b 和 a 是常数。编写程序读取 r、b、a 和 x 以及 t 的初始值，并使用欧拉方法计算两年时间内每个月的黑斑羚种群数量。

14.8 黑色辐射体的发光效率(可见光谱中的能量和总能量的比值)可以用如下公式表示：

$$E = 64.77T^{-4} \int_{4×10^{-5}}^{7×10^{-5}} x^{-5} \left(e^{1.432/Tx} - 1\right)^{-1} dx$$

其中 T 是热力学温度，x 是以厘米为单位的波长，而积分的范围就是可见光谱的范围。编写通用函数 simp(fn, a, b, h)来实现方程(14.4)中的辛普森法则。

令 T=3500K，使用 simp 计算 E，首先使用 10 个区间(n=5)，然后使用 20 个区间(n=10)，并对比得到的结果(答案：n=5 时，14.512725%；n=10 时，14.512667%)。

14.9 范德波尔方程是二阶非线性差分方程，可以用如下两个一阶方程表示：

$$dx_1 / dt = x_2$$
$$dx_2 / dt = \epsilon(1 - x_1^2)x_2 - b^2 x_1$$

该方程组的解有稳定的极限环，意思是如果绘制该解的相轨迹(即 x_1 相对于 x_2 的图形)，不管从正 x_1-x_2 平面上的任意点开始，它总是进入相同的环。使用 ode23 求解该方程组，令 $x_1(0)$=0 和 $x_2(0)$=1。针对 b=1 和位于 0.01 和 1.0 之间的 ϵ，绘制一些相轨迹。示例见图 14-10。

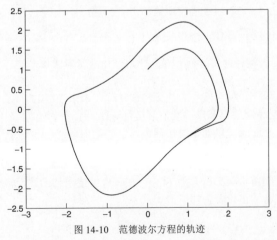

图 14-10 范德波尔方程的轨迹

第 **15** 章

信 号 处 理

本章的目标是介绍信号处理。你将学会众多信号处理方法中的两种，以处理大型数据集。这两种方法是：

- 谐波分析
- 快速傅里叶变换分析

本章应用 MATLAB 处理周期数据集。首先介绍使用谐波分析处理周期数据集的方法。然后，应用快速傅里叶变换(Fast Fourier Transform, FFT)法处理测量或计算所得的数据在时间域的演变。这些流程是信号处理领域的重要方法。

信号是通过实验方法测量或计算方法计算所得的数据序列。例如，$f(x)$是在特定变量 x 的相对较小的区间内测量所得的数据。例如，x 可以表示时间或空间维度。如果信号在 x 的范围内是周期的，例如 $-\pi$ 到 π，则谐波分析是有用且实际的技术。FFT 方法是一种和谐波分析相关的方法。两种方法都和利用傅里叶级数拟合数据相关。此外，两种方法都在工程领域广泛应用，例如在造船学、声学(或噪声)以及振动工程、电子工程、海洋工程等。

傅里叶级数的理论是物理和工程相关数学中的重要话题。有关这个话题的全面讨论可以在 I.S. Sokolnikoff 和 R.M. Redheffer 所著的 *Mathematics of Physics and Modern Engineering* 一书的第 2 版中找到，该书由 McGraw-Hill 出版于 1966 年。由于本话题的重要性，因此有很多其他书本描述该方法背后的理论以及实际应用。此处，我们给出应用傅里叶级数处理信号所需的结论。

假设 $f(x)$ 由三角级数表示为：

$$f(x) = \frac{1}{2}a_o + \sum_{n=1}^{\infty}(a_n \cos nx + b_n \sin nx) \tag{15.1}$$

其中 $-\pi \leqslant x \leqslant \pi$，因此：

$$a_n = \frac{1}{\pi}\int_{-\pi}^{\pi}f(x)\cos nx\,dx \tag{15.2}$$

其中 $n=0,1,2,\dots$，并且：

$$b_n = \frac{1}{\pi}\int_{-\pi}^{\pi}f(x)\sin nx\,dx \tag{15.3}$$

其中 $n=1,2,3,\dots$。假设 $f(x)$ 是周期函数，即 $f(x) = f(x+2\pi)$。

如果给定数据集 $f(x)$ 并假设它在区间 $-\pi \leqslant x \leqslant \pi$ 内是周期性的，则可以利用上述公式计算 a_n 和 b_n。利用该方法将 $f(x)$ 展开，或者说 $f(x)$ 包含傅里叶级数：

$$f(x) \sim \frac{1}{2}A_o + \sum_{n=1}^{N}(A_n \cos nx + B_n \sin nx) \tag{15.4}$$

其中 N 是大于或等于 1 的正整数,它是构成 $f(x)$ 的傅里叶级数(或傅里叶展开)的项数。如果 $N \to \infty$,且 $f(x)$ 是连续且周期性的,则最后一个方程实际上就是 $f(x)$ 的三角展开,且结果是精确的。该级数的重要优点之一是还可以表示非连续的函数。当然,在三角表示不精确的情况下,方程(15.4)中使用周期函数表示 $f(x)$ 的方法是最佳拟合。

15.1 谐波分析

我们需要利用三角级数拟合图 15-1 中的数据。这组"观察"数据的样值由下面的公式生成:

$$f = 0.6 - \cos x - 0.5 \cos 2x + 0.4 \cos 3x + \sin x + error \tag{15.5}$$

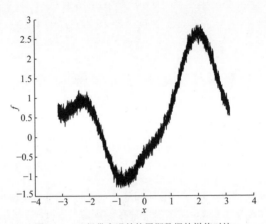

图 15-1 10 组带有误差的周期数据的样值对比

其中,error 由随机数生成器 randn(一个 MATLAB 内置函数)生成。之所以选择方程(15.5)作为示例,是因为它由 5 项三角级数加一项误差组成。选择它,我们可以清楚地看到谐波分析如何将谐波(即前 5 项)从包含误差(在一些信号处理应用中,也称为"噪声")的信号中分离出来。

我们想要利用有限项的三角级数的和拟合一组观察数据。在本例中,离散的观测数据集包括 $f(x)$ 在 $x = -\pi, -\pi + \pi/N, -\pi + 2\pi/N, \dots \pi - \pi/N$ 处的值。假设 $f(-\pi) = f(\pi)$。注意 $-\pi \leq x < \pi$ 是观察数据的 x 的范围。$f(x)$ 的值在等间隔的区间 $dx = \pi/N$ 处计算(或观察)。在该数值分析的示例中,$N = 200$,其中 $N_p = 2N + 1$ 是从 0 到 π 的数据测量范围内的等间隔数值的数量。在这些点获得的数据是通过方程(15.5)计算的。由于规定 f 只在 $-\pi \leq x \leq \pi$ 内取值,且假设 $f(-\pi) = f(\pi)$,因此谐波分析是处理这些数据以确定谐波含量的一种好方法,即确定傅里叶级数的系数,我们用这些系数展开这些数据。注意,数据中由随机数生成器 randn 引入的噪声在周期性的假设中引入了误差。因此,在下面的示例中,我们通过重复该计算实验 10 次来处理 10 组观测数据。结果表明本例中的误差(或噪声)是随机的,并且如果实验次数足够多,就可以将误差平均掉。

结果我们得到 N_p 个等间隔的数据点,可以用 $N_p - 1$ 项傅里叶级数拟合这些数据。对于 $N_p - 1$ 个未知数,我们有 $N_p - 1$ 个线性方程。从这个意义上说,结果是精确的。众所周知(例如,上面引用 Sokolnikoff 和 Redheffer 所著的那本书),该问题的解为(注意,在本章介绍的傅里叶级数中,A_o 是 a_o 的 2 倍):

$$f = A_o + \sum_{n=1}^{N} A_n \cos nx + \sum_{n=1}^{N-1} B_n \sin nx \tag{15.6}$$

在本例中,可以看到:

$$A_o = \frac{1}{2N} \sum_{m=1}^{2N} f\left(-\pi + \frac{(m-1)\pi}{N}\right) \tag{15.7}$$

$$A_N = \frac{1}{2N} \sum_{m=1}^{2N} f\left(-\pi + \frac{(m-1)\pi}{N}\right) \cos\big((m-1)\pi\big) \tag{15.8}$$

$$A_n = \frac{1}{N} \sum_{m=1}^{2N} f\left(-\pi + \frac{(m-1)\pi}{N}\right) \cos\frac{(m-1)n\pi}{N}, \quad n = 1,2,3,\dots,N-1 \tag{15.9}$$

$$B_n = \frac{1}{N} \sum_{m=1}^{2N} f\left(-\pi + \frac{(m-1)\pi}{N}\right) \sin\frac{(m-1)n\pi}{N}, \quad n = 1,2,3,\dots,N-1 \tag{15.10}$$

上述方程组用于处理方程(15.5)生成的数据。MATLAB 脚本如下：

```
% Harmonic analysis
clear;clc
for ir = 1:10
N = 200;        % Nc = N+1 implies x = 0 (center of domain).
                % Np = 2N+1 are the number of points on the
                % closed interval x = [-pi, pi].
dx = pi/N;      % Spacing between the points on x.
 x = -pi:dx:pi;
 f = [.6 - cos(x) - .5*cos(2*x) + .4*cos(3*x) ...
    + sin(x) + 0.1*randn(1,length(x))];
 A0 = (1/2/N) * sum(f(1:end-1));
 A(N) = (1/2/N) * sum(f(1:end-1).*cos(N*x(1:end-1)));
   for jn = 1:N-1
            A(jn) = (1/N)*sum(f(1:end-1).*cos(jn*x(1:end-1)));
            B(jn) = (1/N)*sum(f(1:end-1).*sin(jn*x(1:end-1)));
   end
 AA = [A0 A];
figure(1)
hold on
stem([0:length(AA(1:11))-1],AA(1:11),'ko','LineWidth',2)
stem(B(1:9),'-.kd','LineWidth',2)
legend('A_n''s', 'B_n''s')
xlabel('Mode number n')
ylabel('A_n''s or B_n''s')
title('Harmonic analysis example')
hold off
figure(2)
hold on
plot(x,f,'k')
title('Ten sets of data with error compared')
xlabel('x'),ylabel('f')
hold off
end
```

注意，脚本执行该算法 10 次，以消除随机误差对收敛解的影响。随机误差为+10%或-10%。脚本中处理的 10 个周期数据的样值见图 15-1。这 10 个相关的谐波分析结果在图 15-2 中给出。如我们所料，平均结果非常接近精确结果。

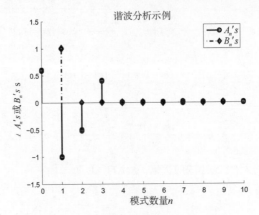

图 15-2　10 组周期数据的谐波分析，与 f 对比

由于没有误差的函数 $f(x)$ 是：

$$f=0.6 - \cos x - 0.5 \cos 2x + 0.4 \cos 3x + \sin x$$

它是一个包含 5 项的三角级数。对于该函数的谐波分析是精确的。该函数以及对它的谐波分析的精确结果分别展示在图 15-3 和图 15-4 中。这些图形是用上面的 MATLAB 脚本生成的，仅作如下改变。用如下方法将误差项的系数设为零：将 0.1*randn(1,length(x))];改为 0*randn(1,length(x))];。由于 10 次实验都是相同的，因此，如果将 for 循环中的重复次数 for ir=1:10 改为 for ir = 1:1，得到的结果依然一样。

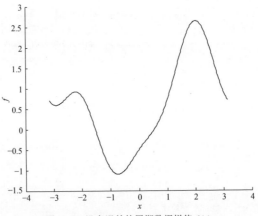

图 15-3　没有误差的周期数据样值 $f(x)$

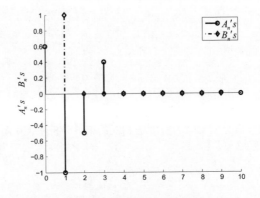

图 15-4　没有误差的周期数据 $f(x)$ 的谐波分析结果

将无误差的数据和受噪声影响的数据进行对比，即可发现在实验室中进行重复测量的必要性。因为只有重复测量才能得到对于谐波振幅的合理结果，这些谐波的振幅反映了我们所寻找现象的形状，即 $f(x)$ 在区间 $-\pi \leqslant x \leqslant \pi$ 内的图形。注意，如果用三角级数定义输入数据集，则谐波分析的结果是对输入序列的精确复制。

15.2 快速傅里叶变换(FFT)

James W. Cooley 和 John W. Tukey 在 1965 年发表了论文 *An Algorithm for the Machine Calculation of Complex Fourier Series*。该论文出现在 *Mathematics of Computations* 期刊的第 19 期的 297-301 页。该论文被 Leo L.Beranek 和 István L. Vér 编著的 *Noise and Vibration Control Engineering* 一书引用，该书由 John Wiley & Sons 出版社于 1992 年出版。这本书很好地回顾了信号处理及其在噪声和振动工程中的实际应用。下面的讨论和这本书中的讨论紧密相连。

测量于区间 $0 \leqslant t \leqslant T$ 的时间历史信号 $y(t)$ 的傅里叶变换定义在全频率上，包括正频率和负频率：

$$Y(\omega, T) = \int_0^T y(t) \mathrm{e}^{-\mathrm{i}2\pi\omega t}\, \mathrm{d}t \tag{15.11}$$

其中 Y 是频率 ω 的函数，由包括 N 个数据的数字时间序列构成，其中 $y(t) = y(n\Delta t)$，$n = 0, 1, 2, \ldots, N-1$。傅里叶变换可以写成复数傅里叶级数的形式：

$$Y(\omega, T) = Y(k\Delta\omega, N) = \Delta t \sum_{n=0}^{N-1} y(n\Delta t) \exp(-\mathrm{i}2\pi\omega n\Delta t) \tag{15.12}$$

其中频谱分量，即 $Y(k\Delta\omega, N)$，一般都是复数值，且仅在 N 个离散频率处定义：

$$\omega_k = k\Delta\omega = \frac{k}{N\Delta t}, \quad k = 0, 1, 2, \ldots, N-1$$

因此，这其实就是本章引言部分介绍的傅里叶级数展开的复数版本。为了进一步说明这一点，用方程(15.12)除以 $T = N\Delta t$，即可得到如下结果：

$$C_k = \frac{Y(k\Delta\omega, N)}{N\Delta t} = \frac{1}{N} \sum_{n=0}^{N-1} x(n\Delta t) \exp(-\mathrm{i}2\pi\omega\, n\Delta t) = \frac{1}{N} \sum_{n=0}^{N-1} x(n\Delta t) \exp(-\mathrm{i}2\pi k n / N) \tag{15.13}$$

注意，对该公式和前面计算谐波分析的傅里叶系数的公式进行对比。不同之处在于，本例中的系数是复数。由于 MATLAB 可以处理复数并且进行复数运算，因此将 FFT 方法用于信号处理是合理的。下面的示例说明了这一点。

由方程(15.13)定义的复数傅里叶系数适用于周期函数，因此假设时间函数 $y(t)$ 在等于抽样间隔 T 的区间重复。傅里叶分量只有在 $k=N/2$ 时是唯一的，即频率达到 $\omega_k=1/(2\Delta t)$，这是数字信号的奈奎斯特频率 ω_N。在该频率下，每个周期只有两个采样点，因此，就会出现被称为混叠的错误。更多细节请参见上面引用的 Beranek 和 Vér 编写的书。前 $N/2+1$ 个傅里叶系数，从 $k=0$ 到 $k=N/2$，定义了正频率中的频谱分量(即傅里叶系数的幅度)，而后 $N/2-1$ 个傅里叶系数，从 $k=N/2+1$ 到 $k=N-1$，定义了负频率中的频谱分量。

自从 Cooley-Tukey 算法发表以来，人们发明了各种 FFT 算法。FFT 算法及其发展过程的细节亦不在本书的讨论范围之内。然而，由于应用于本节所介绍示例的算法流程也适用于读者可能感兴趣的其他问题，因此这里还是根据应用 Cooley-Tukey 算法(因为该算法是本节要讨论的 FFT 算法的基础)时所需要注意的一些点，给出一些提示：

- 将等间隔的数据点的数量限制为 2 的幂，即 $N=2^p$ 是很有用的。其中常用的 p 为 8～12。
- 傅里叶分量的频率分辨率为 $1/(N\Delta t)$。
- $k=N/2$ 时，开始出现混叠的奈奎斯特频率为 $\omega_N=1/(2\Delta t)$。抽样频率应该至少等于信号中最高频率的两倍。

- 前 $N/2+1$ 个频率低于奈奎斯特频率的傅里叶分量和后 $N/2-1$ 个频率高于奈奎斯特频率的分量的关系为 $Y(k)=Y*(N-k), k=0,1,2,\cdots,N-1$。其中星号表示复共轭操作。
- 只定义正频率的傅里叶分量被称为单边频谱。该频谱由 $Y(0)$、$Y(N/2)$ 和 $2Y(k)$ 给定，$k=1,2,\ldots,N/2-1$。

均值为 0 的周期信号的单边频谱分量为：

$$P(\omega) = \frac{2Y(\omega, T)}{T} \quad \omega > 0 \text{ 或 } k = 1, 2, \ldots, \frac{N}{2} - 1 \tag{15.14}$$

其中 $Y(\omega, T)$ 由方程(15.12)定义。傅里叶分量的幅度 $|P(\omega)|$ 通常由函数 stem 绘制(请参见下面的示例)，被称为线谱。由于每个傅里叶分量都是复数，因此它们定义了每个分量的相位和幅度。然而，相位信息通常只在重构信号的时间历史或确定信号的峰值等应用中使用。

考虑如下示例，展示如何使用 MATLAB 将 FFT 应用到信号处理中。考虑如下信号：

$$y(t) = 0.7\sin(2\pi 50t) + \sin(2\pi 120t) + noise \tag{15.15}$$

其中抽样在时段 $0 \leqslant t \leqslant T$ 进行。抽样频率是 $F_s=3000$，因此 $T=1/F_s$。功率谱通常用于提取信号中的主要频率。它的定义为 $p_{yy} = (Y(\omega, T)Y*(\omega, T))/L$，其中 $L=2^p$，本例中选择 $p=11$。如下脚本实现了 FFT 方法，并对这个信号进行了处理，脚本中还包括对于信号处理问题的简单描述(基于 MATLAB 帮助文档中的一个示例)。

```
% ---------Example of the application of FFT------------
% Example of the application of FFT
Fs = 3000;                    % Sampling frequency
T = 1/Fs;                     % Sample time
pwr2 = 11;
L = power(2,pwr2);            % Length of signal
t = (0:L-1)*T;               % Time vector for FFT
% Sum of a 50 Hz sinusoid and a 120 Hz sinusoid
x = 0.7*sin(2*pi*50*t) + sin(2*pi*120*t);
y = x + 2*randn(size(t));    % Sinusoids plus noise at t
plot(Fs*t/1000,y,'k'),axis([0 2 -10 8])
title('Signal Corrupted with Zero-Mean Random Noise')
xlabel('time (seconds)'),ylabel('signal y(t)')
figure(2)
NFFT = 2^nextpow2(L); % Next power of 2 from length of y
  Y = fft(y,NFFT)/L;
  Pyy = Y.*conj(Y)/L;
  f = Fs/2*linspace(0,1,NFFT/2+1);
%
% ---------Plot single-sided amplitude spectrum.--------
FF = 2*abs(Y(1:NFFT/2+1));
stem(f(1,1:110),FF(1,1:110),'k','Linewidth',2)
title('Single-Sided Amplitude Spectrum of y(t)')
xlabel('Frequency (Hz)')
ylabel('|Y(\omega)|')
figure(3)
stem(f(1:110),Pyy(1:110),'k','Linewidth',2)
title('Power spectral density')
xlabel('Frequency (Hz)')
ylabel('Pyy')
```

待分析的信号见图 15-5。该信号的线谱和功率谱见图 15-6 和图 15-7。有两件事需要注意：第一件是信号中的主频率在频谱图中清晰可辨，第二件是功率谱使得信号中的主频率更加突出。

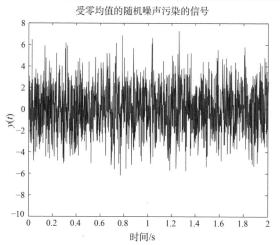

图 15-5 需要利用频谱分析来分析的信号

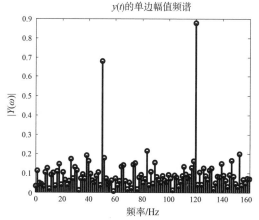

图 15-6 图 15-5 中信号的线谱

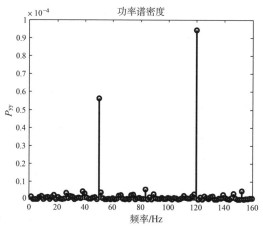

图 15-7 图 15-5 中信号的功率谱

第 16 章

Simulink 工具箱

本章的目标是介绍 Simulink，将它应用于科学、技术、工程和数学领域的学生所研究的动力系统的求解中。本章的第一个主题是打开 Simulink 和构造信号处理模型的过程。接下来介绍动力系统的两个示例，这两个示例通常是物理系的学生在第一年的课程中要研究的问题。然后再介绍两个动力系统，它们通常是非线性动力系统的相关课程中要研究的经典非线性方程。本章要介绍的示例包括：

- 一个信号处理示例，展示 Simulink 模型的构建过程
- 机械系统的弹簧-质量-阻尼器模型
- 弹跳球模型
- 范德波尔振子
- 杜芬振子

本章通过相对简单但有趣的经典力学示例介绍 Simulink 软件的应用。在美国大学的科学、技术、工程和经典力学专业的典型课程安排中，学生在第一学年的物理课上开始学习动力系统建模的相关内容。在第一门课程中他们学习由弹簧、质块和阻尼器建模而成的系统。在第二门课程中则研究由电阻、电感和电容建模而成的模拟电气系统。本章介绍如何使用 Simulink 对这些系统的动态变化进行仿真。

什么是 Simulink？正如工具箱的帮助文档所描述的：用它建模、仿真和分析动力系统。它允许针对系统提出问题，然后对系统进行建模并观察实验结果。"使用 Simulink，可以轻易地从头开始搭建模型，或者修改已有模型以满足需求。Simulink 支持线性和非线性系统，可以将系统建模为连续时间、离散时间或者二者的组合。系统还支持多重速率——不同的部件可以不同的速率采样或更新。"它是图形化的编程环境。

作为总结，我们将介绍信号处理模型的一个简单示例。单击 MATLAB 桌面顶端的工具栏中 Help 字样下方的问号？，即可打开帮助文档。同样，单击 Simulink 中的相应位置，打开有关这个工具箱的电子手册。该指南可以帮助大家开发更加复杂的动力系统，它提供了学习如何使用 Simulink 的关键建议之一。就是尽可能在现有模型的基础上做修改，建立新的模型以解决新的问题。

为了开始练习，首先需要打开 Simulink。在 Command Window 中执行如下命令即可：

```
>> simulink
```

该命令打开图 16-1 所示的 Simulink Start Window。单击启动窗口中间的 Blank Model 面板，打开如图 16-2 所示的模型建立窗口。单击工具栏上的图标打开库浏览器，该浏览器如图 16-3 所示。在浏览器左侧的面板中提供了 Library 的索引。指向并单击其中的任意条目，即可打开各种工具。利用这些工具即可在 Simulink 中设计(或开发)用于对动力系统进行仿真的模型。单击位于浏览器窗口标题下方的单词 File 下方的"空白页"图标，即可打开一个新的模型，如图 16-3 所示。

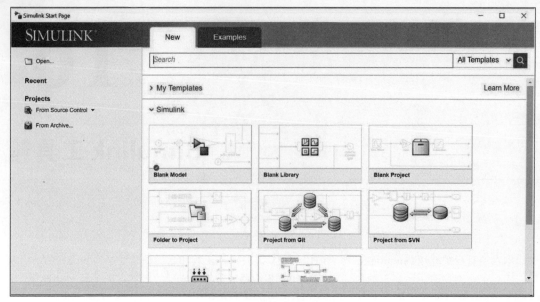

图 16-1 Simulink 窗口的启动页面

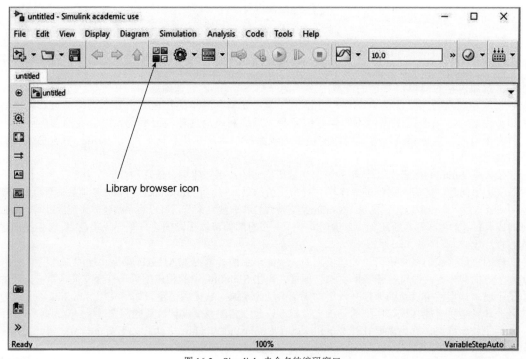

图 16-2 Simulink 未命名的编码窗口

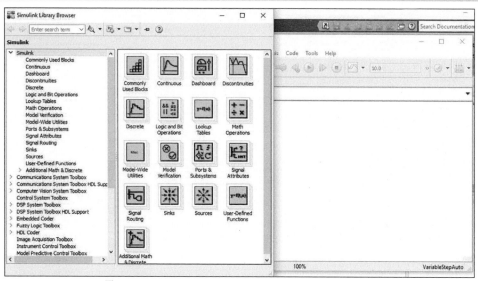

图 16-3　Simulink Library Browser 以及 Simulink 中未命名的编码窗口

在未命名模型的窗口中下拉 File 菜单，单击 Save 按钮并为想要创建的模型命名，例如命名为 Example1。该操作创建一个名为 Example1.mdl 的文件。注意文件扩展名为 mdl。该扩展名将文件标识为 Simulink 模型。带有这个名字的模型窗口如图 16-4 所示。以上操作有助于在创建和调试模型以解决特定的动力系统问题时保存所做的工作。

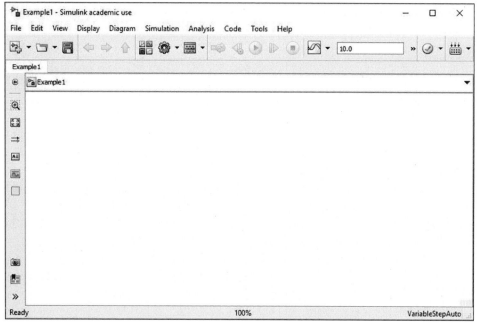

图 16-4　将未命名工作窗口重命名为 Example1

在模型窗口中同时按住 Ctrl 和 E 键，可以打开如图 16-5 所示的配置窗口。注意，在这些参数中，默认的 Relative tolerance(相对误差)为 1e-3，而 Solver(求解程序)则为 ode45。但是，在下面的第一个示例中，将 Relative tolerance 改为 1e-6。此外，在一些情况下也会修改 Solver。所应用的 Solver 在模型窗口的右下角标出。

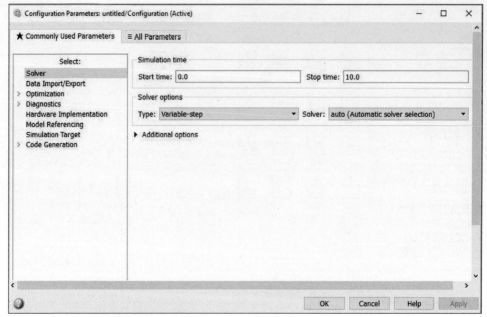

图 16-5　演示求解程序配置的 Simulink 窗口，单击 Library Browser 图标右边的图标就会打开该窗口

　　单击模型窗口右上角的×按钮，即可关闭模型。在 MATLAB 桌面的 Current Folder 窗口中双击该文件，即可重新打开。在本章的下一节，将创建一个简单的模型。

　　当然，笔者还是希望读者能够重建下一个有关数据分析的示例和后续有关动力系统建模的示例，以学习如何应用 Simulink 解决科技计算问题。这些示例都相对简单；它们和在第 14 章与第 17 章中用 MATLAB 代码解决的动力系统问题类似。

　　为了展示构建模型的技术细节，考虑一个信号处理示例。在本例中，要检测一个正弦波发生器的输出。我们将在示波器上利用积分计算正弦波下方的面积，并与原始信号进行对比。示波器是一种绘制正弦波及其从 0 时刻(即仿真开始的时刻)到指定时刻(本例中默认为 10)的积分的器件。通过以下步骤创建模型：

　　(1) 单击 Simulink Library Browser 中的 Sources 按钮。该操作会打开一个控制板，从中可以拖出 Sine Wave 模块，并将其放置到图 16-4 所示的 Example1 窗口中(我们正在创建图 16-6 所示的模型)。这个正弦波发生器负责提供本节所建模型的输入。

　　(2) 接下来，收起上一步中打开的内容，并单击 Commonly Used Blocks 主题打开另一个控制板。在该控制板中找到 Scope、Integrator 和 Mux。然后将这些器件拖放到 Example1 窗口中。

　　(3) 在 Example1 窗口中将光标拖到 Sine Wave 发生器右侧的输出端口处。当看到十字线时，按住鼠标左键并将十字线拖到 Mux 左上方的输入端口处。这是将装置“连接”起来的一种方法。

　　(4) 用同样的方法可以将 Mux 右侧的端口和 Scope 左侧的输入端口连接起来。

　　(5) 从 Integrator 左侧的输入端口开始，按住鼠标左键并移到连接 Sine Wave 发生器和 Mux 的连线上的任意位置。

　　(6) 最后，将 Integrator 右侧的输出端口和 Mux 左下方的输入端口连接起来。

　　(7) 在 File 菜单中单击 Save 按钮保存所做工作。本例将文件保存并命名为 Example1.mdl。

　　(8) 接下来双击 Scope，打开 Scope 窗口。

　　(9) 最后，单击模型窗口，确保它位于最前端。同时按下 Ctrl 和 T 键即可开始仿真。

　　你将看到两条曲线出现在示波器上，即正弦波和正弦波的积分。Mux 允许将两路输入接入示波器。模型及执行结果见图 16-6。

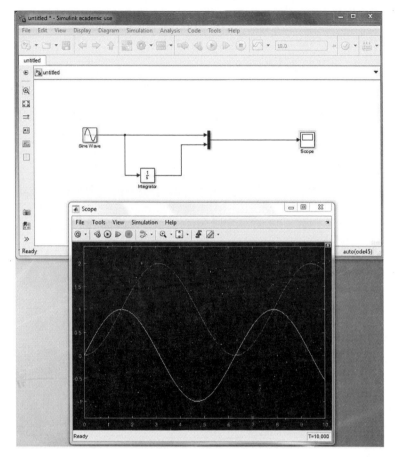

图 16-6　Example1 模型以及展示仿真结果的示波器

　　当然，如果没有任何使用像示波器、正弦波发生器、复用器这类实验仪器的经验，可能会觉得这个实验有些神秘。并且上面的练习只是观察练习，难以展示 Simulink 中很多更加强大的功能。但是，在你的培训和教育经历中，你将有机会对这个强大的工具进行更富成效的探索，并搞清楚其中的很多事情。此外，利用帮助文档中的很多示例做练习，不仅可以学习更多关于 Simulink 的知识，还有助于理解其他工具箱，例如 Control Systems Toolbox (控制系统工具箱)。在机械工程和电子工程的动力系统课程中，很多教科书都要求学生运用 Simulink 研究所介绍的系统。因此，还是能找到很多应用示例，其中还包括在互联网上进行检索，这些都有助于学习如何应用该工具求解工程和科学中更加本质的问题。有关在上述示例中应用工具的更多细节，可以在帮助文档中找到。接下来介绍其中一个最简单但非常有用的动力系统。

16.1　弹簧–质块–阻尼器动力系统

　　可用于研究动力系统振动的最简单常微分方程如下：

$$\frac{\mathrm{d}^2 x}{\mathrm{d} t^2} + b \frac{\mathrm{d} x}{\mathrm{d} t} + \omega_0^2 x = A \sin(\omega t) \tag{16.1}$$

　　该方程可用于描述机械系统模型的运动情况，该模型由受正弦函数激励的质块、弹簧和阻尼器组成，其中 $b=R/m$ 表示阻力系数除以块状物的质量 m，$\omega_0^2 = k/m$ 是振子的无阻尼($R=0$)运动的角频率，k

是弹簧恢复力系数。这其实是牛顿第二运动定律在动力系统的受迫运动中的应用。在该动力系统模型中，幅度为 $A=F/m$ 的谐力作用于一个质块，其中 F 是作用于该系统的力的幅度。这通常是动力学课程中介绍粒子在某个维度上的振荡运动时研究的第一个问题。将该方程重写为：

$$\frac{d^2x}{dt^2} = -b\frac{dx}{dt} - \omega_o^2 x + A\sin(\omega t) \tag{16.2}$$

求解微分方程需要用到积分。由于这是二阶方程，我们需要积分两次才能得到解。求解该方程的 Simulink 模型如图 16-7 所示。注意，Integrator1 的输入是上述方程的右边的和，即加速度的值 d^2/dt^2。输出是速度 dx/dt，也是 Integrator2 的输入。最终，Integrator2 的输出是一个时间步长的解。下面描述图 16-7 中仿真的细节。

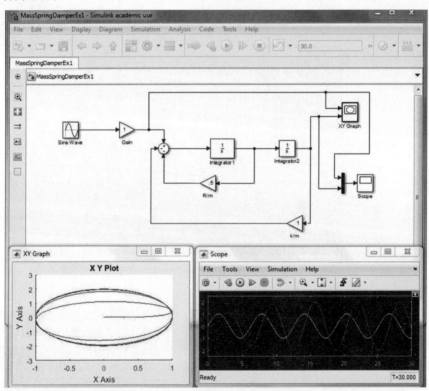

图 16-7　MassSpringDamperEx1.mdl 模型、显示仿真结果的 X-Y 图形和示波器

图 16-7 中的设置为 $\omega_o^2 = k/m = 1$ 和 $b=R/m=0.5$。初始位置 x 和初始速度 dx/dt 等于 0。此外，$t=0$ 时作用于该系统的激励为 0。结果表明，如果激励频率 $\omega = 1$ 弧度/单位时间，而幅度 $A=F/m=1$，则质块的终极振幅大约为 2。在响应和激励之间存在大约为 $\pi/2$ 的相位滞后。可见激励频率和谐振频率非常接近，图中所示的结果和文献中的报道(Becker(1953)[①])是一致的。作为练习，请双击 Sine Wave 生成器并改变 Frequency (rad/s)条目下的数字，这样就能改变激励频率。例如，尝试 $0.5 \leqslant \omega \leqslant 1.5$ 范围内的频率，并将结果和上述示例进行对比。再找一本力学(或动力学)方面的课本，将你用 Simulink 得到的结果同课本中关于这个问题的理论结果进行对比。

① Becker, R.A. (1953): *Introduction to Theoretical Mechanics*, McGraw-Hill Book Company, NY.

16.2　弹跳球动力系统

本节介绍初始条件不为 0(上一节假设初始条件为 0)的情况。该模型是对 Mathworks 的帮助文档中弹跳球模式的修改，后者可以通过在"?Help"窗口的工具栏左边的搜索框中输入 Simulation of a bouncing ball 来找到。单击 MATLAB 桌面上方的工具栏中的问号，即可打开 Help 窗口。图 16-8 展示了初始条件在积分中的应用。

弹跳球模型是混合动力系统的典型示例。混合动力系统是涉及连续动态和离散转换的系统，其中离散转换中系统动力学可以改变，并且状态值可以跳转。弹跳球的连续动力学由如下方程给出：

$$\frac{\mathrm{d}^2 x}{\mathrm{d}t^2} = -g \tag{16.3}$$

其中 g 是重力加速度，x 是球释放之后距离地面的垂直距离。x_0 表示速度等于指定值 $v_0 = \mathrm{d}x/\mathrm{d}t\,|_0$ 时的距离。假设在地面上 $x=0$。因此，该系统有两个连续状态：位置 x 和速度 $v = \mathrm{d}x/\mathrm{d}t$。

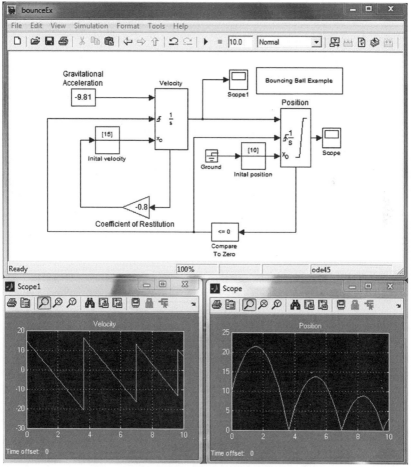

图 16-8　弹跳球模型：示波器显示了球的速度和位置

该模型的混合系统一面主要体现在对球撞击地面过程的建模。如果假设该撞击过程为部分弹性撞击，则撞击之前的速度 v^+ 和撞击之后的速度 v^- 可以通过恢复系数 k 联系起来：

$$v^+ = -kv^-, x = 0$$

因此，弹跳球在转换条件 $x=0$ 处显示连续状态(速度)的跳转。这里的讨论改写自 MATLAB 自带的帮助文件中的信息。

看看本例中积分器的应用。第一个积分器的标签是 Velocity。双击该图标，即可打开一个显示积分器参数的窗口。外部复位设置为 rising。初始条件信源设置为 external。这里只选中了 Show state port 复选框和 Enable zero-crossing detection 复选框，如图 16-9(a)所示。Position 积分器的参数如图 16-9(b)所示。这两个积分器的左上输入端口是输入。底部的两个端口允许在特定的时段改变初始条件；在本例中，改变的时间和球落地的时间有关。有关积分器中可设置参数的更多细节请在帮助文档中检索 integrator。正如帮助文档中指出的，"积分器模块输出当前时间步长的输入积分值。"阅读帮助文件和应用积分器的各种选项有助于了解 Simulink 的更多功能。当然，可以使用很多方法构造模型以解决特定的问题；这取决于熟悉多少功能。但是即使只用本例和之前示例中的方法，也可以解决很多更加复杂的问题。在接下来的两个有关非线性动力系统的示例中将展示这一点。

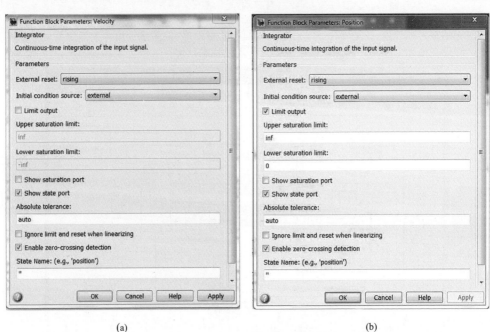

(a)   (b)

图 16-9　弹跳球模型：展示球的速度和位置

16.3　范德波尔振子

本节介绍求解范德波尔振子微分方程的模型。在非线性微分方程和非线性动力学研究中，这个方程通常是最先研究的模型。例如，它已被用于分析真空管电路等实际工程问题。范德波尔方程如下：

$$\frac{\mathrm{d}^2 x}{\mathrm{d}t^2} = b\left(1-x^2\right)\frac{\mathrm{d}x}{\mathrm{d}t} - x \tag{16.4}$$

之所以要在工程和科技文献中找到这个方程，是因为可以应用 MATLAB/Simulink 中的科技计算功能研究其行为。本章应用 Simulink 求解这个方程[①]。

---

① 更多信息，请在 Help 中检索 van der Pol，即会出现一个 Simulink 示例。Simulink 示例是使用搜索词时出现的一个条目。

　　图 16-10 展示了该方程的 Simulink 模型。本例设置 $b=5$，还需要改变名为 Integrator 的设备的初始条件。Integrator 的默认初始条件是 0。双击图标，改变初始条件。在本例中，将第二个名为 Integrator 的积分器的初始条件改为 1。如果它是 0，则解一直为 0。应用这种初始条件，会将解从原点移到图 16-10 中所示的极限环附近。极限环是 X-Y Graph 中的单一封闭曲线，是一种系统在远离初始条件时达到的周期状态。

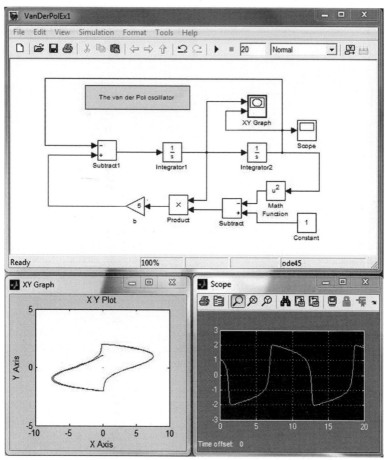

图 16-10　范德波尔振子：Scope 展示了方程的解，或者说振子的输出。

X-Y Graph 是 $X=\mathrm{d}x/\mathrm{d}t$ 关于 $Y=x$ 的图形

16.4　杜芬振子

　　图 16-11 展示了用杜芬方程建模的受迫非线性振子的仿真方法。杜芬方程如下：

$$\frac{\mathrm{d}^2x}{\mathrm{d}t^2}=Ax-Bx^3-C\frac{\mathrm{d}x}{\mathrm{d}t}+F\sin\omega t \tag{16.5}$$

　　这是非线性动力学课程中研究的经典方程之一。在图 16-11 所示的示例中，$A=1$、$B=1$、$C=0.22$、$F=0.3$。激励频率为 $\omega=1\mathrm{rad/s}$。激励频率可以通过双击 Sine Wave 图标改变，该操作会打开一个控制板，上面包含正弦波发生器的输出的相关信息。对于这一组常数来说，相位图 X-Y Graph 变成极限环或被称为"稳定周期 3 轨道"的周期轨道，该轨道在 Guckenheimer 和 Holmes 所著书籍[①]中有详细介绍。如同本章中介绍的其他示例一样，本例意在说明，可以通过利用 Simulink(以及 MATLAB)中的工具，相对容易地研究微分方程的解的性质。

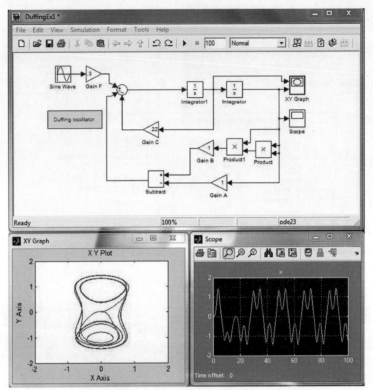

图 16-11 受迫非线性振子：Scope 将输入激励和输出位移进行对比。
X-Y Graph 绘制的是 X=dx/dt 相对于 Y=x 的图形

有大量关于非线性方程的理论和数值解的文献，尤其是杜芬方程和范德波尔方程。Guckenheimer 和 Holmes 的文献中报道的理论结果帮助笔者选择了本例中的常数。本章末尾的练习给出了修改这些常数的建议。

16.5 本章练习

16.1 重新搭建信号处理模型，即本章的第一个关于显示正弦波及积分的示例。执行仿真以确保该模型能够正常工作(和前面示例得到的结果一致)。接下来，完成如下练习：

a) 双击积分器，并将初始条件从 0 改为 1。通过单击积分器右下角的按钮应用此改变，然后执行仿真。积分的最大值是什么？最小值又是什么？

b) 双击正弦波图标，并将频率从 1 改为 2，将幅度从 1 改为 2。通过单击正弦波信源模块右下角的按钮应用这些改变，然后执行仿真。注意，频率和幅度都加倍了。

c) 将正弦波的相位从 0 改为 π/2，确保幅度和频率被设为 1，应用这些改变并执行仿真。注意，输入是余弦函数，而不是正弦函数。

16.2 重建弹跳球模型并执行，确保结果和本章示例中的结果一致。在正常工作的代码基础上改

---

① Guckenheimer, John, & Philip Holmes (1983): *Nonlinear Oscillations, Dynamical Systems, and Bifurcations of Vector Fields*, Springer-Verlag, NY.

变恢复系数的值。考虑 $0.5 \leqslant k \leqslant 0.9$ 的值，然后再改变与 $k=0.8$ 对应的初始条件。为了改变 k 的值，需要双击恢复系数的图标，然后改变并应用 k 的值。再使用同样的操作改变初速度或初始位置。完成数次实验后，解释一下你的发现。

16.3　重建受迫的弹簧-质块-阻尼器机械系统的模型。移除 X-Y Graph 模块以及与之相连的线，移除 Mux 模块以及与之相连的线。然后将与 Integrator2 的输出相连的线连接到 Scope。该模型在弹簧-质块-阻尼器模型的基础上改变了 $t=0$ 时激励的阶跃时间，通过双击 Step(阶跃函数)图标即可实现。如果阶跃时间不等于 0，则将 Step time 从默认值 1 改为 0，将阻力系数 R/m 设为 0。令 $k/m=1$，即弹簧常数系数。执行该仿真。振子的频率是多少？设置 $R/m=0.25$、1、2 和 4，查看增加阻力对解的影响。如果在关于机械学的物理书中查阅这个问题，它通常属于"阻尼谐振子"话题。如果 $R/m=0$，它就是被称为简谐运动的谐振子解。这应该就是你所发现的解，该解是对于这个问题中动态系统的研究的一部分。在没有阻尼的情况下(即 $R=0$)，该解是幅度为常数的正弦运动。振子的频率即自然频率，在本例中

$$\omega_\circ = \sqrt{k/m} = 1 \text{。}$$

因此，无怪乎振子的运动周期为 2π，请回顾实验结果，确认该结论。如果 $\omega^2 = (R/m)^2/2$，则运动是临界阻尼的。意思是动力系统在没有过冲的情况下达到了它的无限时间、常数解。如果 $\omega_\circ$ 小于这个值，则系统处于欠阻尼状态。如果 $\omega_\circ$ 大于这个值，则系统处于过阻尼状态。设 $R/m=2$，系统即可进入临界阻尼状态。

请根据从不同的 R/m 值所得的解，描述系统在欠阻尼、临界阻尼和过阻尼状态下的响应(反映在解 x 中)的平均值。

16.4　在上一个问题中，尝试设置阻尼系数 $R/m=-0.25$，描述所得的结果。注意幅度是如何随时间变化的。从结果可知，当阻力系数为负值时，解的幅度是增长的。如果设置 $k/m=0$，将呈现指数增长。请自行设计一个关于指数增长的问题，并给出解。

16.5　请重建范德波尔振子的模型。执行仿真，将结果和示例中的结果做比较(这是检验代码是否正确的必要步骤)。接下来，将阻尼系数设置为 $b=0$，再执行仿真。结果应该是单位振幅的简谐运动，因为这里将第二个积分器的初始条件设置为 1，且周期等于 2π。

接下来，尝试 $b=1$ 的情况。最后，尝试设置 $b=5$。注意响应函数的变化，即绘制的 x 的值。

16.6　请重建杜芬振子的模型。执行仿真，将结果和示例中的结果做对比。设置参数 $A=B=0$。结果是单一频率的受迫谐运动。

尝试线性的情况，其中 $B=0$，$-1 \leqslant A \leqslant -0.1$，意味着这是一根弹簧。在所有情况中，结果都是单一正弦频率的受迫谐运动。这是因为通过设置 $B=0$，消除了三次非线性项(还有很多其他可探索的组合。但是请注意，一些参数组合会导致混沌解，永远不会进入周期状态。还有些参数选择会导致不稳定解)。

第 17 章

Symbolic 工具箱

　　本章的目标是介绍 MATLAB 中的 Symbolic(符号)工具箱，它是将数学运用于科学和工程问题的有用工具集。本书其他章节已经给出过 Symbolic 工具箱的应用示例，主要用于检验在一些文献中找到的解析解。此外，我们还将基于解析解得到的预测结果和基于数值计算得到的结果进行对比。本章涵盖的 Symbolic 数学工具是：

- 代数：多项式、向量和矩阵
- 微积分：微分和积分
- 变换：拉普拉斯变换和 Z 变换
- 广义函数：赫维赛德(Heaviside)函数和狄拉克(Dirac)函数
- 常微分方程组
- funtool、MuPAD 和帮助

　　有了 Symbolic 工具箱，MATLAB 就可以成为 21 世纪学生的"数学手册"了。在过去，科技和工程领域的学生都需要购买"标准的"数学手册。现在，很少有学生拥有和使用数学手册。计算机和 MATLAB 之类的工具改善了这种情况。作为本书的第二作者，笔者想说 MATLAB 就是 21 世纪的数学手册。在本章，我们先回顾手册中的信息，并为手册中的各种信息提供示例，希望学生利用 MATLAB 之类的计算工具求解这些示例。随后介绍 Symbolic 工具箱的应用。

　　Symbolic 工具箱或其他任何允许用户进行符号分析的工具箱在应用时的主要问题就是为了高效地使用工具，你需要了解所提出的数学问题。换言之，如果想求解关于变量 x 的函数 $f(x)$ 的微分，就需要知道函数和微分的意思，或者了解如何求 f 关于 x 的导数，即求 $\mathrm{d}f/\mathrm{d}x$。

　　另一个示例是求解二次方程。需要知道方程的类型以及求解这类代数方程是什么意思。也就是说，如果你知道问题是什么，就可以使用 MATLAB Symbolic 工具箱找到符号数学问题的答案。

　　本章介绍一些可以借助数学手册回答的问题，我们用 Symbolic 工具箱解决这些数学问题，以显示 MATLAB 中 Symbolic 工具箱的强大。当然，这些工具的功能比本章相对简单的问题中展示出的功能还要强大。一旦能够熟练使用该工具箱，就能将该工具箱的应用拓展到科技和工程领域更加困难的问题中，这些问题甚至超出传统应用数学的能力范围。

　　典型的手册一般涵盖如下符号数学话题：代数、三角学、微积分、积分、微分和微分方程等。手册中提供的信息是为了帮助学生、工程师或科学家求解他们在解决科技问题时碰到的数学问题。科学、技术、工程和数学(STEM)方面的扎实教育为使用手册和/或 MATLAB 之类的工具提供必要的背景知识。当然，同手册一样，MATLAB 也需要经常使用才能精通。我们将介绍手册中涵盖的一些主题，帮助和指引读者在 MATLAB 中应用 Symbolic 工具箱。我们将从代数开始，包括线性代数、矢量代数和矩阵代数，然后介绍微分和积分。接下来，再研究积分变换，尤其是拉普拉斯变换。最后，研究微分方程的符号解。

17.1 代数

在 1.1.6 节中，介绍了如何求解线性方程组。其中一个示例应用了 MATLAB Symbolic 工具箱中的 solve 工具。接下来，对这个示例进行扩展，求解如下二元齐次方程组：

$$\begin{cases} x^2 + 3y = 0 \\ y^2 + 2x = 0 \end{cases}$$

应用 1.1.6 节中的流程，通过在 Command Window 中输入并执行如下命令获得结果。结果也展示在下面：

```
>> syms x y
>> [x y] = solve(x^2 + 3*y, y^2 + 2*x)
x =
                                                      0
                                    -(-12)^(2/3)/2
-((3^(1/2)*(-12)^(1/3)*i)/2 + (-12)^(1/3)/2)^2/2
-((3^(1/2)*(-12)^(1/3)*i)/2 - (-12)^(1/3)/2)^2/2

y =
                                     0
                             (-12)^(1/3)
- (3^(1/2)*(-12)^(1/3)*i)/2 - (-12)^(1/3)/2
  (3^(1/2)*(-12)^(1/3)*i)/2 - (-12)^(1/3)/2
```

结果表明 x 和 y 都有 4 个根：两个为实数，另外两个为复数。这说明 MATLAB 不仅可以处理实数，还可以处理复数。这是 MATLAB 的另一项重要功能。在 MATLAB 中，i 和 j 默认(除非重新赋值)表示 $\sqrt{-1}$。

17.1.1 多项式

每个阅读本书的人应该都了解二次方程。大部分 STEM 领域的学生应该都记得二次方程的根，这有助于检验利用 MATLAB 求得的结果。二次方程可以写作如下形式：

$$ax^2 + bx + c = 0 \tag{17.1}$$

使用 MATLAB 中的 solve 工具求解这个方程。执行如下脚本：

```
clear;clc
syms a b c x
solve(a*x^2 + b*x + c)
```

Command Window 中显示的答案为：

```
ans =

 -(b + (b^2 - 4*a*c)^(1/2))/(2*a)
 -(b - (b^2 - 4*a*c)^(1/2))/(2*a)
```

如我们所料，二次方程的解为：

$$x = -\frac{1}{2a}\left(b \pm \sqrt{b^2 - 4ac}\right) \tag{17.2}$$

如果 $b^2 \geq 4ac$，则两个根都是实数。如果等式成立，则两个根相等。如果 $b^2 < 4ac$，则两个根是复数，且不相等。还可以在 Command Window 中使用如下一行命令求解这个方程：

```
>> syms a b c x; solve(a*x^2+b*x+c)
```

撇号表示位于它们之间的是符号表达式。在以上两种方法中，使用 solve 得到的输出都是 2×1 的符号数据类型的阵列。由于这是一个二次方程，我们期望得到两个解。

接下来，研究三次多项式：

$$ax^3 + bx^2 + cx + d = 0 \qquad (17.3)$$

为了找到这个方程的根，执行如下脚本：

```
clear;clc
syms a b c d x
solve(a*x^3 + b*x^2 + c*x + d)
```

在这种情况下，由于求解的是三次方程，因此答案(ans)是 3×1 的符号数据类型的阵列。由于结果很长，这里就不写出来了。结果将显示在 Command Window 中。

再考虑另一个示例。求解：

$$ax^4 + cx = 0$$

在 Command Window 中执行如下命令：

```
>> syms a c x; solve(a*x^4 + c*x);
>> solution = simplify(ans);
>> solution

solution =
                                0
                       (-c/a)^(1/3)
 ((3^(1/2)*i - 1)*(-c/a)^(1/3))/2
-((3^(1/2)*i + 1)*(-c/a)^(1/3))/2
>> latex(solution)

ans =

\left(\begin{array}{c} 0\\ {\left(-\frac{c}{a}\right)}^{\frac{1}{3}}\\
\frac{\left( - 1 + \sqrt{3}\, \mathrm{i}\right)\,
{\left(-\frac{c}{a}\right)}^{\frac{1}{3}}}{2}\\
-\frac{\left(1 + \sqrt{3}\, \mathrm{i}\right)\,
{\left(-\frac{c}{a}\right)}^{\frac{1}{3}}}{2} \end{array}\right)
```

本书第二作者将上述答案用到一个文字处理软件中，该文件处理软件利用 Latex。于是可以将答案转换成 Latex 形式，即由该方程的 4 个根组成的阵列：

$$\begin{pmatrix} 0 \\ \left(-\dfrac{c}{a}\right)^{\frac{1}{3}} \\ \dfrac{\left(-1+\sqrt{3}\mathrm{i}\right)\left(-\dfrac{c}{a}\right)^{\frac{1}{3}}}{2} \\ -\dfrac{\left(1+\sqrt{3}\mathrm{i}\right)\left(-\dfrac{c}{a}\right)^{\frac{1}{3}}}{2} \end{pmatrix}$$

注意，其中两个根为实数。

最终，使用 solve 工具求解如下齐次线性方程组的解：

$$x + y + z = 1, \quad 2x + 3y + z = 1, \quad x + y + 3z = 0$$

在 Command Window 中执行该操作，可得：

```
>> syms x y z
>> [x y z] = solve(x + y + z - 1, 2*x + 3*y + z - 1, x + y + 3*z)
```

该方程组的解为 $x = 3$，$y = -3/2$，$z = -1/2$。

注意，在 Symbolic 工具箱中有很多利用 solve 函数(或求解功能)的方法。如果获得的是数值解，如上例所示，就需要将它们转换为双精度类型的数据，以便在 MATLAB 脚本中使用它们(这一点在 1.1.6 节中已经展示过)。

17.1.2　向量

单行或单列的阵列是向量。考虑如下 3 元素向量：

$$\boldsymbol{x}_1 = (a_1, b_1, c_1), \quad \boldsymbol{x}_2 = (a_2, b_2, c_2)$$

大家应该都了解，有两种将这两个向量相乘的方法。它们就是内积或点积，以及矢量或叉积。利用如下 Symbolic 命令(从 Editor)可以求出这些积：

```
format compact
syms a1 a2 b1 b2 c1 c2 real
x1 = [a1,b1,c1]
x2 = [a2,b2,c2]
x1_dot_x2 = dot(x1,x2)
x1_cross_x2 = cross(x1,x2)
format
```

Command Window 中的结果为：

```
x1 =
[ a1, b1, c1]
x2 =
[ a2, b2, c2]
x1_dot_x2 =
a1*a2 + b1*b2 + c1*c2
x1_cross_x2 =
[ b1*c2 - b2*c1, a2*c1 - a1*c2, a1*b2 - a2*b1]
```

这里使用 format compact 命令使输出结果变得简洁。最后一个命令 format 将 CommandWindow 中输出的显示格式重置为默认形式。可将解写为如下形式：

$$\boldsymbol{x}_1 \cdot \boldsymbol{x}_2 = a_1 a_2 + b_1 b_2 + c_1 c_2$$

点积是标量。

叉积则是向量，这里是一个三元素向量(和相乘的向量中的元素数量相同)：

$$\boldsymbol{x}_1 \times \boldsymbol{x}_2 = \left(b_1 c_2 - b_2 c_1, a_2 c_1 - a_1 c_2, a_1 b_2 - a_2 b_1\right)$$

17.1.3　矩阵

考虑如下被称为矩阵的数学对象。可以将两个矩阵相加、相减、相乘和相除。使用 Symbolic 工具箱即可实现这些操作：

$$M_a = \begin{pmatrix} a_{11} & a_{12} \\ a_{21} & a_{22} \end{pmatrix}$$

$$M_b = \begin{pmatrix} b_{11} & b_{12} \\ b_{21} & b_{22} \end{pmatrix}$$

在 MATLAB 中执行如下脚本：

```
format compact
syms a11 a12 a21 a22 b11 b12 b21 b22
Ma = [a11 a12; a21 a22]
Mb = [b11 b12; b21 b22]
Msum = Ma + Mb
Mproduct = Ma*Mb
```

Command Window 中的结果如下：

```
Ma =
[ a11, a12]
[ a21, a22]
Mb =
[ b11, b12]
[ b21, b22]
Msum =
[ a11 + b11, a12 + b12]
[ a21 + b21, a22 + b22]
Mproduct =
[ a11*b11 + a12*b21, a11*b12 + a12*b22]
[ a21*b11 + a22*b21, a21*b12 + a22*b22]
```

两个矩阵相加是逐项相加：

$$M_a \pm M_b = \begin{pmatrix} a_{11} \pm b_{11} & a_{12} \pm b_{12} \\ a_{21} \pm b_{21} & a_{22} \pm b_{22} \end{pmatrix}$$

两个矩阵乘积的结果是得到和相乘矩阵大小相同的矩阵，结果中的每一项是 M_a 的一行和 M_b 中一列相乘所得。请研究下面的乘积矩阵，核实矩阵乘法的过程。两个矩阵的乘积为：

$$M_a M_b = \begin{pmatrix} a_{11}b_{11} + a_{12}b_{21} & a_{11}b_{12} + a_{12}b_{22} \\ a_{21}b_{11} + a_{22}b_{21} & a_{21}b_{12} + a_{22}b_{22} \end{pmatrix}$$

分析如下矩阵的一系列性质：

$$M_a = \begin{pmatrix} c_{11} & c_{12} \\ c_{21} & c_{22} \end{pmatrix}$$

```
syms c11 c12 c21 c22 real
Mc = [c11 c12; c21 c22]
Mcdet = det(Mc);
Mcinv = inv(Mc);
Mc*inv(Mc);
disp(' Mc * Mcinv = Imatrix')
```

```
Imatrix = simple(ans)
Mcdet
Mcinv
[EigenVectorsMc EigenValuesMc] = eig(Mc)
```

除了特征向量和特征值之外，Command Window 中还包括以下输出。后者将转换为 Latex 格式，显示如下：

```
Mc =
[ c11, c12]
[ c21, c22]
  Mc * Mcinv = Imatrix
Imatrix =
[ 1, 0]
[ 0, 1]
Mcdet =
c11*c22 - c12*c21
Mcinv =
[ c22/(c11*c22 - c12*c21), -c12/(c11*c22 - c12*c21)]
[ -c21/(c11*c22 - c12*c21), c11/(c11*c22 - c12*c21)]
```

该矩阵的特征值为：

$$\begin{pmatrix} \dfrac{c_{11}}{2} + \dfrac{c_{22}}{2} - \dfrac{\sqrt{c_{11}^2 - 2c_{11}c_{22} + c_{22}^2 + 4c_{12}c_{21}}}{2} & 0 \\ 0 & \dfrac{c_{11}}{2} + \dfrac{c_{22}}{2} + \dfrac{\sqrt{c_{11}^2 - 2c_{11}c_{22} + c_{22}^2 + 4c_{12}c_{21}}}{2} \end{pmatrix}$$

这是矩阵对角化的结果(从几何角度解释的话，该过程就是对坐标系统的旋转，以寻找新的坐标系，在其中该矩阵只有有限的对角项)。符合条件的坐标系统由正交特征向量给定。本例中相应的特征向量为：

$$\begin{pmatrix} \dfrac{\dfrac{c_{11}}{2} + \dfrac{c_{22}}{2} - \dfrac{\sqrt{c_{11}^2 - 2c_{11}c_{22} + c_{22}^2 + 4c_{12}c_{21}}}{2}}{c_{21}} - \dfrac{c_{22}}{c_{21}} & \dfrac{\dfrac{c_{11}}{2} + \dfrac{c_{22}}{2} + \dfrac{\sqrt{c_{11}^2 - 2c_{11}c_{22} + c_{22}^2 + 4c_{12}c_{21}}}{2}}{c_{21}} - \dfrac{c_{22}}{c_{21}} \\ 1 & 1 \end{pmatrix}$$

接下来考虑 3 乘 3 对称矩阵：

$$\boldsymbol{M} = \begin{pmatrix} a & d & e \\ d & b & f \\ e & f & c \end{pmatrix}$$

通过执行如下脚本，仔细研究该矩阵。这是一个重要的数学对象，例如在结构力学中它就是应力张量的形式，扮演重要角色。

```
format compact
syms a b c d e f real
M = [a d e
     d b f
     e f c]
Mdet = det(M);
Minv = inv(M);
M*inv(M);
disp(' M * Minv = Imatrix')
Imatrix = simple(ans)
```

```
Mdet
Minv
[EigenVectorsM EigenValuesM] = eig(M)
format
```

如下是 Command Window 中除去冗长的特征值、特征向量和逆矩阵表达式之后的结果：

```
M =
[ a, d, e]
[ d, b, f]
[ e, f, c]
  M * Minv = Imatrix
Imatrix =
[ 1, 0, 0]
[ 0, 1, 0]
[ 0, 0, 1]
Mdet =
- c*d^2 + 2*d*e*f - b*e^2 - a*f^2 + a*b*c
```

我们知道 M 的逆肯定是正确的，因为结果显示 $MM^{-1}=I$，其中 I 是单位矩阵。这里将利用 MATLAB 中的 Symbolic 工具箱检验逆矩阵和特征值问题的结果留作练习。

如果矩阵表示固体材料上某点的应力状态，则特征值表示主应力，而特征向量则表示主方向。这些信息在材料强度的分析中非常重要。类似的矩阵出现在流体力学的建模中。

17.2　微积分

本节介绍符号微分和积分。我们将对二者同时进行介绍，因为它们其实是逆运算。考虑如下二次方程：

$$f = ax^2 + bx + c \tag{17.4}$$

该式的导数如下：

$$\frac{\mathrm{d}f}{\mathrm{d}x} = 2ax + b \tag{17.5}$$

利用 MATLAB 中的 Symbolic 工具箱，可以验证上述结果：

```
format compact
syms x a b c real
f = a*x^2 + b*x + c
disp('dfdx = diff(f,x) was executed to get:')
dfdx = diff(f,x)
% Integration
disp('f = int(dfdx,x) was executed to get:')
f = int(dfdx,x)
disp(' Note that the constant of integration, c, is implied.')
disp(' Hence, to include it you need to add c to f:')
f = f + c
disp('f = expand(f) was executed to get:')
f = expand(f)
disp(' Thus, the function f is recovered (as expected).')
format
```

Command Window 中的输出为：

```
f =
a*x^2 + b*x + c
dfdx = diff(f,x) was executed to get:
dfdx =
b + 2*a*x
f = int(dfdx,x) was executed to get:
f =
x*(b + a*x)
  Note that the constant of integration, c, is implied.
  Hence, to include it you need to add c to f:
f =
c + x*(b + a*x)
f = expand(f) was executed to get:
f =
a*x^2 + b*x + c
  Thus, the function f is recovered (as expected).
```

至此，验证了上面关于 df/dx 的公式是正确的。下一步是利用积分验证微分的结果。在上面的脚本中，通过执行 int(dfdx,x)做到了这一点。所得的结果，再加上常数 c，即得到 f。由于积分工具不包括常数，因此在上面的示例中，将一个常数加到 f 中，然后将带常数的函数 f 展开(expand(f))，就得到了我们想要的结果，即还原函数 f。

再看第二个示例：

$$f = a\sin^2 x + b\cos x \tag{17.6}$$

求该式的微分，然后对 df/dx 进行积分。执行如下脚本：

```
format compact
syms x a b c real
f = a*sin(x)^2 + b*cos(x)
dfdx = diff(f,x)
% Integration
ff = int(dfdx,x)
ff = expand(ff)
format
```

Command Window 中的输出如下：

```
f =
a*sin(x)^2 + b*cos(x)
dfdx =
2*a*cos(x)*sin(x) - b*sin(x)
ff =
2*(cos(x)/2 + 1/2)*(2*a + b - 2*a*(cos(x)/2 + 1/2))
ff =
a + b + b*cos(x) - a*cos(x)^2
```

注意，积分 df/dx 的结果为(在脚本中为 ff，在下式中为 f)：

$$f = a + b + b\cos x - a\cos^2 x$$

代入 $\cos^2 x = 1 - \sin^2 x$，可得：

$$f = a\sin^2 x + b\cos x + b + c$$

其中，c 是任意常数。由于是任意的，我们假定 $c=-b$。因此：

$$f = a\sin^2 x + b\cos x$$

这就是我们想要的结果，和方程(17.6)中的原始式子相同。因此，这些工具不仅允许对实践或自学过程中碰到的问题进行微积分运算，还有助于深刻理解微分和积分运算之间的关系。我们还需要清楚常数的积分及其在还原微分式子中的作用，并且需要了解常数的导数等于零。

17.3　拉普拉斯变换和 Z 变换

本节举例介绍有用的拉普拉斯变换和 Z 变换。在应用数学中，变换是非常有用的，因为可以利用它们解决工程和科学问题。在 Symbolic 工具箱中还有其他变换。之所以主要介绍拉普拉斯变换，是因为它作为研究动力系统的必要数学背景知识，是本科生的必修课。而介绍 Z 变换则是因为它很有趣。此外，还使用 ezplot 函数，因为它可以在 Symbolic 工具中使用，有助于用图像的方式形象地展示各种函数。

下面研究函数 $y=\sin x$ 的拉普拉斯变换和 Z 变换。在 Command Window 或 Editor 中执行如下命令：

```
syms x t w
y = sin(x)
Ly = laplace(y)
yy = ilaplace(Ly,x)
Zy = ztrans(y)
ezplot(Ly)
hold on
ezplot(Zy)
ezplot(y)
```

上述脚本计算 y 的拉普拉斯变换 Ly，然后对结果进行拉普拉斯逆变换，还原出 y，最后计算 Z 变换 Zy，并绘制 y、Ly 和 Zy 的图形。Command Window 中给出的结果如下：

```
y =
sin(x)
Ly =
1/(s^2 + 1)
yy =
sin(x)
Zy =
(z*sin(1))/(z^2 - 2*cos(1)*z + 1)
```

图形结果见图 17-1。

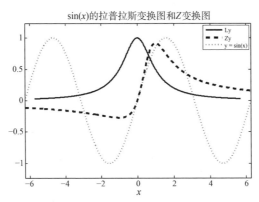

图 17-1　$\sin(x)$ 及其拉普拉斯变换和 Z 变换的对比图

17.4　广义函数*

本节介绍应用于众多科学和工程问题分析中的非常有用的函数。第一个是赫维赛德阶梯函数 $H(x)$。该函数在 $x<0$ 时等于 0，在 $x=0$ 时等于 1/2，而在 $x>1$ 时等于 1。它是 MATLAB 和 Symbolic 工具箱中的内置函数。执行如下脚本：

```
syms x
y = heaviside(x)
dydx = diff(y,x)
%
x = -1:.01:1;
y = heaviside(x);
plot(x,y,'--o'),title('The Heaviside step function')
xlabel('x');ylabel('y');
```

Command Window 中的输出如下：

```
y =
heaviside(x)

dydx =
dirac(x)
```

可见，赫维赛德阶梯函数的导数就是狄拉克函数(接下来要介绍)。赫维赛德阶梯函数的图形见图 17-2。

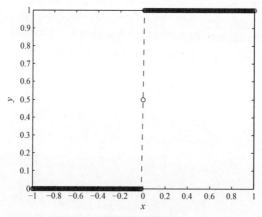

图 17-2　赫维赛德阶梯函数 $H(x)$

为了使用 Symbolic 工具介绍狄拉克函数，请执行如下脚本：

```
syms x
y = dirac(x)
I1 = int(y,x)
I2 = int(y,x,-1,1)
```

Command Window 中的结果如下：

```
y =
dirac(x)
I1 =
heaviside(x)
```

```
I2 =
1
```

结果表明狄拉克函数的不定积分就是赫维赛德函数，另外还表明包含 $x=0$ 的定积分等于 1。狄拉克函数在 $x=0$ 处的值是无穷大，在其他地方则等于 0。如果积分区间不包括 $x=0$，则积分等于 0。注意，可以通过将 x 的坐标改到另一个原点(在此处两个函数的参数等于 0)来改变 delta 函数等于无穷大的地方，以及赫维赛德函数中从 0 跳转到 1 的地方。

17.5　微分方程

函数 dsolve 可以求解常微分方程和常微分方程组(Ordinary Differential Equation，ODE)。这里介绍两个示例。第一个示例是求解单一的 ODE 和 ODE 方程组。看看如下方程：

$$\frac{\mathrm{d}^3 y}{\mathrm{d}x^3} = ax^2$$

为了求解该方程，需要执行如下命令：

```
>> dsolve('D3y= a*x^2','x')
```

结果为：

```
ans =
(a*x^5)/60 + (C2*x^2)/2 + C3*x + C4
```

因此，解为：

$$\frac{ax^5}{60} + \frac{C_1 x^2}{2} + C_2 x + C_3$$

其中 C_1、C_2 和 C_3 是三个任意积分常数。求解微分方程的过程就是积分。在本例中，由于它是三阶微分方程，因此需要进行三次积分运算，结果中有三个常数。

在下一个示例中，同时求解两个方程。此外，指定限制(或边界条件)。所要求解的方程为：

$$\frac{\mathrm{d}f}{\mathrm{d}t} = 3f + 4g, \quad \frac{\mathrm{d}g}{\mathrm{d}t} = -4f + 3g$$

由于该方程组是二阶的，它受两个限制的约束。在本例中，限制为 $f(0)=0$ 和 $g(0)=-1$，即为初始条件。在 MATLAB 中执行如下命令，即可得到解：

```
[f, g] = dsolve('Df = 3*f + 4*g, Dg = -4*f + 3*g','f(0) = 0, g(0) = 1')
```

解为：

```
f =
sin(4*t)*exp(3*t)
g =
cos(4*t)*exp(3*t)
```

因此：

$$f = \sin(4t)\exp^{3t} \quad g = \cos(4t)\exp^{3t}$$

dsolve 函数是求解 ODE 方程组的解析解的强大函数。

17.6 funtool、MuPAD 和帮助文档的使用

这是本章的最后一节。本节展示funtool(函数工具),它是一个有趣的工具,可以显示众多函数的图形,然后介绍 MuPAD 工具,以创建关于你自己的研究成果的笔记。最后,介绍 MATLAB 中和 Symbolic 工具箱相关的帮助文档。

17.6.1 funtool

在 Command Window 中输入并执行 funtool:

```
>> funtool
```

就会打开如图 17-3 所示的三个窗口。在定义 f 的空白处输入感兴趣的函数,再按下<Enter>即可。如果想要查看该工具的功能,请单击 Demo 按钮。该工具提供了一种有趣且方便的方法,将所要研究的函数的图形显示出来。

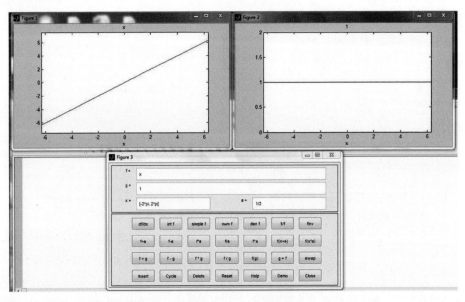

图 17-3 funtool 工具

17.6.2 MuPAD 记事本和帮助文档

如果想在 MATLAB 中创建记事本,以研究某个需要用到符号工具的专题,可以考虑使用 MuPAD 记事本环境。在 Command Window 中输入并执行如下命令,即可打开新记事本:

```
>> mupad
```

图 17-4 中展示了该命令打开的窗口。研究一下工具栏上的工具,学习如何输入文本和那些允许在记事本环境中执行符号操作的命令。

最后,为了获得有关 MuPAD 用法和符号工具其他功能的帮助,请单击工具栏顶部的 Help 下方的问号?。该操作会打开如图 17-5 所示的帮助窗口。为了获得有关 Symbolic 工具箱的帮助,请单击内容面板中的 Symbolic Math Toolbox。右边窗口中的信息会变为图 17-6 中的样子。注意,其中还有关于 MuPAD 的示例和演示,它们都是非常有用的。

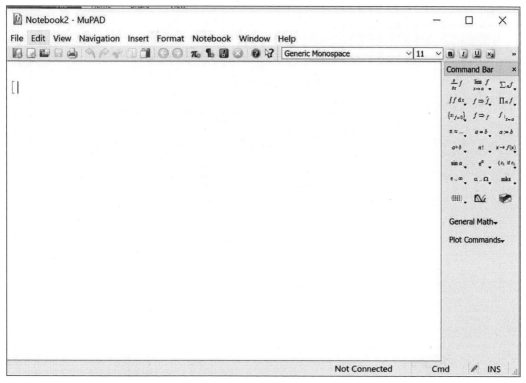

图 17-4　记事本工具

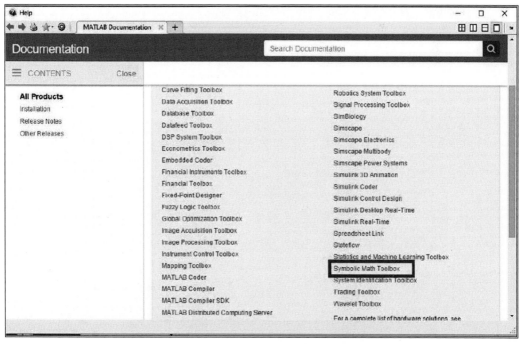

图 17-5　MATLAB 帮助文档：单击工具列表中黑框里的条目

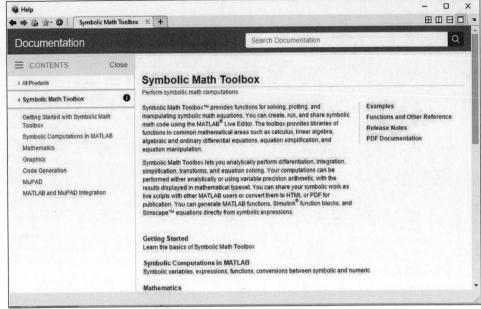

图 17-6 有关 Symbolic 工具箱的帮助文档

17.7 本章练习

17.1 求 $\cos x$、$x^2 \exp^{2x}$ 的导数。

17.2 计算函数 $y = 3x^2$ 在从 $x=0$ 到 $x=10$ 的区间的积分。

语法：快速参考

本附录给出了本书最常使用的 MATLAB 语法的示例(参见表 A-1)。

A.1 表达式

```
x = 2 ^ (2 * 3) / 4;
x = A \ b;              % solution of linear equations
a == 0 & b < 0         % a equals 0 AND b less than 0
a ~= 4 | b > 0         % a not equal to 4 OR b greater than 0
```

A.2 函数 M 文件

```
function y=f(x)                              % save as f.m
% comment for help

function [out1, out2] = plonk(in1, in2, in3)  % save as plonk.m
% Three input arguments, two outputs
...

function junk    % no input/output arguments; save as junk.m

[t, x] = ode45(@lorenz, [0 10], x0); % function handle with @
```

A.3 绘图

```
plot(x, y), grid    % plots vector y against vector x on a grid

plot(x, y, 'b--')   % plots a blue dashed line

plot(x, y, 'go')    % plots green circles

plot(y) % if y is a vector plots elements against row numbers
        % if y is a matrix, plots columns against row numbers
```

```
plot(x1, y1, x2, y2) % plots y1 against x1 and
                         y2 against x2 on same graph

semilogy(x, y)     % uses a log10 scale for y

polar(theta, r)    % generates a polar plot
```

A.4　if 和 switch

```
if condition
  statement          % executed if condition true
end;

if condition
  statement1         % executed if condition true
else
  statement2         % executed if condition false
end;

if a == 0            % test for equality
  x = -c / b;
else
  x = -b / (2*a);
end;

if condition1      % jumps off ladder at first true condition
  statement1
elseif condition2    % elseif one word!
  statement2
elseif condition3
  statement3
...
else
  statementE
end;
  if condition statement1, else statement2, end % command line

switch lower(expr)               % expr is string or scalar
  case {'linear','bilinear'}
    disp('Method is linear')
  case 'cubic'
    disp('Method is cubic')
  case 'nearest'
    disp('Method is nearest')
  otherwise
    disp('Unknown method.')
end
```

A.5　for 和 while

```
for i = 1:n            % repeats statements n times
```

```
    statements
end;

for i = 1:3:8        % i takes values 1, 4, 7
  ...
end;

for i = 5:-2:0       % i takes values 5, 3, 1
  ...
end;

for i = v            % index i takes on each element of vector v
    statements
end;

for v = a            % index v takes on each column of matrix a
    statements
end;

for i = 1:n, statements, end      % command line version

try,
    statements,
catch,
    statements,
end

while condition      % repeats statements while condition is true
    statements
end;

while condition statements, end % command line version
```

A.6 输入/输出

```
disp( x )

disp( 'Hello there' )

disp([a b])      % two scalars on one line

disp([x' y'])    % two columns (vectors x and y
                                must be same length)

disp( ['The answer is ', num2str(x)] )

fprintf( '\n' )                  % new line

 fprintf( '%5.1f\n', 1.23 )      % **1.2

 fprintf( '%12.2e\n', 0.123 )    % ***1.23e-001

 fprintf( '%4.0f and %7.2f\n', 12.34, -5.6789 )
```

```
                                 % **12 and **-5.68

    fprintf( 'Answers are: %g %g\n', x, y )
    % matlab decides on format

    fprintf( '%10s\n', str )        % left-justified string

    x = input( 'Enter value of x: ' )

    name = input( 'Enter your name without apostrophes: ', 's' )
```

A.7　加载/保存

```
    load filename            % retrieves all variables
                                from binary file filename.mat
    load x.dat               % imports matrix x from ASCII file x.dat
    save filename x y z      % saves x y and z in filename.mat
    save                     % saves all workspace variables
                                in matlab.mat
    save filename x /ascii   % saves x in filename (as ASCII file)
```

A.8　向量和矩阵

```
    a(3,:)                   % third row

    a(:,2)                   % second column
    v(1:2:9)                 % every second element from 1 to 9
    v([2 4 5]) = [ ]         % removes second, fourth and fifth elements

    v(logical([0 1 0 1 0])) % second and fourth elements only

    v'                       % transpose
```

运 算 符

表 B-1　运算符的优先级(请在帮助文档中查看运算符优先级的相关内容)

优 先 级	运 算 符
1	( )
2	.^、'、.'(纯粹的转置)
3	+(一元加)、-(一元减)、~(非)
4	*、/、\、.*、./、.\
5	+(加)、-(减)
6	:
7	>、<、>=、<=、==、~=
8	&(与)
9	|(或)

命令与函数：快速参考

本附录并不完整，只列出了本书中使用的大部分 MATLAB 命令和函数，还包括一些其他命令和函数。

分类的完整列表(其中包含详细描述的链接)请参见在线文档 MATLAB: Reference: MATLAB Function Reference:Functions by Category。

help 命令自身可以显示所有函数类型的列表(每一类都在各自的目录中)。

C.1 常用命令

demo	运行演示
help	在线帮助
helpwin	显示函数的类别以及它们所对应的链接
lookfor	通过 help 条目进行关键词检索
type	列出 M 文件
what	M 文件和 MAT 文件的目录列表
which	定位函数的文件

C.1.1 管理变量和工作空间

clear	从内存中清除变量和函数
disp	显示矩阵或文本
length	向量的长度
load	从磁盘中提取变量
save	将工作空间中的变量保存到磁盘中
size	阵列维度
who 和 whos	列出工作空间中的变量

C.1.2 文件和操作系统

beep	产生蜂鸣声
cd	改变当前的工作目录
delete	删除文件
diary	保存 MATLAB 会话中的文本

dir	目录列表
edit	编辑 M 文件
!	执行操作系统命令

C.1.3 控制 Command Window

clc	清除 Command Window
echo	返回脚本中的命令
format	设置 disp 命令的输出格式
home	将光标移到开始处
more	控制分页的输出

C.1.4 启动和退出 MATLAB

exit	结束 MATLAB
quit	结束 MATLAB
startup	在 MATLAB 启动时运行的 M 文件

C.2 逻辑函数

all	如果向量的所有元素都为真(非零)，则为真
any	如果向量的任意元素为真，则为真
exist	检测变量或文件是否存在
find	找出非零元素的索引
is*	检测多种状态
logical	将数值转换为逻辑值

C.3 MATLAB 编程工具

error	显示错误信息
eval	解析包含 MATLAB 表达式的字符串
feval	函数运算
for	将一组语句重复运行特定的次数
global	定义全局变量
if	有条件地执行语句
persistent	定义持久变量
switch	在多种情况下切换
try	开始 try 语句块
while	有条件地重复执行语句

交互式输入

input	提示用户输入
keyboard	将键盘作为脚本文件激活
menu	生成用户输入的可选目录

| pause | 等待用户响应 |

C.4　矩阵

eye	单位矩阵
linspace	包含线性间隔元素的向量
ones	全 1 矩阵
rand	均匀分布的随机数和阵列
zeros	全 0 矩阵
: (冒号)	包含等间隔元素的向量

C.4.1　特殊变量和常数

ans	最近的答案
eps	浮点相对精度
i 或 j	$\sqrt{-1}$
Inf	无穷
NaN	非数
nargin 和 nargout	函数参数的确切数量
pi	3.14159 26535 897…
realmax	最大正浮点数
realmin	最小正浮点数
varargin 和 varargout	传递或返回数量可变的参数

C.4.2　时间和日期

calender	日历
clock	挂钟(完整的日期和时间)
date	日期
etime	经过的时间
tic 和 toc	秒表
weekday	星期几

C.4.3　矩阵操作

cat	将阵列串联起来
diag	创建或提取矩阵的对角线
fliplr	按左/右方向翻转
flipud	按上/下方向翻转
repmat	复制并平铺阵列
reshape	改变矩阵的形状
rot90	旋转 90°
tril	提取矩阵的下三角部分
triu	提取矩阵的上三角部分

C.4.4　特殊矩阵

gallery	测试矩阵
hilb	希尔伯特矩阵
magic	幻方
pascal	帕斯卡矩阵
wilkinson	威尔金森特征值测试矩阵

C.5　数学函数

abs	绝对值
acos 和 acosh	反余弦和反双曲余弦
acot 和 acoth	反余切和反双曲余切
acsc 和 acsch	反余割和反双曲余割
angle	相位角
asec 和 asech	反正割和反双曲正割
asin 和 asinh	反正弦和反双曲正弦
atan 和 atanh	反正切(两个象限)和反双曲正切
atan2	反正切(4 个象限)
bessel	贝塞尔函数
ceil	向上取整
conj	复共轭
cos 和 cosh	余弦和双曲余弦
cot 和 coth	余切和双曲余切
csc 和 csch	余割和双曲余割
erf	误差函数
exp	指数
fix	向零取整
floor	向下取整
gamma	伽马函数
imag	虚部
log	自然对数
log2	将浮点数分解成指数和尾数部分
log10	常用对数
mod	模(除法的带符号余数)
rat	有理近似
real	实部
rem	除法的余数
round	向最近的整数取整
sec 和 sech	正割和双曲正割
sign	符号函数
sin 和 sinh	正弦和双曲正弦
sqrt	平方根
tan 和 tanh	正切和双曲正切

C.6 矩阵函数

det	行列式
eig	特征值和特征向量
expm	矩阵指数
inv	逆矩阵
poly	特征多项式
rank	现行独立的行或列的数量
rcond	状态估计量
trace	对角线元素的和
{}\和/	线性方程组的解

C.7 数据分析

cumprod	累积连乘
comsum	累加
diff	微分函数
fft	一维快速傅里叶变换
max	最大的元素
mean	元素的均值
median	元素的中值
min	最小的元素
prod	元素的积
sort	按照升序排列
std	标准偏差
sum	元素的和
trapz	数值积分的梯形法则

C.8 多项式函数

polyfit	将多项式和数据进行拟合
polyval	计算多项式
roots	求多项式的根

C.9 函数的函数

bvp4c	求解常微分方程的两点边值问题
fmin	求单变量函数的最小值点
fmins	求多变量函数的最小值点
fzero	求单变量函数的零点
ode23、ode23s 和 ode45	求解常微分方程的初值问题
quad	数值积分

C.10 稀疏矩阵函数

full	将稀疏矩阵转换为完整矩阵
sparse	利用矩阵的非零元素及其下标创建稀疏矩阵
spy	将稀疏矩阵可视化

C.11 字符串函数

char	来自 ASCII 码的字符
double	字符的 ASCII 码
lower	将字符串转换为小写
sprintf	将格式数据写入字符串中
str2mat	将字符串转换为矩阵
strcat	字符串连接
strcmp	字符串比较
upper	将字符串转换为大写

C.12 文件输入/输出函数

fclose	关闭一个或多个打开的文件
feof	测试是否到达文件的结尾
fopen	打开文件或获得打开文件的信息
fprintf	将格式数据写入文件中
fread	从文件读取二进制数据
fscanf	从文件读取格式数据
fseek	设置文件位置指示器
ftell	获得文件位置指示器
fwrite	将二进制数据写入文件

C.13 二维图形

bar	条形图
grid	网格线
hist	直方图
loglog	双对数坐标作图
plot	线性坐标作图
polar	极坐标作图
semilogx	轴对数坐标作图
semilogy	轴对数坐标作图
text	文字标注
title	图像标题
xlabel	x轴标签
ylabel	y轴标签
zoom	二维图形的放大和缩小

C.14   三维图形

clabel	等高线图中标记高度的标签
comet3	动画三维图形
contour	二维等高线图形
contour3	三维等高线图形
mesh	三维网格曲面
meshc	等高线图中的三维网格曲面
meshgrid	生成阵列 X 和 Y，用于三维作图
plot3	三维线条图
quiver	使用箭头绘制矢量图
surf	绘制曲面图
surfl	绘制具有光照效果的曲面图
view	对三维图形进行旋转
zlabel	z 轴标签

C.15   通用

axes	创建坐标对象
axis	控制坐标比例和外观
cla	清除坐标轴
clf	清除当前图像
colorbar	显示标准色表(色阶)
drawnow	完成任意挂起的图形
figure	创建图像(图形)窗口
fplot	绘制函数
gca	获得当前坐标轴的句柄
gcf	获得当前图形的句柄
gco	返回当前图形对象的句柄
get	获得图形对象的属性
ginput	获得来自鼠标或光标的图形输入
gtext	鼠标位置的文本
set	设置图形对象的属性
subplot	将多个图绘制在同一平面

附录 **D**

部分练习的答案

第1章

1.1

```
a = 3;
b = 5;
和  = a + b;
差  = a - b;
积  = a * b;
商  = a / b;
```

第2章

2.1

(a) 逗号应改为小数点

(e) 星号应该省略

(f) 指数必须是整数

(h) 逗号应改为小数点

2.2

(b) 不能使用小数点

(c) 第一个字符必须是字母

(d) 不能使用引号

(h) 不能使用空格

(i) 可以使用，但不推荐！

(k) 不能使用星号

(l) 可以使用，但不推荐！

2.3

(a) p + w/u

(b) p + w/(u + v)

(c) (p + w/(u+v))/(p + w/(u-v))

(d) sqrt(x)

(e) y^(y+z)

(f) x^(y^z)

(g) (x^y)^z

(h) x - x^3/(3*2) + x^5/(5*4*3*2)

2.4

(a) i = i + 1

(b) i = i^3 + j

(c)
```
if e > f
    g = e
  else
    g = f
  end
```

(d)
```
if d > 0
    x = -b
  end
```

(e) x = (a + b)/(c * d)

2.5

(a) 不能在等式的左边使用表达式

(b) 等式左边必须是合法的变量名

(c) 同上

2.6

```
a = 2;
b = -10;
c = 12;
x = (-b + sqrt(b ^ 2 - 4 * a * c)) / (2 * a)
```

2.7

```
gallons = input('Enter gallons: ');
pints = input('Enter pints: ');
pints = pints + 8 * gallons;
liters = pints / 1.76
```

2.8

```
distance = 528;
liters = 46.23;
kml = distance / liters;
l100km = 100 / kml;
disp( 'Distance  Liters used  km/L  L/100km' );
disp( [distance liters kml l100km] );
```

2.9

```
t = a;
a = b;
b = t;
```

2.10

```
a = [a b];            % make 'a' into a vector
b = a(1);
a(1) = [];
```

2.11

(a)
```
c = input('Enter Celsius temperature: ');
f = 9 * c / 5 + 32;
disp( ['The Fahrenheit temperature is:' num2str(f)] );
```

(b)
```
c = 20 : 30;
f = 9 * c / 5 + 32;
format bank;
disp('   Celsius   Fahrenheit');
disp([c'       f']);
```

2.12

```
degrees = 0 : 10 : 360;
radians = degrees / 180 * pi;
format bank;
disp('   Degrees   Radians');
disp([degrees'   radians']);
```

2.13

```
degrees = 0 : 30 : 360;
radians = degrees / 180 * pi;
sines = sin(radians);
cosines = cos(radians);
tans = tan(radians);
table = [degrees' sines' cosines' tans']
```

2.14

```
for int = 10 : 20
  disp( [int sqrt(int)] );
end
```

2.15

```
sum(2 : 2 : 200)
```

2.16

```
m = [5 8 0 10 3 8 5 7 9 4];
disp( mean(m) )
```

2.17

```
x = 2.0833, a = 4
```

2.18

```
% With for loop
i = 1;
x = 0;
for a = i : i : 4
  x = x + i / a;
end

% With vectors
i = 1;
a = i : i : 4;
x = i ./ a;
sum(x)
```

2.19

```
(b) n = input('Number of terms?');

    k = 1 : n;
    s = 1 ./ (k .\char136 2);
    disp(sqrt(6 * sum(s)))
```

2.21

```
    r = 5;
    c = 10;
    l = 4;
    e = 2;
    w = 2;
    i = e / sqrt(r ^ 2 + (2 * pi * w * l -
```

```
              1 / (2 * pi * w * c)) ^ 2)
```

2.22

```
con = [200 500 700 1000 1500];
for units = con
  if units <= 500
    cost = 0.02 * units;
  elseif units <= 1000
    cost = 10 + 0.05 * (units - 500);
  else
    cost = 35 + 0.1 * (units - 1000);
  end
  charge = 5 + cost;
  disp( charge )
end
```

2.24

```
money = 1000;
for month = 1 : 12
  money = money * 1.01;
end
```

2.26

```
t = 1790 : 10 : 2000;
p = 197273000 ./ (1 + exp(-0.03134 * (t - 1913.25)));
disp([t' p']);
pause;
plot(t,p);
```

2.27

```
(a) r = 0.15;
  l = 50000;
  n = 20;

  p = r * l * (1 + r / 12) ^ (12 * n) / ...
      (12 * ((1 + r / 12) ^ (12 * n) 1))
```

2.28

```
(a) r = 0.15;
    l = 50000;
    p = 800;
    n = log(p / (p - r * l / 12)) / (12 * log(1 + r / 12))
```

第 3 章

3.1

将得到曲线的一条切线。

3.2

(a) 4

(b) 2

(c) 基于如下事实：HCF 正好划分成两个数之间的差，如果两个数相等的话，它们就等于它们的 HCF，该算法(由 Euclid 提出)可以求出两个数的 HCF(最大公约数)。

3.3

```
f = input('Enter Fahrenheit temperature: ');
c = 5 / 9 * (f {\minuscda} 32);
disp( ['The Celsius temperature is: ' num2str(c)] );
```

3.4

```
a = input('Enter first number: ');
b = input('Enter second number: ');
if a < b
  disp( [ num2str(b) ' is larger.'] );
elseif a > b
  disp( [ num2str(a) ' is larger.'] );
else
  disp( 'Numbers are equal.' );
end
```

3.6

1. 输入 a、b、c、d、e、f
2. $u=ae-db, v=ec-bf$
3. 如果 $u=0$ 且 $v=0$，则
   两条线重合
   否则，如果 $u=0$ 且 $v\neq0$，则
   两条线平行
   否则
   $x=v/u, y=(af-dc)/u$
   打印 x, y
4. 停止

```
a = input('Enter a: ');
b = input('Enter b: ');
c = input('Enter c: ');
d = input('Enter d: ');
```

```
e = input('Enter e: ');
f = input('Enter f: ');
u = a * e - b * d;
v = c * e - b * f;
if u == 0
  if v == 0
    disp('Lines coincide.');
  else
    disp('Lines are parallel.');
  end
else
  x = v / u;
  y = (a * f - d * c) / u;
  disp( [x y] );
end
```

第 4 章

4.2

(a) `log(x + x ^ 2 + a ^ 2)`

(b) `(exp(3 * t) + t ^ 2 * sin(4 * t)) * (cos(3 * t)) ^ 2`

(c) `4 * atan(1)`

(d) `sec(x)^2 + cot(x)`

(e) `atan(a / x)`

4.3

```
m = input('Enter length in meters: ');
inches = m * 39.37;
feet = fix(inches / 12);
inches = rem(inches, 12);
yards = fix(feet / 3);
feet = rem(feet, 3);
disp( [yards feet inches] );
```

4.5

```
a = 10;
x = 1;
k = input('How many terms do you want? ');
for n = 1 : k
  x = a * x / n;
  if rem(n, 10) == 0
    disp( [n x] );
  end
end
```

4.6

```
secs = input('Enter seconds: ');
mins = fix(secs / 60);
secs = rem(secs, 60);
hours = fix(mins / 60);
mins = rem(mins, 60);
disp( [hours mins secs] );
```

第 5 章

5.2

(a) 1 1 0
(b) 0 1 0
(c) 1 0 1
(d) 0 1 1
(e) 1 1 1
(f) 0 0 0
(g) 0 2
(h) 0 0 1

5.3

```
neg = sum(x < 0);
pos = sum(x > 0);
zero = sum(x == 0);
```

5.7

```
units = [200 500 700 1000 1500];
cost = 10 * (units > 500) + 25 * (units > 1000) + 5;
cost = cost + 0.02 * (units <= 500) .* units;
cost = cost + 0.05 * (units > 500 & units <= 1000) .*
                      (units - 500);
cost = cost + 0.1 * (units > 1000) .* (units - 1000);
```

第 6 章

6.6

```
function x = mygauss(a, b)
n = length(a);

a(:,n+1) = b;
```

```
for k = 1:n
  a(k,:) = a(k,:)/a(k,k); % pivot element must be 1
for i = 1:n
  if i ~= k
    a(i,:) = a(i,:) - a(i,k) * a(k,:);
  end
end

end

% solution is in column n+1 of a:
x = a(:,n+1);
```

第 7 章

7.1

```
function pretty(n, ch)
line = char(double(ch)*ones(1,n));
disp(line)
```

7.2

```
function newquot(fn)
x = 1;
h = 1;
for i = 1 : 10
  df = (feval(fn, x + h) - feval(fn, x)) / h;
  disp( [h, df] );
  h = h / 10;
end
```

7.3

```
function y = double(x)
y = x * 2;
```

7.4

```
function [xout, yout] = swop(x, y)
xout = y;
yout = x;
```

7.6

```
% Script file
for i = 0 : 0.1 : 4
  disp( [i, phi(i)] );
end
```

```
% Function file phi.m
function y = phi(x)
a = 0.4361836;
b = -0.1201676;
c = 0.937298;
r = exp(-0.5 * x * x) / sqrt(2 * pi);
t = 1 / (1 + 0.3326 * x);
y = 0.5 - r * (a * t + b * t * t + c * t ^ 3);
```

7.8

```
function y = f(n)
if n > 1
  y = f(n - 1) + f(n - 2);
else
  y = 1;
end
```

第 8 章

8.1

```
balance = 1000;
for years = 1 : 10
  for months = 1 : 12
    balance = balance * 1.01;
  end
  disp( [years balance] );
end
```

8.2

```
(a) terms = 100;
    pi = 0;
    sign = 1;
    for n = 1 : terms
      pi = pi + sign * 4 / (2 * n - 1);
      sign = sign * (-1);
    end
(b) terms = 100;
    pi = 0;
    for n = 1 : terms
      pi = pi + 8 / ((4 * n - 3) * (4 * n - 1));
    end
```

8.3

```
a = 1;
n = 6;
for i = 1 : 10
```

```
  n = 2 * n;
  a = sqrt(2 - sqrt(4 - a * a));
  l = n * a / 2;
  u = l / sqrt(1 - a * a / 2);
  p = (u + l) / 2;
  e = (u - l) / 2;
  disp( [n, p, e] );
end
```

8.5

```
x = 0.1;
for i = 1 : 7
  e = (1 + x) ^ (1 / x);
  disp( [x, e] );
  x = x / 10;
end
```

8.6

```
n = 6;
T = 1;
i = 0;
for t = 0:0.1:1
  i = i + 1;
  F(i) = 0;
  for k = 0 : n
    F(i) = F(i) + 1 / (2 * k + 1) * sin((2 * k + 1) *
                                    pi * t / T);
  end
  F(i) = F(i) * 4 / pi;
end
t = 0:0.1:1;
disp( [t' F'] )
plot(t, F)
```

8.8

```
sum = 0;
terms = 0;
while (sum + terms) <= 100
  terms = terms + 1;
  sum = sum + terms;
end
disp( [terms, sum] );
```

8.10

```
m = 44;
n = 28;
while m ~= n
  while m > n
```

```
      m = m - n;
    end
    while n > m
      n = n - m;
    end
  end
disp(m);
```

第 9 章

9.1

```
t = 1790:2000;
P = 197273000 ./ (1+exp(-0.03134*(t-1913.25)));
plot(t, P), hold, xlabel('Year'), ylabel('Population size')
census = [3929 5308 7240 9638 12866 17069 23192 31443 38558
          ...
          50156 62948 75995 91972 105711 122775
          131669 150697];
census = 1000 * census;
plot(1790:10:1950, census, 'o'), hold off
```

9.2

```
a = 2;
q = 1.25;
th = 0:pi/40:5*pi;
subplot(2,2,1)
plot(a*th.*cos(th), a*th.*sin(th)), ...
     title('(a) Archimedes')     % or use polar
subplot(2,2,2)
plot(a/2*q.^th.*cos(th), a/2*q.^th.*sin(th)), ...
     title('(b) Logarithmic')    % or use polar
```

9.4

```
n=1:1000;
d = 137.51;
th = pi*d*n/180;
r = sqrt(n);
plot(r.*cos(th), r.*sin(th), 'o')
```

9.6

```
y(1) = 0.2;
r = 3.738;
for k = 1:600
  y(k+1) = r*y(k)*(1 - y(k));
end
plot(y, '.w')
```

第 11 章

11.1

```
x = 2;
h = 10;
for i = 1 : 20
  h = h / 10;
  dx = ((x + h) ^ 2 - x * x) / h;
  disp( [h, dx] );
end
```

第 13 章

13.1

```
heads = rand(1, 50) < 0.5;
tails = ~heads;
heads = heads * double('H');
tails = tails * double('T');
coins = char(heads + tails)
```

13.2

```
bingo = 1 : 99;
for i = 1 : 99
  temp = bingo(i);
  swop = floor(rand * 99 + 1);
  bingo(i) = bingo(swop);
  bingo(swop) = temp;
end
for i = 1 : 10 : 81
  disp(bingo(i : i + 9))
end
disp(bingo(91 : 99))
```

13.4

```
circle = 0;
square = 1000;
for i = 1 : square
  x = 2 * rand - 1;
  y = 2 * rand - 1;
  if (x * x + y * y) < 1
    circle = circle + 1;
  end
end
disp( circle / square * 4 );
```

第 14 章

14.1

(a) 实数根为 1.856 和 -1.697，复数根为 $-0.0791 \pm 1.780i$

(b) 0.589、3.096、6.285、……(根逐渐接近 π 的倍数)

(c) 1、2、5

(d) 1.303

(e) -3.997、4.988、2.241、1.768

14.2

连续的二分为：1.5、1.25、1.375、1.4375 和 1.40625。精确解为 1.414214...，所以最后一次二分的结果在所要求的误差范围之内。

14.3

22(精确答案为 21.3333)

14.4

30 年后的精确答案是 $2117(1000e^r)$

14.6

待求解的微分方程为：

$dS/dt = -r_1 S,$

$dy/dt = r_1 S - r_2 Y$

8h 后的精确解为 $S = 6.450 \times 10^{25}$ 和 $Y = 2.312 \times 10^{26}$

14.8

```
function s = simp(f, a, b, h)
x1 = a + 2 * h : 2 * h : b {\minuscda} 2 * h;
sum1 = sum(feval(f, x1));
x2 = a + h : 2 * h : b {\minuscda} h;
sum2 = sum(feval(f, x2));
s = h / 3 * (feval(f, a) + feval(f, b) +
            2 * sum1 + 4 * sum2);
```

使用 10 个区间时(*n*=5)，发光效率是 14.512725%。使用 20 个区间时，则为 14.512667%。以上结果证明使用 10 个区间足以胜任该问题的后续计算。这是一种测试数值方法精度的典型方式：将步长减半，看所得的解变化了多少。

14.9

```
% Command Window
beta = 1;
ep = 0.5;
[t, x] = ode45(@vdpol, [0 20], [0; 1], [], beta, ep);
plot(x(:,1), x(:,2))

% Function file vdpol.m
function f = vdpol(t, x, b, ep)
f = zeros(2,1);
f(1) = x(2);
f(2) = ep * (1 - x(1)^2) * x(2) - b^2 * x(1);
```